纺织高职高专"十一五"部委级规划教材

U0747598

织造工艺与质量控制

马 芹 主编

朱保林 副主编

中国纺织出版社

内 容 提 要

本书共分为八章,主要介绍了织物织造过程各个工序的生产工艺参数及其确定、各工序的质量要求、生产加工对产品质量的影响、织物或纱线半制品的质量指标与检验、各种制品的疵点形成原因与质量控制等内容。

本书可作为纺织高职高专院校现代纺织技术专业和纺织工程(本科)专业相关课程的教科书,也可供纺织企业相关技术人员参考。

图书在版编目(CIP)数据

织造工艺与质量控制/马芹主编.—北京:中国纺织出版社,
2008.4(2022.1 重印)

纺织高职高专"十一五"部委级规划教材

ISBN 978-7-5064-4881-9

Ⅰ.织… Ⅱ.马… Ⅲ.①织造—纺织工艺—高等学校:技术学校—教材②织造—质量控制—高等学校:技术学校—教材

Ⅳ.TS1

中国版本图书馆 CIP 数据核字(2008)第 026041 号

策划编辑:江海华 责任编辑:王军锋 责任校对:余静雯
责任设计:李 然 责任印制:何 建

中国纺织出版社出版发行

地址:北京市朝阳区百子湾东里 A407 号楼 邮政编码:100124

邮购电话:010—67004461 传真:010—87155801

http://www.c-textilep.com

E-mail:faxing@c-textilep.com

中国纺织出版社天猫旗舰店

官方微博 http://weibo.com/2119887771

北京虎彩文化传播有限公司印刷 各地新华书店经销

2008 年 4 月第 1 版 2022 年 1 月第 6 次印刷

开本:787×1092 1/16 印张:15.5

字数:309 千字 定价:36.00 元

课程设置指导

课程设置意义 "织造工艺与质量控制"这门课程是根据纺织发展的实际需要,结合高职高专的培养目标及特点进行设置的,是高职高专学校现代纺织技术专业(织造方向)的必修专业课。

本课程介绍了织物织造加工过程中,各个工序的生产工艺参数及其确定、各工序的质量要求、生产加工对产品质量的影响、织物或纱线半制品的质量指标与检验、各种制品的疵点形成原因与质量控制等内容,同时吸收了各个工序的新工艺、新技术、新方法。内容全面充实,密切联系生产实际。通过本课程的学习,可使学生具备织造工艺和织造质量控制的基本知识,为学生在毕业后从事纺织工业企业的织造工艺设计和生产质量管理打下良好的基础;同时对学生紧跟纺织的发展,掌握新工艺新技术,提高学生的创新能力和产品开发能力,都具有重要的指导意义。

课程教学建议 "织造工艺与质量控制"课程是现代纺织技术专业织造方向的主干课程之一,建议70~90学时。开设之前,学生应系统学习"纺织材料学"、"织造设备"、"织造原理"、"织物结构与设计"等课程。课程讲授时要注意理论联系实际,如果有条件的话,教学过程中可安排6~10课时的实验教学,让学生到机器上进行工艺调整,观察或测试工艺参数对产品质量的影响,以增加学生的感性认识。

课程教学目的 本课程要求学生达到以下要求。

(1)具备纺织工程专业所必需的织造工艺基本知识和基本技能。

(2)能进行一般产品的工艺参数的制定和调节。

(3)掌握各工艺参数对产量、质量的影响。

(4)掌握各工序的主要质量指标和质量控制措施。

(5)能分析和解决各工序的常见质量问题。

2005年10月,国发[2005]35号文件"国务院关于大力发展职业教育的决定"中明确提出"落实科学发展观,把发展职业教育作为经济社会发展的重要基础和教育工作战略重点"。高等职业教育作为职业教育体系的重要组成部分,近些年发展迅速。编写出适合我国高等职业教育特点的教材,成为出版人和院校共同努力的目标。早在2004年,教育部下发教高[2004]1号文件"教育部关于以就业为导向 深化高等职业教育改革的若干意见",明确了促进高等职业教育改革的深入开展,要坚持科学定位,以就业为导向,紧密结合地方经济和社会发展需求,以培养高技能人才为目标,大力推行"双证书"制度,积极开展订单式培养,建立产学研结合的长效机制。在教材建设上,提出学校要加强学生职业能力教育。教材内容要紧密结合生产实际,并注意及时跟踪先进技术的发展。调整教学内容和课程体系,把职业资格证书课程纳入教学计划之中,将证书课程考试大纲与专业教学大纲相衔接,强化学生技能训练,增强毕业生就业竞争能力。

2005年底,教育部组织制订了普通高等教育"十一五"国家级教材规划,并于2006年8月10日正式下发了教材规划,确定了9716种"十一五"国家级教材规划选题,我社共有103种教材被纳入国家级教材规划。在此基础上,中国纺织服装教育学会与我社共同组织各院校制订出"十一五"部委级教材规划。为在"十一五"期间切实做好国家级及部委级高职高专教材的出版工作,我社主动进行了教材创新型模式的深入策划,力求使教材出版与教学改革和课程建设发展相适应,充分体现职业技能培养的特点,在教材编写上重视实践和实训环节内容,使教材内容具有以下三个特点:

(1)围绕一个核心——育人目标。根据教育规律和课程设置特点,从培养学生学习兴趣和提高职业技能入手,教材内容围绕生产实际和教学需要展开,形式上力求突出重点,强调实践,附有课程设置指导,并于章首介绍本章知识点、重点、难点及专业技能,章后附形式多样的思考题等,提高教材的可读性,增加学生学习兴趣和自学能力。

(2)突出一个环节——实践环节。教材出版突出高职教育和应用性学科的特点,注重理论与生产实践的结合,有针对性地设置教材内容,增加实践、实验内容,并通过多媒体等直观形式反映生产实际的最新进展。

(3)实现一个立体——多媒体教材资源包。充分利用现代教育技术手段,将授课知识点、实践内容等制作成教学课件,以直观的形式、丰富的表达充分展现教学内容。

教材出版是教育发展中的重要组成部分,为出版高质量的教材,出版社严格甄选作者,组织专家评审,并对出版全过程进行过程跟踪,及时了解教材编写进度、编写质量,力求做到作者权威,编辑专业,审读严格,精品出版。我们愿与院校一起,共同探讨、完善教材出版,不断推出精品教材,以适应我国高等教育的发展要求。

中国纺织出版社

教材出版中心

　　"织造工艺与质量控制"是现代纺织技术专业的主干课程之一,在理论教学体系中占有重要地位。随着人民生活水平的不断提高,人们对纺织品的产品质量提出了更高的要求,这也对织造生产提出了更高的要求。掌握生产工艺的确定与调整、掌握生产过程中产品质量的控制方法、增强织造企业的产品开发能力,以提高企业的产品竞争力,是摆在织造企业工程技术人员面前的重要课题, 也是高等院校纺织专业学生所必须具备的能力。因而我们在做了广泛的市场调研,分析研究大量相关资料和论文、论著的基础之上,编写了《织造工艺与质量控制》一书。

　　本书由马芹任主编,朱保林任副主编,具体分工如下:第一章、第二章、第三章、第五章由河南工程学院马芹执笔,第四章由河南工程学院王素玲执笔,第六章、第七章第四节、第八章由河南工程学院刘惠娟执笔,第七章第一节有梭织机织造工艺部分由河南工程学院朱保林执笔,第七章第一节有梭织物质量控制部分由河南工程学院刘学锋执笔,第七章第二节由广东纺织职业技术学院罗小芹执笔,第七章第三节由广东纺织职业技术学院唐琴执笔。全书由马芹、朱保林统稿修改完成。

　　由于编者的水平有限,而且织造生产设备更新很快,新原料、新产品层出不穷,生产工艺变化繁多,书中难免有疏漏或错误,敬请广大读者批评指正。

编 者

2008年3月

Contents
目　录

第一章　织造工艺设计与质量控制的内容与依据

● 本章知识点 ●

1. 织造各工序工艺设计的主要内容。
2. 工艺设计的主要依据。
3. 质量控制的主要依据。

实际生产中,新产品投产之前,必须先进行工艺设计。工艺设计是否合理正确,直接决定产品能否顺利生产,也决定着产品的质量和生产效率,所以必须重视工艺设计。

第一节　织造工艺设计的主要内容

一、织物规格及技术条件

织物规格及技术条件包括织物组织(地组织、边组织)、幅宽、匹长、联匹长度、总经根数、边经根数、经纬密度、织物紧度、经纬纱缩率、织物断裂强度、每平方米无浆干燥重量等。

二、用纱量

用纱量是指每百米织物需用经纬纱重量,单位为 kg/100m。用纱量定额是一个消耗指标,也是一个技术经济指标,应考虑织物的工艺要求和产品用途、生产技术条件、季节性的气候变化和操作上的必要消耗等因素,制订合适的织物用纱量定额,作为检查实际消耗水平与定额完成情况的依据。

三、络筒工艺

络筒工艺主要包括络筒机类型、络筒速度、导纱距离、张力装置形式及工艺参数、清纱装置形式及工艺参数、结头形式及规格、筒子卷绕密度、筒子卷绕长度等。

四、整经工艺

分批整经工艺主要包括整经机类型、筒子架形式、整经速度、每轴整经根数、整经长度、张力器形式、整经张力配置(筒子架上前、中、后和上、中、下张力分布情况)、经轴卷绕密度等项内容,其中以整经张力的设计为主。

分条整经工艺设计包括整经张力、整经速度、整经长度、整经条数、条带宽度、定幅筘计算和斜度板锥角及定幅筘移动速度等内容。

五、调浆工艺

调浆工艺包括浆液配方、调浆体积、浆液浓度、煮浆时间、浆液黏度、浆液酸碱度、供浆温度等。

六、浆纱工艺

浆纱工艺包括浆纱机类型(浆槽数量)、经轴架退绕形式、浸压形式、压浆辊压力(高速压力、低速压力)、湿分绞棒根数、浆槽温度、浆槽浆液黏度、烘筒温度、浆纱卷绕密度、浆轴标准重量、浆纱速度、上浆率、伸长率、回潮率、墨印长度、并轴只数、织轴幅宽、每轴卷绕匹数、每缸浆出轴数、每缸总匹数、起了机纱长度等。

七、穿经工艺

穿经工艺包括综、筘、经停片的形式和规格、筘号、穿筘幅宽、经纱每筘齿穿入数(边经、地经)、经停片列数、穿经停片方法与顺序(边经、地经)、综框页数、每页综综丝列数、穿综方法与顺序(边经、地经)、每列综丝根数(含备用综丝)。

八、纬纱准备工艺

纬纱准备包括络筒、定捻、卷纬工序。纬纱准备工艺包括纬纱络筒工艺(同前)、定捻方法、定捻温度和时间、卷纬速度、卷纬张力、纬纱卷绕密度等。

九、织造工艺

织造工艺主要包括织机类型、织机幅宽、织机主轴转速、开口时间、后梁高度、经停架高度、上机张力、边撑位置、边撑形式和规格、开口形式、织边装置形式、提综顺序、变换齿轮齿数、在机布幅、车间相对湿度等。

另外,不同类型的织机又有特殊的上机工艺。

(1)有梭织机。投梭动程、投梭时间、纬管结构、吊综轴位置等。

(2)喷气织机。引纬时间、引纬时期、主辅喷嘴喷射时间、主辅喷嘴喷气压力、剪纬时间、储纬量、各页综梭口高度、各页综综框高度等。

(3)剑杆织机。剑头初始位置、剑杆动程、选纬指调节、储纬量、纬纱张力、剑头进出梭口时间、交接纬时间等。

(4)片梭织机。筘座运动时间、织口至综框距离、投梭时间、制梭力等。

十、整理工艺

整理工艺包括验布机速度、折幅长度、折幅加放、成包规格、拼件要求等。

在上述设计项目中,有关用纱量、织物技术条件及其他相关工艺计算的内容,在织造工厂设计课程中已详细介绍,本书不再赘述。本书仅介绍各工序工艺参数的设计与确定。

第二节　织造工艺设计的主要依据

织造工艺设计的主要依据是原纱条件和织物规格。原纱条件包括纤维原料名称、纤维混纺比例、原料等级(纤维细度和长度等)、纱线特数、纺出标准干重、纱线捻向、捻系数、单纱强度等。织物规格主要包括织物匹长、幅宽、经纬纱细度、经纬纱密度。

原纱条件的内容在纺纱工艺设计中已进行了详细的设计与计算。下面仅就织物规格的内容进行介绍。

一、匹长

织物匹长以 m 为单位,可带一位小数。常有两种表示方法:一是公称匹长,公称匹长是指工艺设计的织物标准匹长;二是规定匹长,即折布成包后的实际匹长,其中包括加放布长,保证在储存、销售过程中的实际匹长不小于公称匹长,且以此计算浆纱墨印长度。公称匹长、规定匹长及浆纱墨印长度的关系如下:

$$规定匹长 = 公称匹长 + 加放布长 = 公称匹长 \times (1 + 加放率)$$

$$浆纱墨印长度 = \frac{规定匹长}{1 - 经织缩率}$$

公称匹长一般为 27~40m,生产中为了计算方便,常取 30m、40m,也可根据实际需要和客户要求而定。常采用联匹制,厚重织物取 2~3 联匹,中厚型织物取 3~4 联匹,轻薄型织物取 4~6 联匹。

加放率又称放码率、自然缩率及放码损失率。为了保证织物成包后的匹长不小于公称匹长,必须预先给出一定长度的加放,以弥补后加工及储存运输过程中的各种损失。损失包括:织物在储存运输过程中的自然收缩;在织物检验和成包过程中,为了保证入库一等品率,常需采取开剪及拼件措施,而形成额外损耗;布端打梢印、脏污、歪斜造成的损失。加放率通常包括以下几个方面。

(1)折幅加放率。用于弥补自然缩率,0.8%~1.2%左右,在折布机上折布时,每个折幅加放适当长度,具体加放量按不同品种确定。

(2)布端加放率。用于弥补布端打梢印、脏污、歪斜造成的损失,一般加放 10~20cm,约为 0.05%,或根据印染厂和客户要求而定。

(3)开剪拼件加放率。补偿开剪及拼件损失,根据联匹长度和开剪率确定,一般取0.05%~0.1%。

生产中具体加放率数据需根据织物品种和客户要求而定。

二、幅宽

常以公称幅宽来表示。公称幅宽是指工艺设计的织物标准幅宽。单位为 cm,精确到

0.5cm。公英制换算时的小数取舍办法:以 0.26 以下舍去,0.26~0.75 取 0.5,0.75 以上取 1。

织物幅宽常根据织物用途、客户要求及设备条件来确定。

三、经纬纱细度

纱线的细度,可以用直径或截面积来表示,但是因为纱线表面有毛羽,截面形状不规则且易变形,测量直径或截面积不仅误差大,而且较麻烦。因此,广泛采用的表示纱线细度的指标,是与截面积成比例的间接指标——特克斯 Tt、支数(英制支数 N_e、公制支数 N_m)、旦尼尔。我国细度法定计量单位为特克斯(tex)。

(一)细度指标

1. 特克斯 Tt   在公定回潮率时,1km 长纱线的重量克数。

股线特数的表示:14tex×2,13tex×3,16tex+18tex。

2. 公制支数 N_m   在公定回潮率时,1kg 重量纱线的长度的千米数。

股线支数的表示:28/2 公支,39/3 公支。

合股的单纱支数不同时:

$$N_m = \cfrac{1}{\cfrac{1}{N_{m1}} + \cfrac{1}{N_{m2}} + \cdots \cfrac{1}{N_{mn}}}$$

式中:N_{m1}、N_{m2}、$\cdots$、N_{mn} 分别为各单纱的公制支数。

3. 英制支数 N_e   在公定回潮率时,每 1 磅重纱线的长度有多少个 840 码,纱线即为几英支。

股线的英制支数表示和计算方法同公制支数。

4. 旦尼尔   在公定回潮率时,9km 长纱线的重量克数。

(二)特数、英制支数的换算

特数、英制支数的换算公式为:

$$Tt = \frac{C}{N_e}$$

式中:C——换算常数。

常用纯纺、混纺纱特数与支数换算常数见下表。

常用纯纺、混纺纱特数与支数换算常数表

纱线原料	英制公定回潮率	公制公定回潮率	换算常数
纯棉	9.89	8.5	583.1
涤纶 65% 棉 35%	3.72	3.2	587.6
棉 50% 维纶 50%	7.45	6.8	586.9
棉 50% 腈纶 50%	5.95	5.3	586.9
棉 50% 丙纶 50%	4.95	4.3	586.9
棉 75% 粘胶纤维 25%	10.67	9.6	584.8
化学纤维(简称化纤)纯纺及混纺	公制、英制相同	公制、英制相同	590.5

四、经纬密度

织物的经纬密度分为公制密度(根/10cm)和英制密度(根/英寸),两者之间的关系为:

$$公制密度(根/10cm) = 3.937 \times 英制密度(根/英寸)$$

$$英制密度(根/英寸) = 0.254 \times 公制密度(根/10cm)$$

英制密度折算公制密度时精确到 0.5 根。

第三节　织造质量控制的主要依据

织造质量控制就是根据产品的质量要求,在对纱线进行准备和织造加工过程中,根据纱线的特点,选择适当的机型、车速、张力等工艺参数,采取必要的工艺技术措施,充分发挥不同纱线、机器的各自优势,生产出满足市场要求的合格产品。

一、织物的质量要求

本色织物的质量高低是以品等来划分的,一般分为优等品、一等品、二等品、三等品,低于三等品的均列为等外品。

本色织物的分等是依据:织物组织、幅宽、经纬密度、断裂强力、棉结杂质疵点格率、棉结疵点格率、布面疵点等七个方面。要求织物组织均匀正确,幅宽、经纬密度、断裂强力符合产品规格要求,尽量减少棉结杂质疵点和布面疵点,提高产品入库一等品率。

二、织造对纱线的质量要求

织造过程是决定产品质量的主要环节。要提高产品质量,主要是提高织造质量,要求减少经纬纱断头、开口清晰、组织均匀、布面匀整。织造对原纱的质量要求可归纳为以下几个方面。

(一)对纱线强度的要求

适当的纱线强度是织造生产顺利进行的必要条件,尤其是在高速度、大张力的无梭织造中,纱线强度不足,就会造成经纬纱断头。经纬纱断头是产生断经、断纬、横档等织疵的根本原因。

大部分的纱线断头是由于纱线中的"弱环"造成的。因此,对纱线强度的要求,不仅仅是纱线断裂强力指标,同时应考核强力分布的离散性,即强力 CV 值指标。

纱线强度不仅指原纱强度,影响织造生产顺利进行的更主要的是浆纱强度,因此要保证浆纱有足够的增强率且强度均匀。

(二)对纱疵的要求

纱线上的条干不匀、粗节、细节、棉结、杂质、弱捻等疵点,不仅会影响织物质量,影响织物棉结杂质疵点格率、棉结疵点格率的评分,也会造成织机停台。细节、弱捻等薄弱环节会引起经纬纱断头;粗节、棉结、杂质、飞花附着会造成经纱粘连纠缠,开口不清,造成断头和疵点。所以纱线上的疵点应尽量少并满足质量要求。

（三）对原纱条干均匀度的要求

纱线条干均匀度超过限度以后，会在织物外观上以条影、条干不匀、云斑等形式明显地表现出来，影响织物外观疵点的评分，降低织物质量，所以纱线条干要均匀，对于较高档的产品，如精梳府绸、纱卡、防羽布等，其纱线条干 CV 值应掌握在乌斯特统计值 25% 水平为好。纱线中的粗节、细节、棉结数值也必须处于乌斯特统计值 50% 或 25% 的水平。

（四）对纱线毛羽的要求

纱线毛羽的多少，对织造时经纱的粘连和纠缠具有决定性影响。纱线毛羽多，纱线粘连纠缠严重，断头增多；纱线毛羽多，不易开清梭口，容易形成吊经和三跳等织疵；毛羽还使纱线外观呈毛绒状，降低纱线光泽；过长的毛羽会影响经纱上浆效果，导致分纱困难，影响浆膜完整、落物增多；毛羽多，还会使织物表面发毛，影响布面实物质量。

因此要严格控制纱线毛羽，减少在准备过程中毛羽的增加和再生，尤其要严格控制对织造有害的 3mm 及以上较长的毛羽数量。

（五）对纱线张力的要求

要保证织物表面平整、均匀、减少疵点、提高生产效率，还要使纱线张力均匀，而且主要是片纱张力均匀。片纱张力不匀会增加准备整经和浆纱工序经纱断头、卷装成形不良、影响整经和浆纱质量，更会引起织造过程中的开口不清、经纱断头，增加"三跳"织疵和断疵，在布面上产生条影等疵点，严重影响织物质量和织造效率。

因此，生产过程中要严格控制经纱张力，做到张力均匀，尤其是片纱张力均匀。

思 考 题

1. 织造工艺设计的主要内容有哪些？
2. 织造工艺设计的主要依据是什么？
3. 什么是公称匹长？什么是规定匹长？两者之间有什么关系？
4. 纱线的细度指标有哪些？
5. 织造对纱线的质量要求有哪些？

第二章 络筒工艺与质量控制

本章知识点

1. 络筒工序工艺参数的设计项目及其意义。
2. 各工艺参数的制定原则。
3. 络筒工序主要质量指标及其检验方法。
4. 络筒质量控制措施。

络筒的目的是将管纱(或绞纱)做成容量较大、成形良好的筒子,以提高后道工序的生产效率;同时清除纱线上对织物产质量有影响的疵点和杂质,以改善织物的外观质量,减少后道加工过程中的纱线断头。

为实现上述目的,需满足以下基本要求:筒子卷装应坚固、稳定,成形良好;卷绕张力的大小要适当而均匀;尽可能地清除纱线上影响织物外观和质量的有害纱疵;筒子卷装容量尽可能增加并满足定长要求;纱线结头的直径和强度要符合工艺要求;尽可能降低在络筒过程中毛羽的增加量。

第一节 络筒工艺

络筒工艺参数主要有络筒速度、导纱距离、张力装置形式及工艺参数、清纱装置形式及工艺参数、筒子卷绕密度、筒子卷绕长度、结头形式及规格等项。络筒工艺要根据纤维材料、原纱质量、成品要求、后工序条件、设备状况等众多因素来统筹制订。合理的络筒工艺设计应达到:不损伤纱线的物理机械性能,减少络筒过程中毛羽的增加量,减小络筒过程中的张力波动及筒子之间的张力差异,减小筒子卷绕密度差异,筒子卷装成形良好,尽可能清除纱线上影响织物外观和质量的有害纱疵,筒子卷装容量尽可能增加并满足定长要求,纱线连接处的直径和强度要符合工艺要求。

一、络筒速度

络筒速度影响络筒机生产时间效率和生产率。

$$络筒机理论生产率(kg/锭·时) = \frac{络筒速度(m/min) \times 60 \times Tt}{1000 \times 1000}$$

$$络筒机定额生产率(kg/锭·时) = 理论生产率 \times 络筒机时间效率$$

络筒机理论生产率与络筒速度成正比,而实际生产率除与络筒机理论生产率有关外,还取决于机器时间效率。在其他条件相同时,络筒速度高,时间效率一般要下降,故一味提高车速并不一定会使得络筒机的实际生产率提高。

络筒速度的确定在很大程度上要考虑络筒机的机型,此外与纤维材料、纱线特数、纱线质量及退绕方式也有关。自动络筒机材质好、设计合理、制造精度高,适宜于高速络筒,络筒速度一般达 1000m/min 以上;用于管纱络筒的国产槽筒式络筒机速度就低一些,一般为 500～800m/min;各种绞纱络筒机的络筒速度则更低。这些设备用于不同纤维材料、不同纱线时,络筒速度也各不相同。当纤维材料容易产生静电,引起纱线毛羽增加时,络筒速度应适当低一些,如化纤纯纺或混纺纱。如果纱线比较细、强力比较低或纱线质量较差、条干不匀,应选择较低的络筒速度,以免断头增加和条干进一步恶化。当纱线比较粗或络股线时,络筒速度可以适当高些。

二、导纱距离

导纱距离是指纱管顶端到导纱器之间的距离。合适的导纱距离应兼顾到插管操作方便、管纱退绕张力均匀、减少脱圈和管脚断头等因素。用短距离或长距离导纱有利于退绕张力均匀和减少断头。普通管纱络筒机为方便换管操作,常采用较短导纱距离,一般为 70～100mm;自动络筒机因无须人工换管,一般采用 500mm 左右的长导纱距离并附加气圈破裂器或气圈控制器。

三、张力装置形式及工艺参数

(一)张力大小

络筒时,为得到符合质量要求的筒子,纱线必须具有一定的张力;纱线张力必须得到有效的控制,使张力均匀、大小适当。络筒张力大小适当,能使络成的筒子成形良好,具有一定卷绕密度而不损伤纱线的物理机械性能。此外,还可将纱线的薄弱环节予以清除,有利于提高后道工序的效率。络筒张力过大,将使纱线弹性损失,织造时断头增加。同时络成的筒子太硬,当纱线轴向退绕时,可能导致纱圈成批地脱落,造成大量的回丝。络筒张力过小,会造成筒子成形不良,且断头时纱线容易嵌入筒子的内部,接头时不易寻找,因而降低工作效率。还会使筒子过于松软,减少筒子容纱量。

所谓适当的张力要根据织物的性能和原纱的性能而定,一般可在下列范围中选定。

(1)棉纱:张力不超过其断裂强度的 15%～20%。

(2)毛纱:张力不超过其断裂强度的 20%。

(3)麻纱:张力不超过其断裂强度的 10%～15%。

(4)丝的张力可以参考下列经验公式加以选择。

平行卷绕:1.8×丝的特数(cN)。

交叉卷绕:3.6×丝的特数(cN)。

无捻涤纶长丝:0.88×长丝的特数(cN)。

(5)混纺纱线:应根据混纺纤维的性质确定络筒张力。混纺纤维表面平直光滑的,或纤维强力、弹性差异比较大时,纱线受到外力作用后,纤维间易产生相对滑移,纱线易产生塑性变形,破坏纱线条干均匀性,弹性、强力也会受到损失,断头增加,张力应适当减小。

络筒张力均匀意味着在络筒过程中应尽量减少纱线张力波动,从而减少纱线断头,使筒子卷绕密度尽可能达到内外均匀一致,筒子成形良好。

络筒张力的影响因素很多,生产中主要是通过调整张力装置的工艺参数来加以控制。因此,张力装置的工艺参数是络筒工艺设计的一项重要内容。

(二)张力装置形式及张力调节

张力装置有许多形式,大都是通过和纱线接触产生摩擦而增加张力的。设计合理的张力装置应符合结构简单,调整方便,张力波动小,飞花、杂物不易堆积堵塞的要求。

根据张力增加原理,张力装置分为累加法张力装置、倍积法张力装置和间接法张力装置。

1. 累加法张力装置　累加法张力装置是利用纱线与两个张力盘平面之间摩擦而产生张力的。采用此种方法增加纱线张力,张力波动幅度不变,张力平均值增大,因此降低了张力不匀率。对纱线产生正压力的方法有垫圈加压、弹簧加压和气压加压。新型自动络筒机上还有采用电磁加压。

(1)垫圈加压。用垫圈加压时,纱线上的粗细节会引起上圆盘和垫圈的振动,产生意外的络筒动态张力,引起新的张力波动,而且络筒速度越高,这种现象越严重。因此,采用这种张力装置时,必须采用良好的缓冲措施,减少上圆盘和垫圈的振动,以适应高速络筒。

(2)弹簧加压。用弹簧加压时,纱线上的粗细节引起弹簧压缩的变形量很小,弹簧产生的正压力变化也很小,这对络筒的动态张力影响很小。因此弹簧加压在高速络筒机上得到广泛应用。

(3)气压加压。有些高速自动络筒机的气动立式张力装置用压缩空气加压,对纱线的加压作用平缓而均匀,遇纱线粗节所产生的动态附加张力比普通水平式要小得多,且全机各锭张力装置加压大小可统一调节。采用直立式,两圆盘之间不易聚集飞花杂质,有利于张力稳定。

(4)电磁加压。德国 Autoconer338 型和意大利 ORION 型自动络筒机采用电磁加压式张力装置,压力大小由电信号进行控制。张力装置上方装一张力传感器,用于检测纱线退绕过程中动态张力的变化值并及时通过电子计算机进行相应调节。

在棉织生产中,根据不同的纱线除杂要求,选用不同形式的张力盘。对于单纱强力大而杂质较多的粗特纱线,络筒时为加强去杂效果,常常采用菊花式张力盘(俗称磨盘),这种张力盘有利于去除纱线表面的棉结、棉杂。强力低而光洁的细特纱线,纺纱原料比较好,纺纱过程中除杂较多,纱线本身杂质较少,因此络筒的重点是减磨保伸,应当采用光面张力盘(俗称光盘)。

2. 倍积法张力装置　倍积法张力装置是利用纱线与曲弧面之间的摩擦获得张力的。采用此种方法增加纱线张力,张力波动幅度增大,张力平均值同比增大,因此张力不匀率得不到改善。但纱线上的粗细节不会引起新的动态张力波动。从这个方面讲,高速络筒时,用这种方法对均匀张力有利。

曲弧板式及梳齿式张力装置属此类。梳齿式张力装置采用倍积法工作原理,通过调节张力弹簧弹力来改变纱线对梳齿的包围角,从而控制络纱张力,络丝机上使用这种张力装置。

纱线通过导纱部件产生的张力也属倍积张力。垫圈式张力装置虽是通过累加法给纱线增加张力的,但由于张力盘柱芯的存在,纱线与柱芯之间摩擦会产生倍积张力,因此张力波动兼有倍积张力的性质。

3. 间接法张力装置 间接法张力装置是使纱线绕过一个可转动的圆柱体的工作表面,圆柱体在纱线带动下回转的同时,受到一个恒定的阻力矩作用,从而使纱线产生一个张力增量。这种张力装置的主要特点是:纱线受磨损很小;张力波动幅度不变,张力不匀率下降;张力增加值与纱线的摩擦因数、纱线的纤维材料性质、纱线表面形态结构、纱线颜色等因素无关。它的缺点是装置结构比较复杂。

张力装置的工艺参数主要是指加压压力或梳齿的相对位置(影响纱线对梳齿的摩擦包围角)。加压压力由垫圈重量(垫圈式张力装置)、弹簧压缩力(弹簧式张力装置)、压缩空气压力(气动式张力装置)来调节。所加压力的大小应当轻重一致,在满足筒子成形良好或后加工特殊要求的前提下,采用较轻的压力,最大限度地保持纱线原有质量。原则上粗特纱线的络筒张力大于细特纱线,涤棉混纺纱的络筒张力略小于同特纯棉纱。另外,络筒速度也会影响络筒张力。相同条件下,络筒速度越大,张力越大,所以在设置张力参数时应考虑速度的大小。

垫圈式张力装置的垫圈重量与纱线细度的关系见表2-1。

表2-1 纱线细度与垫圈重量

纱 线 细 度		垫圈重量(g)
特数(tex)	英制支数	
58~36	10~16	19~15
32~24	18~24	15~12
21~18	28~32	11.5~9
16~14	36~42	9.5~8.5
12及以下	50及以上	8~6

四、清纱装置形式及工艺参数

为提高织物质量和后工序生产效率,在络筒工序中应有效地清除一些有害纱疵。纱疵由清纱装置鉴别并清除。根据其工作原理,清纱装置可分为机械式和电子式两大类。

(一)机械式清纱装置

机械式清纱装置可分为隙缝式、梳针式和板式三种,机械式清纱装置结构简单、价格低廉,但清除效率低,并且容易刮毛纱线、产生静电,现在只少量用于中低档产品的生产。

机械式清纱器的工艺参数为清纱隔距。隙缝式清纱器清纱隔距一般取纱线直径的1.5~2.5倍(丝织中取2.0~2.5倍)。梳针式清纱器的清纱隔距一般取纱线直径的4~6倍。板式清纱器的清纱隔距为纱线直径的1.5~1.75倍。

(二)电子式清纱装置

电子式清纱装置根据其工作原理不同,可分为光电式和电容式两种;根据其功能不同,可分为单功能(清除短粗节纱疵)、双功能(清除短粗节和长粗节纱疵)和多功能(清除短粗节、长粗节、长细节、双纱疵点)几种。电子式清纱装置采用非接触工作方式,不损伤纱线,清除效率高,而且可以根据产品质量和后工序的需要,综合纱疵长度和截面积两个因素,灵活地设定清纱范围,清除必须除去的有害纱疵,保留对织物质量和后工序生产无影响或影响甚微的无害纱疵。生产实践表明,使用电子清纱器,可以明显提高产品质量和后工序生产效率。在高档天然纤维产品、化纤产品、混纺产品的生产中已广泛采用。

电子清纱器的工艺参数(即工艺设计值)是指不同检测通道(如短粗节通道、长粗节通道、细节通道)的清纱设定值。每个通道的清纱设定值都有纱疵截面变化率(%)和纱疵参考长度(cm)两项。生产中根据后工序生产的需要、布面外观质量的要求以及布面上显现的不同纱疵对布面质量的影响程度,结合被加工纱线的 Uster 纱疵分布情况,制定最佳的清纱范围(即各通道的清纱设定值)。

所谓最佳的清纱范围就是允许保留在纱线中的无害纱疵级别及个数与必须清除的有害纱疵级别及个数之间最佳的折中。如果清纱范围过小,清纱后纱线上保留的纱疵过多,影响后道工序的生产效率和织物的外观质量;清纱范围过大,络筒中清除的纱疵过多,影响络筒生产效率,并且络筒结头过多,同样会影响后道工序的生产效率和织物的外观质量。

为了正确使用电子清纱器,电子清纱器制造厂须提供相配套的纱疵样照和相应的清纱特性曲线及其应用软件。

在制造厂提供不出可靠的纱疵样照的情况下,一般采用瑞士蔡尔韦格—乌斯特纱疵分级样照。该纱疵样照把各类纱疵分成23级,如图2-1所示。样照中,对于短粗节纱疵,长度在0.1~1cm的称 A 类,在1~2cm的称 B 类,在2~4cm的称 C 类,在4~8cm的称 D 类;纱疵横截面积增量在+100%~+150%的称为第1类,在+150%~+250%的称为第2类,在+250%~+450%的称为第3类,在+450%以上的称为第4类。这样,短粗节总共分成16级:A_1、A_2、A_3、A_4、B_1、B_2、B_3、B_4、C_1、C_2、C_3、C_4、D_1、D_2、D_3、D_4。对于长粗节,共分为3级,纱疵横截面积增量在+100%以上,而疵长大于8cm的称为双纱,归入 E 级;纱疵横截面积增量在+45%~+100%之间,疵长在8~32cm的称为长粗节,归入 F 级;纱疵横截面积增量在+45%~+100%之间,疵长大于32cm的也称长粗节,归入 G 类。对于长细节,共分为4级,纱疵横截面积增量在-30%~-45%,疵长在8~32cm的定为 H_1 级;截面积增量相同于 H_1 级而疵长大于32cm的定为 I_1 级;纱疵横截面积增量在-45%~-75%,疵长在8~32cm的定为 H_2 级;截面积增量相同于 H_2 级而疵长大于32cm的定为 I_2 级。

清纱设定是指有害纱疵、无害纱疵及临界纱疵的划分。

一般而言,机织用棉纱短粗节有害纱疵可定在纱疵样照的 A_4、B_4、C_4、C_3、D_4、D_3 和 D_2 七

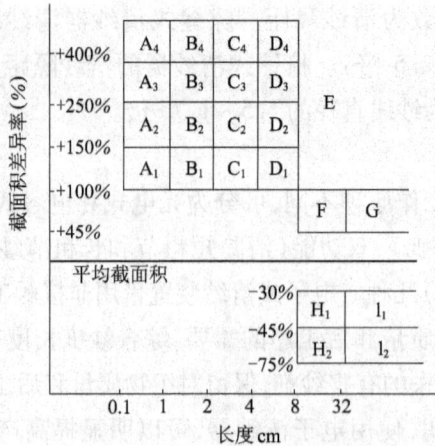

图2-1 乌斯特纱疵分级样照

级;针织用棉纱短粗节有害纱疵可定在纱疵样照的 A_4、A_3、B_4、B_3、C_4、C_3、D_4、D_3 和 D_2 九级,这是因为短粗节对针织物的影响较大;而本色涤棉纱,短粗节有害纱疵也定在 A_4、A_3、B_4、B_3、C_4、C_3、D_4、D_3 和 D_2 九级。无论七级还是九级,有害纱疵的设定在样照上是一根折线,电子清纱器的清纱特性直线或曲线不可能与折线完全一致,但须尽可能靠拢。

考核电子清纱器工艺性能时,一般以目测法将被切断的纱疵对照纱疵样照来判断纱疵的清除情况,然后采用倒筒实验检查漏切的有害纱疵。在提高清纱器灵敏度之后,检验漏切情况。检查漏切有害纱疵的方法还有从布面上检查残留纱疵和纱疵分析仪检查漏切纱疵两种。前者比较容易进行,但只能反映总的清除效果,不能反映各锭的清纱情况;后者能准确反映各锭的清除效果。

五、筒子卷绕密度

筒子的卷绕密度与络筒张力和筒子对槽筒的加压压力有关。筒子卷绕密度的确定以筒子成形良好、紧密,又不损伤纱线弹性为原则。因此,不同纤维、不同线密度的纱线,其筒子卷绕密度也不同。棉纱筒子的卷绕密度见表2-2。

表2-2 棉纱筒子的卷绕密度

棉 纱 细 度		卷绕密度(g/cm^3)
特数(tex)	英制支数	
96～32	6～18	0.34～0.39
31～20	19～29	0.34～0.42
19～12	30～48	0.35～0.45
11.5～6	50～100	0.36～0.47

股线的卷绕密度可比单纱提高10%～20%;相同工艺条件下,涤棉纱的卷绕密度比同特纯棉纱大。

六、筒子卷绕长度

络筒工序根据整经或其他后道加工工序所提出的要求来确定筒子卷绕长度。如果要求筒子绕纱长度准确,络筒机上必须安装定长装置,定长装置有机械定长和电子定长两种。机械定长装置是当筒子卷绕直径达到预定直径时,满筒自停机构使槽筒自动停转,并发出满筒信号。电子定长有两种方法,一种是直接测量法,它测量络筒过程中纱线的运行速度,根据运行速度和络筒时间算出筒子上卷绕的纱线长度。另一种是间接测量法,通过检测槽筒转数,转换成相应的纱线卷绕长度,达到定长的目的。当筒子卷绕长度达到工艺设定值时,电子清纱器自动切断纱线,筒子自动停止卷绕。

目前在普通络筒机上,常采用电子清纱器的附加定长功能进行测长,应用直接测量法。在自动络筒机上以应用间接测量法居多,间接测量的长度误差较高,达到2%左右。

在新型自动络筒机上,有一种叫ECOPACK的方式,其采用光学非接触方式在纱路中扫描并记录运动纱线轮廓,分析比较运行时测得的信号,将信号计算转化为当前纱线长度,并和设定值比较,并作相应动作。采用这种ECOPACK的高精度长度测量方式后,筒子卷绕长度误差可控制在0.5%之内。

七、结头形式及规格

在络筒时,纱线断头或管纱用完都需要把纱头连接起来,纱线连接的方法有打结和捻接两种,如图2-2所示。

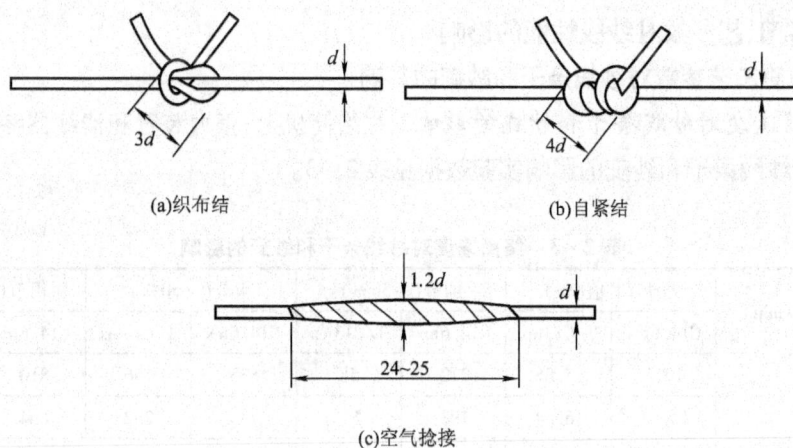

图2-2　打结结头和捻结接头外形尺寸对比

打结方法形成结头,常用的络筒结头形式有织布结和自紧结。织布结结头体积小且连接牢固,纱尾分布在纱身两侧,不易与邻纱缠扭。织物表面的结头显现率低,布面光洁平整。结头粗度为原纱的2~3倍,纱尾长度3~6mm,如图2-2(a)所示。自紧结比织布结更牢,而且愈拉愈紧,适用于较光滑的纱线。但结头比织布结大,在布面上的显现率较高,打结速度也较慢,结头粗度为原纱的3~4倍,纱尾长度4~7mm,如图2-2(b)所示。在织造生产中,应根据纤维材料、纱线结构的不同来选择结头形式,一般纯棉单纱选用织布结,涤棉单纱选用织布结或自紧结,股线选用自紧结。

打结的实质是以一个程度不严重的"纱疵"(结头)代替一个程度严重的纱疵,因此,纱疵清除范围受到限制,纱线质量得不到明显提高,而且结头可能显露于织物正面,严重影响织物外观质量。此外,由于络筒结头的脱结严重影响后工序的生产效率,所以,目前广泛使用捻接技术。

捻接方法形成"无结"接头,它是将两个纱头分别退捻成毛笔状,再放在一起加捻将纱线连接起来,捻接处纱线直径为原纱直径的 1.1～1.3 倍,接头后纱线具有的断裂强力为原纱的 80%～100%。如图 2-2(c)所示。因接头细度和强度与正常纱线很接近,对后工序无不良影响,捻接与电子清纱器配合使用,可充分清除纱线疵点,大大提高纱线质量,使织物质量得到显著提高。

纱线的捻接方法很多,有空气捻接法、机械捻接法、静电捻接法、包缠法、粘合法、熔接法等。其中技术比较成熟,应用比较广泛的是空气捻接法和机械捻接法。

第二节　络筒质量控制

络筒质量包括纱线质量和筒子质量两项,加强络筒生产技术管理、设备维修管理以及运转操作管理是提高络筒质量的根本途径。

一、络筒工艺参数对纱线性能的影响

(一)络筒工艺参数对纱线条干和纱疵的影响

1. 络筒速度对纱线条干和纱疵的影响　在络筒机上,张力装置和清纱器参数不变时,络筒速度对纱线条干和纱疵的影响实验数据见表 2-3。

表 2-3　络筒速度对纱线条干和纱疵的影响

络纱速度(m/min)		条干 CV 值(%)		细节(-50%)		粗节(+50%)		棉节(+200%)	
		C14.6tex	T/C13tex	C14.6tex	T/C13tex	C14.6tex	T/C13tex	C14.6tex	T/C13tex
管纱		19.2	15.85	212	58	855	166	810	205
筒纱	800	18.93	16.54	198	85	734	232	664	239
	900	19.18	17.03	228	106	753	296	698	234
	1000	19.36	16.77	255	103	794	254	752	297
	1100	19.27	—	235	—	830	—	730	—
	1200	19.88	—	323	—	911	—	874	—

从表 2-3 可看出,络筒速度对纱线条干无明显影响。对纯棉纱来说,速度适当时,细节、粗节和棉结略有降低,但高速时条干 CV 值恶化。与纯棉纱相比,络筒速度对 T/C 纱影响稍大,细节、粗节和棉结随络筒速度增大都有增加倾向。

这是因为络筒速度大,纱线受到导纱部件摩擦大,同时纱线张力增大,张力不匀率增大,必然会引起纱线的伸长变化,给纱线条干 CV 值带来不利影响。

2. 络筒张力对纱线条干和纱疵的影响　在一定范围内,纱线张力值增大,纱线的伸长也增大,纤维之间产生相对滑移,条干 CV 值随之增大,细节、粗节也随之增加。因此,在络筒工艺配置时,为得到较好的纱线条干,在不影响筒子卷绕成形的前提下,络筒张力应偏小掌握。

(二)络筒工艺参数对纱线强力和强力 CV 值的影响

1. 络筒速度对纱线强力和强力 CV 值的影响　改变络筒速度,得到络筒速度对纱线强力和强力 CV 值的影响结果见表 2-4。

表 2-4　络筒速度对纱线强力和强力 CV 值的影响

络纱速度(m/min)		单纱断裂强力(cN)		强力 CV 值(%)	
		C14.6tex	T/C13tex	C14.6tex	T/C13tex
管纱		197.46	247.55	12.37	13.68
筒纱	800	203.93	240.86	11.79	13.63
	900	191.07	245.44	12.05	12.62
	1000	190.14	241.3	10.63	11.17
	1100	184.65	239.9	11.21	12.52
	1200	186.42	240.7	11.46	14.10

由表 2-3 可看出,随 5 档速度的依次增加,单纱强力略呈下降趋势,但变化并不明显。

络筒速度的增加会使络筒张力增加。在较低速度时,由速度引起的张力增加会使张力不匀率减小,有利于在络筒过程中去除原纱薄弱环节,对降低强力 CV 值有利。速度增加到一定值时,会使络筒张力超过工艺允许的范围,纱线伸长增大,会引起强力值下降,强力不匀率升高。

2. 络筒张力对纱线强力和强力 CV 值的影响　在自动络筒机上,络筒速度选择 1000m/min,改变张力刻度值,得到原纱和筒子纱强力、强力 CV 值如表 2-5 所示。

表 2-5　络筒张力对纱线强力和强力 CV 值的影响

张 力 刻 度		单纱断裂强力(cN)		强力 CV 值(%)	
		C14.6tex	T/C13tex	C14.6tex	T/C13tex
管纱		197.46	229.1	12.37	13.29
筒纱	8	181.8	227.7	10.85	13.47
	9	190.6	225.5	11.06	13.48
	10	189.9	225.6	11.67	13.61

由表 2-5 可看出,络筒后单纱断裂强力略有下降,纯棉纱强力 CV 值略有改善、T/C

纱 CV 值有所增加。络筒机上纱线在张力条件下受到磨损,纱线毛羽增加,弹性损失,单纱强力有所下降,但络筒过程中清除了纱线上的薄弱环节,使纱线强力的损失得到一定补偿,强力下降并不明显,而强力 CV 值略有改善。根据前面分析,纱线张力值增大,T/C 纱的涤纶与棉纤维之间产生相对滑移,条干 CV 值随之增大,会造成强力下降、强力 CV 值上升。

(三)络筒工艺参数对纱线毛羽的影响

在管纱的高速退绕过程中,纱线与各接触部件剧烈摩擦、撞击,加上气圈回转离心力,使纱线毛羽增加很快,且速度越高,毛羽增加越多。不同络纱速度下,纱线毛羽增加情况见表2-6。

表2-6　络筒对纱线毛羽的影响

络纱速度(m/min)	小纱毛羽根数		中纱毛羽根数		大纱毛羽根数	
	2mm	3mm	2mm	3mm	2mm	3mm
管纱	163.72	35.30	189.33	37.98	177.47	35.61
筒纱 800	471.90	133.18	390.30	113.40	336.78	105.23
900	471.05	135.93	397.56	121.52	352.30	95.47
1000	363.80	122.89	333.54	103.20	331.86	99.75
1100	—	110.70	—	113.40	—	120.30

由表2-6可知:络筒后,毛羽增加率很高,且小纱时毛羽增加最多,这是因为小纱时筒子两端与槽筒间的摩擦滑移大。因此要正确选择工艺参数,尽量降低毛羽增加率。

(四)络筒过程对纱线细度、长度、捻度的影响

络筒过程中纱线上的粗节、杂质被除去,其重量相应减轻;纱线的长度在络筒张力作用下有所增加,因此络筒之后纱线的线密度下降。

纱线从固定的管纱上作轴向退绕,每退绕一圈,纱线上增加一个捻回,因此络筒后纱线捻度增加。

二、络筒工序主要质量指标及其检验

(一)百管断头次数

每百只管纱的断头次数。

1. 检验目的　通过检验,及时发现络筒时引起断头的原因,以便采取措施降低断头,提高络筒效率。

2. 测试方法

(1)分品种在任意机台上至少测定100只管纱,从第一只管纱插上到最后一只管纱退完。

(2)发现断头及时记录并分析断头原因,有突出问题应留出样纱以便详细分析,将测试结果记录在表格中,并进行统计分析。

断头原因有细纱质量问题:生头不良、接头不良、飞花、杂质、弱捻纱、竹节纱、小辫子、脱圈、细节等;机械原因:络纱通道有毛刺或起槽、锭子状态不好等;工艺参数不合理:张力、车速过高、清纱范围过大等。

(3)分别记录试验前后试验区的温度和相对湿度。

3. 测试结果计算

$$百管断头次数 = \frac{100 \times 断头次数}{测定管纱只数}$$

(二)筒子卷绕密度

1. 测试目的　通过测试卷绕密度,来衡量络筒卷绕的松紧程度,进而判断络筒张力是否合适,并可计算出筒子最大卷装容量。

2. 测试方法　取样时任取筒子,数量不少于 5 只。测试筒子卷装尺寸,计算绕纱体积 $V(\text{cm}^3)$,称出绕纱质量 $G(\text{g})$,计算卷绕密度 $\gamma(\text{g/cm}^3)$。

$$\gamma = \frac{G}{V}$$

3. 影响卷绕密度的因素

(1)同一种纱线,张力越大,卷绕密度越大。

(2)同一种机型,车速越大,卷绕密度越大。

(3)同一种原料,纱线越细,卷绕密度越大。

(4)同一种原料,纱线捻度越大、结构越紧密,卷绕密度越大。

不同特数的筒子卷绕密度见表 2 - 7。

表 2 - 7　不同特数的筒子卷绕密度参考范围

纱线特数(tex)	96 ~ 32	31 ~ 20	19 ~ 12	11.5 ~ 6
卷绕密度(g/cm³)	0.34 ~ 0.39	0.34 ~ 0.42	0.35 ~ 0.45	0.36 ~ 0.47

纤维原料不同,卷绕密度也不同,涤棉混纺纱的卷绕密度一般比同特数的纯棉纱高 0.04 ~ 0.06g/cm³。这是因为涤棉纱弹性好,卷绕成筒子后纱线略有收缩,造成卷绕紧密。由于股线结构紧密,表面光洁,卷绕密度比同特数的单纱高 10% 左右。

(三)毛羽增加率

经过络筒以后,单位长度上筒子纱的毛羽数比管纱毛羽数的增加量占原纱毛羽数的百分比。计算公式如下:

$$毛羽增加率 = \frac{筒纱毛羽数 - 管纱毛羽数}{管纱毛羽数} \times 100\%$$

$$纱线毛羽数 = \frac{仪器测出毛羽总数}{测试时间 \times 测试速度}(个/m)$$

1. 测试目的　通过测试毛羽增加率,了解管纱经过络筒后,对纱线毛羽的影响,为改善络筒工艺提供依据,以进一步提高络筒质量。

2. 测试方法 每个品种随机取 10 只管纱和筒子,满管纱去掉 100m 左右,满筒纱去掉 1000 米左右,连续测 10 次,最后求平均值。

3. 影响毛羽增加的因素

(1)槽筒的材质、表面光滑程度是影响毛羽增加率的主要因素。一般情况下,采用金属槽筒,其表面加工精度高,毛羽增加要比采用胶木槽筒的少一些。

(2)纱道偏角对毛羽增加有很大影响,一般直线型纱道或偏角较小的纱道要比偏角大的纱道毛羽增加量少。这是因为直线型纱道减少了纱线对导纱部件的摩擦包围角,减小了对纱线的摩擦,进而减少了毛羽的产生;同时纱道偏角小,也减小了倍积张力的产生,对均匀络筒张力也有利。

(3)络筒工艺参数如络筒速度、络筒张力等对毛羽的增加也有很大影响。速度大、张力大,毛羽增加率也大,所以应根据纱线特点选择适当的工艺参数。

(四)好筒率

筒子质量的好坏对后道工序、对织物质量均有重大影响,一般用络纱好筒率进行衡量。其计算公式如下:

$$好筒率 = \frac{检查筒子总只数 - 查出疵筒数}{检查筒子总只数} \times 100\%$$

1. 测试目的 通过测试好筒率,可以全面了解筒子质量。了解每个挡车工的络筒质量,作为考核挡车工质量成绩的主要依据,找出问题,对症下药,进而提高筒子质量,稳定整经生产,提高整经生产效率和经轴质量。

2. 测试方法 按络纱好筒率考核标准进行考核,检查时在整经车间与织造车间随机抽取筒子各 50 只,总只数不少于 100 只(同品种),倒筒抽查不少于 50 只。

3. 疵筒 图 2-3 所示为几种筒疵的外形图。为加强络筒质量管理,提高好筒率,下面将疵筒类型与造成疵筒的原因、防止办法及对后工序的影响列于表 2-8。

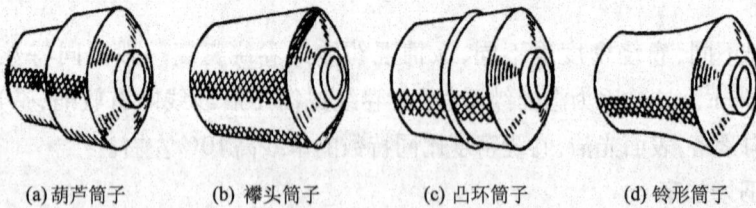

(a) 葫芦筒子　　(b) 襟头筒子　　(c) 凸环筒子　　(d) 铃形筒子

图 2-3　几种疵点筒子

(五)电子清纱器正切率、清除效率测试

正切率、清除效率是衡量电子清纱器质量的重要指标,可用下式表示:

$$正切率 = \frac{正切数}{正切数 + 误切数} \times 100\%$$

$$清除效率 = \frac{正切数}{正切数 + 漏切数} \times 100\%$$

表 2-8　疵筒类型及疵点筒子产生的原因、防止方法、对后工序的影响

疵点名称	疵筒形式	产生原因	防止方法	对后道工序影响
软硬筒子	手感比正常筒子松软或过硬	张力盘中间有杂质、飞花聚集	清除张力盘中间有杂质、飞花	造成整经时片纱张力不匀，纱线松脱、扭结、断头，甚至带断邻纱
		张力垫圈太轻	调节张力垫圈重量	
		探纱杆位置不当	校正探纱杆位置	
		锭子回转不灵	定期给锭子加油	
		纱线未进入张力盘	注意引纱方法	
绞头	纱头连接位置不当	断头后，手指在筒子纱层间抓寻，造成纱层紊乱，断头从纱圈中引出结头	找头要耐心，拉头要在断头纱层	整经时退绕阻力增大，单根经纱张力大，表面毛，易断头
错特、错纤维		管理不善	加强管理，做好产品归类，络纱前后认真检查	布面错特，印染后造成染色不一致
接头不良	1. 捻接纱上有结头、松捻，捻接处有异物、回丝或纱尾暴露 2. 非捻接纱纱尾过长、松结、脱节	打结器故障	检修打结器	造成整经或织造断头、开口不清
		接头时纱线没拉紧	接头时拉紧纱线	
		纱尾太短或太长	纱尾符合操作要求	
搭头	纱头没有正确连接	断头时把管纱上的纱头搭在筒子上	加强管理，加强挡车工责任心	造成整经断头
小辫子、双纱	纱线捻缩扭结、双纱	接头后送纱太快	接头后纱要拉直，放松不宜太快	造成布机无故关车或经缩疵布
		强捻纱	发现强捻纱立即摘去	
襻头或脱边		挡车工操作不良	挡车工做到接头松纱紧，放纱速度慢	这样的坏筒必须重新络成好筒供整经用，否则退绕断头多
		大端未装拦纱板或装得不正	校正拦纱板位置	
		筒管、筒锭、槽筒松动	校正筒管、筒锭、槽筒	
		纱在近槽筒端处沟槽内脱出	调整张力架位置	
		上下张力盘间尘杂堆积	清除张力盘间尘杂堆积	
		锭管底部有回丝绕住	清除锭管底部回丝	
重叠筒子	表面有重叠腰带状、有纱圈移动呈倒伏状、表面有襻纱性重叠	筒管位置不对	用筒管校正规校正隔距	造成单纱及片纱张力不匀，增加断头
		间歇开关参数调整不当	调整间歇开关参数	
		锭子转动不灵活	加油、清除回丝	
		防叠槽筒本身不良	调换槽筒	
葫芦筒子	腰鼓形、葫芦形筒子	导纱器上飞花阻塞	除去导纱器上飞花	增加整经断头和张力不匀
		张力架位置不对	调整张力架位置	

疵点名称	疵筒形式	产生原因	防止方法	对后道工序影响
葫芦筒子	腰鼓形、葫芦形筒子	槽筒沟槽在相交处有毛刺	清除槽筒毛刺	增加整经断头和张力不匀
		导纱杆套筒磨出槽纹	保持导纱杆转动,已磨损的应更换	
凸环筒子		纱线未断而筒子略有抬起,形成小凸环,当筒子落下后纱线在凸环处受阻而绕成大凸环	调整好筒子握臂,使筒子与槽筒保持密切接触	增加整经断头和张力不匀
铃形筒子		锭子位置不正	调整锭子位置	增加整经断头和张力不匀
		纱线引出时受阻使张力太大	保持管纱退绕顺利	
菊花芯筒子	喇叭筒超过筒管长度1.5cm作坏筒	筒子托架固定螺丝未扳紧,顶端抬起	用筒管校正规校正	增加整经断头和张力不匀
		锭子定位弹簧断裂或松动	旋紧螺丝或调换弹簧	
		纱线张力松弛	检查张力盘间是否有尘杂堆积,或检查张力垫圈重量	
		筒锭或筒管松动	校正筒锭或筒管	
		槽筒与筒子表面接触不良	校正槽筒与筒管间隙	
大小筒子	筒子卷绕半径或长度超过误差标准	测长装置失灵或操作不良	校正测长装置	造成整经回丝或跑空
			按要求认真检查筒子绕纱半径	
回丝或飞花附入		打结时不当心,将接头回丝带入筒子内	接头回丝应绕上手指,并随时放入口袋	引起整经或布机断头,或造成疵布
		车顶板有飞花或放有回丝	车顶板保持整洁且不可放回丝	
		做清洁工作不当心,飞花卷入筒子内	保持高空、机台、地面整洁,清洁工作要细心	
油污纱	表面浅油污满5m作坏筒,深油污作坏筒,内层不论深浅均作坏筒	原纱沾有油污	发现油污纱立即拣出	造成油经疵布
		络筒时沾上油污	手要清洁,车顶板也要清洁	
		管纱或筒子纱落地沾油污	防止管纱、筒子、筒管落地	
		加油不当心	注意漏油,加油适当	
		管纱或筒子纱容器不清洁	容器要清洁	
纱线磨损	纱线过度磨损、起毛或磨断	机械或工艺配置不当	正确调整机械工艺参数	纱身毛羽增加,单纱强力降低
		筒子太大,被槽筒磨损	正确设定筒子定长	
		断头自停装置失灵,断头不关车	校正断头自停装置	
		槽筒表面有毛刺	及时更换或保养槽筒	

1. 测试目的　通过测试,既可以检查电子清纱器质量好坏,又可以了解电子清纱器清纱效率和检测系统的灵敏度和准确性。

2. 测试方法

(1)正切率测试方法。

①每次测试,各锭清纱器的试验长度不少于 10 万米。

②分锭采集被清纱器切断的全部纱疵(包括空切纱线)。

③将采集到的纱疵逐根与该清纱范围相适应的纱疵样照和清纱特性曲线对照,确定正确切断次数。

④分锭计算正切率,然后求平均数,即为该套清纱器的正切率。

(2)清除效率测试方法。一般采用倒筒实验检查漏切的有害纱疵。

①设定倒筒清纱范围。倒筒时设定长度保持不变,以直径设定的粗度比原清纱设定减少 20%,以截面积设定的粗度比原清纱设定减少 40%。

②把已经清过纱的筒子放在原锭上倒筒。

③分锭取下被切断的纱疵,再对照纱疵样照和清纱特性曲线,确定漏切次数。

④分锭计算清除效率,然后求平均数,即为该套清纱器的清除效率。

检查漏切有害纱疵的方法还有从布面上检查残留纱疵和纱疵分析仪检查漏切纱疵两种。前者比较容易进行,但只能反映总的清除效果,不能反映各锭的清纱情况;后者能准确反映各锭的清除效果。

3. 结果分析　正切率、清除效率是反映电子清纱器检测系统的准确性和灵敏度。正切率和清除效率高,说明纱疵被漏切的少,因而络纱质量较高,有利于提高后道工序加工质量和织物质量。目前对电子清纱器性能指标的要求为:

短粗节的正确切断率 >70%,清除效率 >70%。

长粗节的正确切断率 >90%,清除效率 >90%。

长细节的正确切断率 >90%,清除效率 >90%。

使用电子清纱器时,必须选择最佳的清除范围,如设定的灵敏度过高,就会增加回丝和接头次数,降低络筒效率,增加劳动强度。如设定的灵敏度过低,则难以保证筒子纱质量。因此,应根据原纱质量和后道工序的要求,对照纱疵样照,合理选择清除范围,提高电子清纱器的正切率和清除效率。

(六)无结头纱捻接质量检验

1. 测试目的　通过实验,了解纱线捻接质量是否符合技术要求,并以此来评价捻接器质量和捻接质量的好坏,为提高捻接器性能和捻接质量提供依据。

2. 测试项目方法　用性能优良的单纱强力仪进行测试。

(1)成接率(%)。

$$成接率 = \frac{捻接总次数 - 捻接失败次数}{捻接总次数} \times 100\%$$

(2)捻接强力比(%)。

$$捻接强力比 = \frac{捻接头强力}{原管纱强力} \times 100\%$$

（3）捻接单强 CV 值（%）。在电子弹力机上测捻强度时，直接就可以给出单强 CV 值。

（4）捻接长度（mm）。结合维修调试时检测记录进行，在 4~6 个捻接器上随机抽取 20 个捻接头，用尺子在小黑板上分别测量捻接长度，最后求出平均值。

（5）捻接直径（mm）。周期随操作教练员对挡车工测定而同时进行。在测量捻接长度时，对样本测量捻接直径，最后求出平均值。

三、提高络筒质量的措施

（一）推广使用自动络筒机

自动络筒机具有以下优势。

1. 纱线通道设计合理 自动络筒机的纱路趋向直线化，有利于减少纱路机件对纱线的摩擦，有利于纱筒的高速卷绕。从纱路机件的布置顺序上，不同的机型略有差异。显然，将电子清纱器置于捻接器之后，先接头再经电子清纱器检测，有利于保证接头的质量；而上蜡装置位于电子清纱器之后，蜡屑就不会干扰电子清纱器的正常工作。

2. 配置完善的在线监控系统 自动络筒机电脑监控系统日益完善，可完成计长、定长、清纱工艺参数设定，还具有各种参数及纱疵、接头数、产量、效率等数据的显示和统计、自检等功能，是普通络筒机所不能相比的。

3. 捻接质量优良 自动络筒机配备空气捻接器或机械捻接器，结头直径为原纱直径的 1.2 倍左右，捻接强力可以达到原纱强力的 80% 以上。因此，自动络筒机生产的无结头纱能够有效地降低织造工序的停台率，提高织物表面质量。

4. 良好的卷绕成形 自动络筒机普遍采用金属槽筒，卷绕沟槽设计先进，适应高速。同时，采取筒子架横动、摆动，程序控制的槽筒速度微调等，可靠的防叠措施，使筒子成形良好，有利于后道工序的高速退绕。

5. 完善的清洁系统 自动络筒机采用定点和巡回相结合的气动清洁系统，极大地减少了络筒过程中的飞花卷入。

（二）改造普通络筒机

自动络筒机价格昂贵，为普通络筒机的几十倍。因此，生产中常对普通络筒机进行改造，也可达到很好的效果。在普通络筒机上，技术改造比较成熟的项目主要包括以下几个方面。

1. 改用电子清纱器 目前国内采用较多的是 1332 型络筒机，其原始配置是隙缝式清纱器。由于隙缝式清纱器清纱效率低且损伤纱线，已逐渐被淘汰，取而代之的是电子清纱器。

据统计，国产电子清纱器覆盖了国内 50% 以上的 1332 型络筒机，清纱效率和络筒质量大大提高。目前多功能的清纱监测装置已大量投入使用，集清纱、定长、统计和在线自检功能为一体的清纱监测装置以及类似产品，作为扩大使用或更新代换功能单一的初始型清纱器，已取得良好的效果。

2. 加装空气捻接器 自 1984 年，我国开始尝试在 1332 型络筒机上加装使用手动空气捻接器，并引进意大利 Mesdan 空气捻接器。随着无结头纱和布在市场上走俏，手动空气捻接器在 1332 型络筒机上的使用得到了很快发展。

目前,空捻接头技术已广泛用于任何原料、任何品种、任何纱支,是络纱工序不可缺少的部分。捻接器也实现了国产化,目前市场上供应的空气捻接器已分别用于粗特纱、细特纱、花式纱、股线、弹力包芯纱及紧密纱等不同品种。除普通空气捻接器外,还有热捻、湿捻等捻接器。

总之,空气捻接器对提高原纱和织物质量,提高生产效率有显著作用,也相应降低了成本,比机械打结器的维修量减少。

3. 采用筒子定长装置　采用筒子定长,可配合整经集体换筒,使筒子架上所有筒子的绕纱长度基本一致,均匀片纱张力,并减少倒筒脚任务,减少回丝;统计产量准确。

目前一般不用专门的定长装置,而是采用电子清纱器的定长功能。将设定长度输入电子清纱器中,当络纱长度达到设定值时,自动发出满筒信号。

4. 采用金属槽筒　金属槽筒与胶木槽筒相比散热快、防静电,坚固耐用,对纱线损伤小,筒子成形好。金属槽筒尤其适宜化纤纱线加工,适应高速。目前普通络筒机的胶木槽筒已大量被金属槽筒所取代。

金属槽筒的材料有铸铁、铝合金、不锈钢板和黑色合金。现在多采用不锈钢板槽筒和黑色合金槽筒。不锈钢板槽筒为白色,光泽较亮,使眼睛容易疲劳;黑色合金槽筒有利于保护眼睛。

槽筒形状有圆柱形和圆锥形。圆锥形槽筒有利于减小槽筒和筒子大小两端的摩擦滑移,减少对纱线的磨损和毛羽增加。

5. 电子防叠　1332 型络筒机采用的是接触式间歇开关防叠装置。这种装置防叠效果较差、电气故障多、维修工作量大,现已逐渐用无触点式间歇开关代替。

无触点式间歇开关由双向可控硅控制电动机的间歇开关,防叠效果较好,具有结构简单,性能稳定,节省贵金属和维修工作简单等优点。但可控硅元件损害较多,电动机升温也较高,影响了络筒速度的提高。

6. 使用巡回清洁装置　使用巡回清洁装置,可减少挡车工的清洁操作,改善工作环境。这项措施既减轻了工人的劳动强度,又提高了产品质量和生产效率,深受挡车工欢迎。

(三)加强日常生产管理

1. 加强工艺管理　根据纤维材料、原纱质量、成品要求等合理确定络筒工艺参数和工艺措施,并在生产中严格执行。

2. 加强设备维修管理　做好机器的维修保养工作,使各项安装规格符合要求,以保持良好的机械状态及上机工艺的落实。如张力圈重量一致,转动轻快,不丢落。导纱距离准确一致,插纱锭对准导纱板的导纱口。各部位相对位置准确。络纱机维修的重点是断头自停机构、筒子锭管回转情况及横动量、清纱装置、张力装置、打结器及捻接器、管纱插座位置、槽筒表面及沟槽导纱情况等。

3. 加强运转操作管理　加强络筒工操作技术的培训和检查。运转操作的重点是接头操作、落筒生头操作、机台清洁等工作。应保证结头质量符合要求,张力盘回转灵活,纱条通道无飞花杂质的堆积。使用自动吹飞花装置,及时清除络筒机上清纱器区域的飞花杂质,提高络筒质量。

思 考 题

1. 络筒工艺参数主要有哪些？

2. 络筒速度的大小如何确定？

3. 络筒张力装置的形式有哪些？比较其优缺点。

4. 络筒张力的大小如何确定？

5. 什么是最佳的清纱范围？如何设定？

6. 设计筒子卷绕长度的目的是什么？筒子定长方法有哪些？

7. 络筒工艺参数对纱线性能有何影响？

8. 络筒工序主要质量指标有哪些？如何检验？

9. 络筒疵点主要有哪几种？其形成原因是什么？对后道工序有何影响？

10. 自动络筒机有哪些优势？

11. 在普通络筒机上可采取哪些改造措施以提高络筒质量？

第三章 整经工艺与质量控制

整经的目的是把一定数量的筒子纱,按工艺设计的长度和幅宽,以适当均匀的张力平行均匀地卷绕在整经轴或织轴上去,为后工序做好准备。

整经质量直接影响后道工序的生产效率和织物质量,因此,整经工序需满足如下要求:在整经过程中保持单纱和片纱张力的均匀一致,并不过度损伤纱线的物理机械性能;全片经纱排列均匀,经轴(织轴)成形良好,表面平整;经轴(织轴)卷绕密度适当而均匀,表面圆整;整经根数、整经长度、色纱排列符合工艺要求;结头质量符合规定标准,回丝要少。

第一节　分批整经工艺

分批整经工艺参数包括整经机类型、整经张力(筒子架上前、中、后和上、中、下张力分布情况)、张力装置形式、整经速度、整经轴数和根数、整经长度、整经卷绕密度、整经结头规格、整经长度等项内容,其中以整经张力的设计为主。

一、整经张力

全片经纱张力应均匀,并且在整经过程中保持张力恒定,从而减少后道加工中经纱断头和织疵。整经张力大小应适当,以保持纱线的强力和弹性,避免恶化纱线的物理机械性能,同时尽量减少对纱线的摩擦损伤。整经张力的大小与纤维材料、纱线特数、整经速度、筒子尺寸、筒子架形式、筒子分布位置及伸缩筘穿法等有关。一般粗特纱的张力应比细特纱的张力大,化纤纱的张力应比同特纯棉纱的张力小。

均匀片纱张力可采取如下措施。

(一)采用间歇整经方式和筒子定长

由于筒子卷装尺寸影响纱线退绕张力,特别在高速整经或粗特纱加工时尤为明显。所以,在高中速整经和粗特纱加工时应当尽量采用间歇整经方式,使筒子架上筒子退绕直径保持一致。采用间歇整经方式即集体换筒,对络筒工序提出定长要求,以保证所有筒子在换到

25

筒子架上时具有相同的初始卷装尺寸,并可减少筒脚纱。

(二)合理设定张力装置的工艺参数

张力装置的工艺参数指张力垫圈重量、纱线对导纱杆的包围角、气动或弹簧加压压力等。

由于筒子在筒子架上的位置不同,造成各筒子上引出纱线的张力差异很大。筒子架后排引出的纱线距整经机机头较远,于是空气阻力和导纱部件的摩擦使纱线张力较大,而前排筒子引出的张力较小;同排的上层、中层、下层筒子之间,由于引纱路线的曲折程度不同,也造成了上层、下层张力较大,中层张力较小的现象。为弥补这些张力差异,实现片纱张力均匀,应适当调整筒子架上不同区域张力装置的工艺参数。

在1452型整经机筒子架上,采用了分段分层配置张力垫圈重量的措施。分段分层配置张力垫圈重量的原则是:前排重于后排,中层重于上层和下层。分段分层配置张力垫圈重量的方法应根据筒子架的长度和生产管理而定,一般有筒子架前后方向分三段或四段的配置,也有前后方向分段结合上下方向分三层而成六个区或九个区的配置。为使片纱张力更加均匀,还可采用弧形分段配置张力垫圈重量。分段分层数越多,片纱张力越趋于均匀一致,但生产管理也越不方便。因此,生产中经常使用前后方向分三段配置张力垫圈重量的方法。

1452型整经机筒子架上不同特数棉纱,前后分四段的张力垫圈重量配置见表3-1。其整经速度为200~250m/min。若整经速度提高,则纱线的退绕张力以及由空气阻力产生的纱线张力增加,应适当减轻张力垫圈重量。

表3-1 分四段配置张力垫圈重量

细 度		张力垫圈重量(g)			
特数(tex)	英制支数	前 排	前中排	中后排	后 排
13~16	44~36	5.0	4.6	3.8	3.3
18~20	32~29	5.5	4.6	4.2	3.8
24~30	24~20	6.4	5.5	5.0	4.4
32~60	18~10	8.4	6.4	6.0	4.6
14×2	42/2	6.4	5.5	4.8	4.4

1452型整经机筒子架上不同特数棉纱,前后分三段结合上下分三层而成九个区的张力垫圈重量配置见表3-2。其整经速度为200~250m/min。整经速度提高后,应适当减轻张力圈重量。

涤棉细特高密织物在1452型整经机筒子架上弧形分四段的张力垫圈重量配置,如图3-1所示。

(三)纱线合理穿入伸缩筘

纱线穿入伸缩筘的不同部位会形成不同的摩擦包围角,引起不同的纱线张力。纱线合

表 3 - 2　分九区配置张力垫圈重量

区段和边纱	张力圈重量(g)			
	14.5tex(40 英支)	29tex(20 英支)	58tex(10 英支)	14tex×2(42/2 英支)
前区上层和下层	5.0	5.5	9.5	11.5
前区中层	5.5	6.0	10.0	12.0
中区上层和下层	4.5	5.0	8.5	11.0
中区中层	5.0	5.5	9.0	11.5
后区上层和下层	4.0	4.5	8.0	10.5
后区中层	4.5	5.0	8.5	11.0
后排边纱	6.5	7.0	12.0	13.0

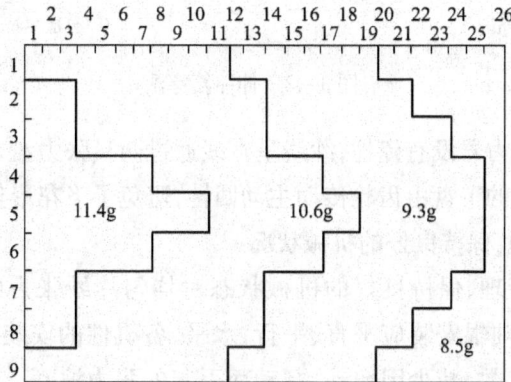

图 3 - 1　涤棉细特高密织物张力圈弧形配置图

理穿入伸缩筘既要考虑片纱张力均匀,又要适当兼顾操作方便。目前使用较多的有分排穿筘法(又称花穿)和分层穿筘法(又称顺穿)。分排穿筘法从第一排开始,由上而下(或由下而上)将纱线从伸缩筘中点往外侧逐根逐筘穿入,如图 3 - 2(a)所示。此法虽然操作较不方便,但在一些整经机(如 1452 型整经机)上,因引出距离较短的前排纱线穿入纱路包围角较大的伸缩筘中部,而后排穿入包围角较小的边部,能起到均匀纱线张力的作用,并且纱线断头时也不易缠绕邻纱。分层穿筘法则从上层(或下层)开始,把纱线穿入伸缩筘中部,然后逐层向伸缩筘外侧穿入,如图 3 - 2(b)所示。此法纱线层次清楚,找头、引纱十分方便,但是扩大了纱线张力差异,影响整经质量。因此,目前 1452 型整经机上较多采用分排穿筘法。

(四)选择合适的整经张力装置

张力装置的形式有很多,根据张力增加原理,可分为累加法、倍积法和间接法张力装置。其工作特点在第二章络筒张力部分已作过介绍。整经应选择间接法或累加法张力装置,尽量减小经纱的转折次数和曲折程度,减少倍积张力的产生。

根据张力装置的结构又分为圆盘式、立柱式、导纱棒式张力装置。无瓷柱双盘张力器已

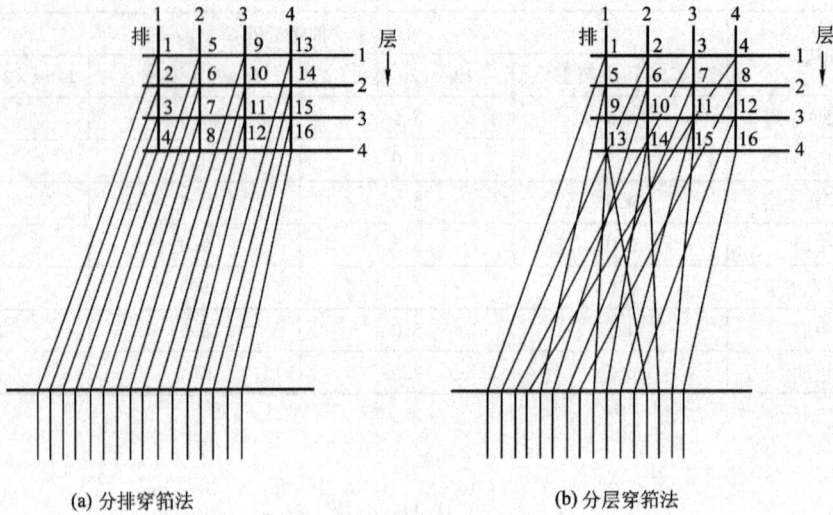

(a) 分排穿筘法　　　　　　　　　　　　(b) 分层穿筘法

图 3 - 2　伸缩筘穿法

为多数整经机采用。张力器没有瓷柱,纱线呈直线通过两只张力盘,避免了倍积张力造成的张力波动扩大。张力盘的下盘由齿轮传动主动回转,避免了飞花聚集。

(五)加强生产管理,保持良好的机械状况

应重视加强生产管理、保持良好的机械状态对均匀片纱张力的作用。为减少片纱横向张力差异,整经机各轴辊安装应平直、平行、水平,各机件的安装调整符合要求。尽量减少整经过程中的关车次数,减少因启动、制动而引起的张力波动。半成品管理中应做到筒子先到先用,减少筒子回潮率不同造成的张力差异。张力装置应经常清洗,检查,保持张力盘回转轻快灵活,保证张力装置的工艺参数符合工艺设计规定。伸缩筘筘齿应排列均匀。

分批整经的工艺设计应尽可能多头少轴,既可以减少并轴时各轴之间产生的张力差异,又可减少经轴上纱线间的间距,避免纱线过大的左右移动,使经轴卷绕圆整。伸缩筘齿间排纱要匀,采用游动伸缩筘可改善经轴表面平整度,使片纱张力均匀。

二、整经速度

影响整经速度的因素有机械和工艺两个方面。机械方面主要考虑经轴传动机构、制动机构及断头自停机构的类型。工艺方面主要考虑原纱质量、筒子卷绕质量和经轴幅宽。

高速整经机最大设计速度为1000m/min左右。随着整经速度的提高,纱线断头将会增加,影响整经效率,达不到高产的目的。只有在纱线品质优良和筒子卷绕质量好时,才能充分发挥高速整经的效率。

目前由于纱线质量和筒子卷绕质量还不够理想,整经速度以中速为宜。经轴直接传动的高速整经机,整经速度可选用600m/min以上;滚筒摩擦传动的1452A型整经机的整经速度为200～300m/min。整经轴幅宽大,纱线强力低、筒子成形差时,速度应低一些。涤棉纱的整经速度应比同特棉纱低一些。

三、整经轴数和整经根数

整经轴上纱线排列过稀会使卷装表面不平整,从而造成片纱退绕张力不匀,而且浆纱并轴轴数增加,会产生新的张力不匀。因此,整经根数的确定以尽可能多头少轴为原则。

整经根数还影响整经机产量和整经机械效率。整经根数增加,整经机理论产量提高,而且一次并轴的整经轴个数减少,整经上、落轴和筒子架换筒的操作次数相应减少,整经机械效率有所提高。但是,随整经根数增加,每个整经轴加工过程中经纱断头数量也相应增加,并且筒子架工作区长度增大,使处理断头的停台时间延长,从而阻碍整经机械效率的提高。

整经根数还受筒子架最大容筒数限制。为管理方便,一次并轴的各轴整经根数要尽量相等或接近相等,并小于筒子架最大容筒数。

(一)白坯织物或素色织物整经根数计算

1. 整经轴数

$$整经轴数 \ n = \frac{织物总经根数 \ M_z}{筒子架最大容筒数 \ K}$$

n 有小数时,小数进位取整,使筒子架利用率达 $80\% \sim 95\%$,以便留出预备筒子和接头纱筒子的位置,并尽量不使用筒子架四个角上的筒子插座,减小经纱张力差异。

2. 整经根数

$$整经根数 \ m = \frac{织物总经根数 \ M_z}{并轴轴数 \ n}$$

计算 m 时,如遇除不尽,则保留余数,然后将余数进行合理分配。分配时,各经轴间允许有 ± 4 根的差异,且这种经轴应控制在 2 只以内。生产中需将整经根数不同的经轴做出标记,以便并轴时不致搞错。

例 3 - 1 1452—180 型筒子架的最大容量为 630,织物总经根数为 5422 根,则整经轴数为:

$$n = \frac{M_z}{K} = \frac{5422}{630} = 8.6 \approx 9$$

于是,整经根数为:

$$m = \frac{M_z}{n} = \frac{5422}{9} = 602 \ 余 \ 4$$

依照整经根数的分配原则,各经轴间允许有 ± 4 根的差异,且这种经轴应控制在 2 只以内。在该例中,将多余的 4 根经纱添加在一个经轴上,最后,整经根数确定为:m_1、m_2、$\cdots$、$m_8 = 602$ 根,$m_9 = 606$ 根。也可分加在两个经轴上,最后,整经根数确定为:m_1、m_2、$\cdots$、$m_7 = 602$ 根,m_8、$m_9 = 604$ 根。

(二)色织物整经轴数和整经根数确定

由于分批整经速度快、效率高,现在色织物也通常采用分批整经,然后采用轴经上浆的生产工艺。

色织产品的经纱组合情况比较复杂,故应视经纱组合的特点,合理配置整经根数和整经轴数。

1. 经纱分配原则

(1)色泽近似、不易区分的经纱,不应配置在同一经轴上,必须分色分轴整经。上浆并轴后,应穿分色绞线以便于区分色纱。

(2)经纱粗细不一,必须分轴整经,便于分轴调节经纱张力。上浆时,还要根据纱线粗细、单纱或股线,分浆槽上浆。

(3)经纱织缩率差异大时(不需双轴织造),不宜混合同轴整经,必须分轴整经,便于分轴调节经纱张力。上浆并轴后,应穿区分绞线以便于穿综。

因此,色织物的整经根数的分配不能强求统一。整经根数的配置除受筒子架最大容筒数限制以外,主要取决于伸缩箱规格、经纱配色循环和经纱特点。同时应使经轴成形好,避免经纱嵌陷。实践证明,细特纱(20tex 及以下)排列密度不少于 15 根/10cm,一般取 30~35 根/10cm;中特纱(21~30tex)排列密度不少于 12 根/10cm,一般取 28~34 根/10cm;粗特纱(30tex 以上)排列密度不少于 10 根/10cm,一般取 25~32 根/10cm。

整经时,经纱根数若有增减,应相应调节伸缩箱规格。过稀时,可用间隔排列空箱的方法来调整纱片幅度。

在可能条件下,各经轴经纱排列的顺序、色泽、根数应尽可能一致,以减少换筒次数,便于挡车工操作,减少差错和提高产量。

2. 整经排花工艺

(1)分色(或分特数)分层法。将经纱区分色泽或特数分轴整经,不需要排花型。经纱经上浆分绞后,纱片呈分色泽或分粗细分层的状态。该法适用于双色细条形间隔排列、多色细条均匀间隔排列、同底色异色嵌条排列、粗细纱结合相间排列等色织物。

并轴时,应将纱线根数少的经轴放在上层,纱线根数多的经轴放在下层。在整经根数相近时,应将深色经轴放在上层,浅色经轴放在下层。这样浆纱时容易发现断头、跳绞,且便于处理疵点。

例3-2 色纱排列:

特白6根　　粉红6根

每花经纱 12 根,总经根数 3494 根,边纱(特白)24×2 = 48(根)。$\frac{3494-48}{12} = 287$ 余 2,所以全幅 287 花,加头 2 根(特白)。

整经分为 8 轴,具体分轴配置如下:

①粉红:6×287 = 1722(根),1 轴、2 轴为 430 根×2 轴,3 轴、4 轴为 431 根×2 轴。

②特白:6×287+2+48 = 1772(根),5 轴、6 轴、7 轴、8 轴为 443 根×4 轴。

同色经纱条形较窄,条子间隔不超过 10 根,浆纱时可不排花型,将浆纱分摊均匀,浆轴在落轴时,穿放分色绞线,以利于穿综时分层认色、分头穿综。若条子间隔超过 10 根,为提高浆轴质量、避免织机上经纱绞头,浆纱时可分头排列花型。

例 3 - 3　经纱排列:

14.5tex	14.5tex	14.5tex	14.5tex + 14.5tex	14.5tex	14.5tex	14.5tex	14.5tex + 14.5tex
湖蓝	特白	湖蓝	低捻花线	特白	湖蓝	特白	低捻花线
1 根	1 根	1 根	1 根	1 根	1 根	1 根	1 根

<u>1 根　1 根</u>　　　　　　　　　　　　　<u>1 根　1 根</u>
　　6 次　　　　　　　　　　　　　　　　6 次

每花经纱 28 根(湖蓝 13 根,特白 13 根,低捻花线 2 根),总经根数 3496 根,边纱(特白) $24 \times 2 = 48$ 根。$\frac{3496 - 48}{28} = 123$ 余 4,所以全幅 123 花,加头 4 根(2 根湖蓝、2 根特白)。

整经分为 9 轴,具体分轴配置如下:

① 14.5tex + 14.5tex 低捻花线:$2 \times 123 = 246$(根),卷绕在 1 个轴上,即 1 号轴,246 根×1 轴。

② 14.5tex 湖蓝:$13 \times 123 + 2 = 1601$(根),分成 4 个轴,2 轴、3 轴、4 轴为 400 根×3 轴,5 轴为 401 根×1 轴。

③ 14.5tex 特白:$13 \times 123 + 2 + 48 = 1649$(根),分成 4 个轴,6 轴、7 轴、8 轴为 412 根×3 轴,9 轴为 413 根×1 轴。

浆纱可不排花型,只需要第一层(14.5tex + 14.5tex)低捻花线均匀分布在筘齿中固定位置,在浆纱落轴时,在第一层与第二层之间放一根分粗细的绞线,在第五层与第六层之间(5 号轴和 6 号轴的经纱之间)放一根分色绞线,以利于穿综时的分层分头。

(2)分条分层法(成型法)。分条时将经纱按色纱条形均匀分配到各经轴上,分轴整经。经轴经上浆分绞后,呈现分条形分层的状态。浆纱需按色纱排列条形,分层分头均匀排花型。该法适用于双色或多色阔条形(20mm 以上)排列的色织物。

经纱按色纱条形要均匀分配到各经轴上,如果条形内的经纱根数并不是经轴只数的整数倍,经纱根数不均匀时,也要使一个完全循环花型内的经纱根数或两个完全循环内的经纱根数均匀的分配到各经轴上,各经轴的经纱根数应接近,以保证经轴并轴后,纱片条形复合整齐。

例 3 - 4　经纱排列:

漂白	蓝	漂白	绿	漂白	大红	漂白	黄
42 根	42 根	42 根	42 根	42 根	82 根	42 根	42 根

每花经纱 376 根,总经根数 3820 根,边纱(漂白)$20 \times 2 = 40$ 根。

$\frac{3820 - 40}{376} = 10$ 余 20,所以全幅 10 花,加头 20 根(漂白)。

整经分为 8 轴,劈花劈在漂白条形里,具体分轴配置见表 3 - 3。

(3)分区分层法(分色分条结合法)。将若干个相邻的经轴分成一组,作为一个区,然后将条形中的经纱,根据颜色的不同分别均匀分配到不同组的经轴上。经轴上浆分绞后,虽然分区分层部分的纱片呈分色分层状态,但对于整个花型中的经纱,浆纱时还需按色纱排列

表3-3　各色经纱在各经轴中的分配

轴次	左边	漂白加头	漂白	蓝	漂白	绿	漂白	大红	漂白	黄	漂白	漂白加头	右边	整经根数
	20	8	32	42	42	42	42	82	42	42	10	12	20	
1	2		4	5	5	5	6	10	5	5	2	3	2	477
2	2		4	5	5	5	6	10	5	5	2	3	2	477
3	2		4	5	6	5	5	10	5	6	1	3	2	477
4	2		4	5	6	5	5	10	5	6	1	3	2	477
5	3	2	4	5	5	5	6	10	6	5	1		3	478
6	3	2	4	5	5	5	6	10	6	5	1		3	478
7	3	2	4	6	5	5	5	11	5	5	1		3	478
8	3	2	4	6	5	5	5	11	5	5	1		3	478

注　全幅10花,每轴重复10次

条形、分头排花型。该法适用于条形较宽或某一色泽经纱根数少而地经根数又很多的品种。

对根数很多的地经采用分色分层法,而对根数较少的花经可与部分地经合并采用分条分层法。

例3-5　某经起花织物,经纱为13tex,花经与地经采用双轴织造。

经纱排列:

漂白　　浅蓝　　漂白　　浅蓝　　漂白

4根　　1根　　2根　　1根　　60根

3次

每花经纱74根(漂白70根,浅蓝4根),总经根数3932根,边纱32×2=64(根)。

$\dfrac{3932-64}{74}=52$余20,所以全幅52花,加头20根(4根浅蓝、16根漂白)。

浅蓝色纱线根数=4×52+4=212(根);漂白色纱线根数=3932-212=3720(根)。

整经分为9轴,具体分轴配置如下:

①第1、第2、第3号轴由于卷绕花经,用于上面的织轴,第1、第2、第3号轴的经纱根数根据织物组织要求确定为364根,均为漂白纱。由于织物组织、织缩率不同,整经以后这三个轴需单独上浆。在整经时,由于这三个轴的经纱根数较少,为使经纱排列均匀,穿伸缩筘时要求每隔4个筘空1筘,以符合经轴宽度。

②第4号轴经纱根数=212(浅蓝)+260(漂白)+6(漂白边纱)=478(根);第4号轴采用分条分层法。经纱排列顺序为:

漂白　　浅蓝　　漂白　　浅蓝　　漂白

3根　　4根　　5根　　4根　　3根

52次

③第 5、第 6、第 7 轴经纱根数为 472 根,均为漂白纱。

④第 8、第 9 轴经纱根数为 473 根,均为漂白纱。

为便于穿经操作,第 4 个轴落轴时,要求打一根绞线,将色纱压在下面。

在实际生产中,色织物的经纱色条排列复杂多变,色泽繁多,兼有组织变化、纱线粗细变化、花式线等,往往一种花型不是简单地采用某种单一的排花方法就能满足生产要求的,需要熟练掌握,灵活运用。

四、整经卷绕密度

整经卷绕密度的大小与纱特、整经速度、整经张力、整经加压及车间空气相对湿度有关。整经速度高、整经张力大、加压压力大、相对湿度高时,卷绕密度就大;低特纱比高特纱卷绕密度大。卷绕密度的大小影响到原纱的弹性、经轴的卷绕长度及后工序的退绕,应合理选择。

整经卷绕密度要比筒子卷绕密度大 20% ~ 30% ,股线的卷绕密度比同特单纱增加10% ~ 15% 。

五、整经结头规格

纯棉单纱常采用织布结,纱尾长度为 2 ~ 3mm;股线、涤棉纱一般采用自紧结,纱尾长度为 5 ~ 6mm。

六、整经长度计算

整经长度计算分为以下几个步骤进行。

(一)计算经轴的卷绕体积 V

$$V = \frac{\pi \times W}{4}(D^2 - d^2)(\text{cm}^3)$$

式中:D——经轴绕纱直径,D = 经轴盘片直径 D_ϕ - (10 ~ 30)mm;

d——织轴轴芯直径,如 1452 系列整经机为 260mm;

W——经轴盘片间距,因整经机型号不同而异,如 1452—180 型整经机 W 为 1800mm。

(二)经轴卷绕经纱重量 G

$$G = V \times \gamma \times 10^{-3}(\text{kg})$$

式中:γ——经轴的卷绕密度,g/cm³。

经轴的卷绕密度与经纱特数、卷绕张力、整经速度、整经加压程度等因素有关。一般细特纱比粗特纱的卷绕密度大,高速高压时卷绕密度大。单纱卷绕密度一般在 0.4 ~ 0.6g/cm³ 范围内。当卷绕股线时,其卷绕密度约比同特数单纱提高 10% ~ 15% 。

(三)计算经轴理论绕纱长度(最大绕纱长度) L′

$$L' = \frac{G}{\text{Tt} \times m} \times 10^6(\text{m})$$

式中:Tt——经纱特数;

m——一个经轴的整经根数。

(四)计算经轴计划绕纱长度 L

为了减少回丝,避免出现小轴,一个经轴的绕纱长度应保证浆出若干个完整的织轴,即要求经轴的绕纱长度等于织轴绕纱长度的整倍数。所以应先算出一个经轴可卷织轴数 n:

$$n = \frac{L'}{L_{织轴}}$$

式中:$L_{织轴}$——织轴实际绕纱长度,m;

上式计算出的 n 如有小数,则小数舍去取整。

经轴计划绕纱长度为:

$$L = \frac{L_{织轴} \times n + l_1}{1 + \varepsilon} + l_2$$

式中:l_1——浆纱浆回丝长度,一般取 4~5m;

l_2——浆纱白回丝长度,一般取 10~15m;

ε——浆纱实际伸长率。

第二节 分批整经质量控制

整经质量包括卷装中纱线质量和纱线卷绕质量两个方面。整经质量是保证浆纱正常生产、保证浆纱质量和织物质量的基础。

整经断头卷入轴内或经轴退绕断头,将造成浆槽内缠辊停车,浆轴疵点增加,严重影响织机效率和织物质量;整经片纱张力不匀,会造成浆纱片纱张力差异、浆纱断头和浆纱绞头,且整经片纱张力在后道工序无法得到改善,会严重影响织物布面的匀整;整经问题造成浆纱机打慢车或停车增多,会影响浆纱上浆率、回潮率、伸长率的均匀,增加织造断头和疵点。因此抓好整经质量是提高织物质量和织造生产率的关键。

一、织造对整经工序的质量要求

(1)整经过程中经纱张力要适当,保持单纱及片纱张力的均匀一致,充分保持纱线的弹性、强度、外观等物理机械性能。

(2)全片经纱排列均匀,经轴卷绕密度适当而均匀,经轴成形良好,表面圆整。

(3)整经根数、整经长度、色纱排列符合工艺要求。

(4)结头质量符合规定标准,避免整经过程中脱结。

(5)正确设置整经工艺参数,降低整经断头,可提高整经效率,同时有利于提高浆纱质量。断头后,断头自停装置与制动装置应作用灵敏,停车迅速,以减少断头卷入。

二、整经工艺参数对纱线性能的影响

(1)纱线经过整经加工后,在张力的作用下会产生伸长,其细度、强力和断裂伸长均有减小。为保持纱线原有的物理机械性能,整经时纱线所受张力要适度。

(2)纱线在高速条件下经导纱部件摩擦,会对纱线有磨损,增加毛羽,所以纱线通道要光洁,尽量减少纱线的磨损和毛羽。

(3)纱线从固定的筒子上退绕下来,其捻度会有些改变。筒子退绕一圈,纱线上就会增加(Z捻纱)或减少(S捻纱)一个捻回。随着筒子退绕直径减少,纱线的捻度变化速度加快。

研究表明:在正常生产情况下,整经后纱线的物理机械性能无明显改变。

三、整经工序主要质量指标及其检验

(一)整经断头率检验

1. 检验目的　通过检验,及时发现整经时引起断头的原因,以便采取措施降低断头,提高效率,进而提高浆纱质量和织造质量。

2. 测试方法

(1)分品种分机台任意测定5000m,测定时不要在筒子小纱时进行,以免影响测试结果的准确性。

(2)发现断头及时记录并分析断头原因,有突出问题应留出样纱以便详细分析,将测试结果记录在表格中,并进行统计分析。

断头原因有细纱质量因素:弱捻纱、竹节纱、细节纱、杂质等;有络筒质量因素:小辫子、脱圈、襻头、回丝附入、生头不良等;机械因素:引纱通道有毛刺或起槽、锭子位置与张力座的导纱眼未对准造成退绕气圈过大而引起断头等;工艺参数不合理:张力、车速过高等。

(3)分别记录试验前后靠近试验区的温度和相对湿度。

3. 测试结果计算

$$整经万米百根断头次数 = \frac{5000\,米测定断头次数 \times 2}{整经根数} \times 100$$

(二)经轴卷绕密度

1. 测试目的　通过测试卷绕密度,来衡量经轴卷绕的松紧程度,进而判断整经张力大小是否合适。经轴卷绕密度过大,则纱线所受张力过大,纱线弹性损失会过大,在布面上的单纱细节会很明显;卷绕密度过小,会造成经轴卷绕松紧不匀,经轴表面不平整,造成织造退绕张力不匀,织物不平整。

测试卷绕密度还可计算出经轴最大卷装容量。

2. 测试方法　任取5只空经轴到指定的整经机上做满5只经轴,分别测定各只经轴的卷绕密度,最后求平均值。

(1)测出空经轴轴芯的直径$d(\mathrm{cm})$、盘片间距$W(\mathrm{cm})$,分别称取5只空经轴的重量,并求平均重量$G_0(\mathrm{g})$。

(2)用软尺分别在满轴的左、中、右三处测出各只满轴的周长,计算各只满轴的平均卷绕直径$D(\mathrm{cm})$。

（3）分别称取 5 只满经轴的重量，并求出平均重量 $G_m(g)$，以此平均重量减去空经轴的重量 $G_0(g)$，可得经轴绕纱重量 $G(g)$，即 $G = G_m - G_0$。

3. 卷绕密度计算

（1）经轴绕纱体积 $V(cm^3)$：

$$V = \frac{\pi W}{4}(D^2 - d^2)$$

（2）经轴卷绕密度 $\gamma(g/cm^3)$：

$$\gamma = \frac{G}{V}(g/cm^3)$$

4. 影响卷绕密度的因素

（1）同一种纱线，张力越大，卷绕密度越大。

（2）同一种机型，车速越大，卷绕密度越大。

（3）同一种机型，经轴加压越大，卷绕密度越大。

（4）同一种原料，纱线越细，卷绕密度越大。

不同特数棉纱的经轴卷绕密度见表 3 - 4。

表 3 - 4　不同特数的经轴卷绕密度参考范围

纱线特数(tex)	96 ~ 32	31 ~ 20	19 ~ 12	11.5 ~ 6
卷绕密度(g/cm³)	0.45 ~ 0.50	0.50 ~ 0.65	0.50 ~ 0.65	0.55 ~ 0.60

纤维原料不同，卷绕密度也不同，涤棉混纺纱的卷绕密度一般比同特数的纯棉纱高10%左右。

（三）经纱排列均匀性测试

1. 测试目的　检测纱线排列是否均匀。纱线排列均匀是经轴卷绕平整、退绕张力均匀、布面匀整光洁的基础。所以，通过检验，及时发现问题并采取相应措施，均匀纱线排列，进而提高浆纱质量和织造质量。

2. 测试方法　在抽查经轴的左、中、右三处不同位置，用尺子各测出 10cm 内的经纱根数，并以此与标准的平均排列密度比较，误差在 ±5% 以内算合格。若测得的三处结果有一处不符合要求，就说明该经轴纱线排列不匀。

3. 影响经纱排列不匀的因素

（1）伸缩筘宽度和经轴盘片间距不协调，不符合要求。

（2）伸缩筘中心和经轴两盘片间的中心不对应。

（3）纱线在伸缩筘中穿的不匀。

（四）刹车制动测试

1. 测试目的　检测整经机制动系统的工作性能，及时发现问题并采取相应措施，提高制动系统灵敏性，或采用新型高效能的制动系统，如制动有力、迅速的液压式、气动式制动等。

2. 测试方法　通过测试整经机刹车制动距离检测整经机制动系统的工作性能。刹车制动距离长，说明制动不及时，纱头易卷入轴内，造成倒断头。

在正常运转的整经机上，与挡车工配合，在筒子架上的任一筒子处剪断纱线，在剪断的同时进行刹车，直到经轴完全静止为止，测量断头纱线的续卷长度。用同样的方法连续做5次，求其平均值，该平均长度就是刹车制动距离。

3. 测试结果分析　刹车制动距离一般要求在4m以内，若超过4m，则断经纱头极易卷入轴内，这样挡车工就很难找头，影响整经效率。如若找不出纱头，就不能正确接头，造成绞头、倒断头疵点。同时，在制动和找头的过程中，经轴表面纱线会受到较严重的磨损，增加纱线毛羽。

(五) 好轴率

对整经卷绕质量的要求：经轴（或织轴）表面圆整，形状正确，纱线排列平行有序，片纱张力均匀适当，接头良好，无油污及飞花夹入。

经轴质量的好坏对后道工序、对织物质量均有重大影响。经轴的总体质量一般用好轴率表示，其计算公式如下：

$$好轴率 = \frac{检查经轴总轴数 - 查出疵轴数}{检查经轴总轴数} \times 100\%$$

1. 测试目的　好轴率是反映经轴卷绕质量的重要指标，经轴卷绕质量的好坏直接影响浆纱质量、织造效率、布面质量和浆纱回丝的多少。所以通过测试好轴率，可以全面了解经轴卷绕质量，并可作为考核挡车工质量成绩的主要依据，从中找出问题，对症下药，进而提高整经质量，提高后道工序生产效率和产品质量。

2. 检测方法　按经轴好轴率测试标准在生产现场实查，统计经轴总数和疵轴数，并及时记录疵轴成因。最后按公式计算好轴率。

3. 分析疵轴类型与造成经轴疵点的原因　为加强经轴质量管理，提高好轴率，将疵轴类型与造成经轴疵点的原因等列于表3－5。

四、提高整经质量的措施

1. 采用经轴直接传动的新型整经机　直接传动的经轴卷绕方式，由于取消了大滚筒，减少了经轴的跳动，经轴转动平稳，成形良好；消除了刹车制动时滚筒对经纱的磨损，提高了产品质量；同时，采用高效能的制动方式直接制动经轴，制动迅速有力。新型整经机多采用液压式、气压式的制动方式，使经轴、压辊、测长辊同时制动，制动力强，作用稳定可靠。经纱断头后经轴在0.16s左右内完全被制动，经纱滑行长度控制在2.7m左右。采用电气断头自停装置并安装在筒子架上，使断头感应点与纱线卷绕点之间有较大的距离，避免纱头卷进经轴，而且利于提高车速。所以，整经机速度可高达1000～1200m/min。

2. 减小和均匀筒子退绕张力　络筒工序适当增大筒子锥度或采用不等厚度卷绕，减小筒子退绕阻力，减小筒子退绕张力的变化。

表3-5 疵轴类型及其产生的原因、对后工序的影响

疵点名称	疵轴类型	产生原因	对后道工序影响
浪纱	经轴退绕时经纱松弛下垂	经轴边部卷绕不平整 伸缩筘经纱排列宽度与经轴幅宽不一致 经轴两端加压不一致、轴承磨灭过大等造成经轴两端卷绕直径不一致 经轴轴管弯曲、盘片歪斜或转动不稳,经轴卷绕不平整 滚筒两边磨损	浆纱断头、粘并,织造时开口不清、断头、产生"三跳"织疵和豁边疵布,布面不匀整、有条影等
绞头	纱头连接位置不当有两根以上作疵轴	断头后刹车过长,造成找头不清 落轴时穿绞线不清	经轴退绕阻力增大,浆纱片纱张力不匀,易断头
错特		换筒工筒子用错 筒子内有错特、错纤维纱	布面错特,印染后造成染色不一致
倒断头	纱头没有正确连接	断头自停装置失灵 经轴刹车不及时,使断头卷入 操作工断头处理不善	造成浆纱断头,影响浆纱质量
长短码	经轴绕纱长度超过误差标准	测长装置失灵如测长齿轮磨损、跳动、销子脱落等 操作不良,测长表未拨准等	造成浆纱回丝或小浆轴
杂物卷入	脱圈回丝、飞花或硬性杂物卷入作疵轴	接头回丝或换筒回丝未及时放好而带入纱层上 做清洁时有飞花落入纱层上未及时清除 筒子堆放时间长,上面附有飞花	引起整经或布机断头,或造成疵布
油污渍	影响后道工序的深色油污疵点	筒子沾有油污 加油不当心,玷污经轴或导纱部件 清洁工作不当,油飞花掉落在经轴内	造成油经疵布
错头份	经纱头份与工艺规定不符	翻改品种时,挡车工未认真检查头份或筒子个数点错	影响织物幅宽、穿经循环
标记用错	封头布、轴票用错	挡车工操作不良	品种混淆
空边	经轴边纱部分凹下	挡车工操作不良 经轴盘片严重歪斜	片纱张力不匀,断边

3. 均匀整经张力 在一些新型高速整经机上,还采用了一些特殊措施来均匀整经张力。为了适应高速,有的整经机设有超张力断纱器,当张力超过预定值时,主动将纱线切断在最后方位置,防止断头卷入经轴;在美国西点及瑞士贝宁格等整经机上均设有夹纱器,当由于纱线断头或其他原因机器停车时,夹纱器夹持纱线,在停车和启动加速过程中,由夹纱器保持并控制经纱张力,只有在整经机达到正常速度时,夹纱器才会完全放松,这可以防止纱线松弛纠缠,均匀经纱张力,也有利于车速的提高。

4. 伸缩筘横动和摆动装置 伸缩筘横动动程可调范围为0~20mm。伸缩筘可以上下

前后摆动,避免了纱线对伸缩筘的定点磨损;该装置可使纱线排列更均匀,经轴卷绕更平整。

5. 电子计长　采用光栅编码器与计算机组成的对经轴直接计长的先进的计长与测速系统,消除了间接计长的误差。

6. 整经监测功能　由先进的计算机与触摸屏的智能终端组成的操作界面,可设定和显示各种工艺性能参数,增设了生产管理信息和故障检测系统。对产量、停台、效率等指标随时可读,对生产数据进行整理、存储,在操作台设有启动、关车、点动、慢车等按钮,有的在筒子架上也设有开、关车按钮,这有利于提高生产效率和产品质量。

第三节　分条整经工艺

分条整经工艺设计包括整经张力、整经速度、整经长度、整经条数、条带宽度、定幅筘计算和斜度板锥角及定幅筘移动速度等内容。整经长度的计算可参见有关文献。

一、整经张力

滚筒卷绕时,张力装置工艺参数及伸缩筘穿法可参照分批整经。

织轴卷绕时,片纱张力取决于制动皮带对滚筒的摩擦制动程度,片纱张力应均匀、适当,以保证织轴卷绕达到合理的卷绕密度。织轴的卷绕密度可参见表3-6。织轴卷绕时,随滚筒退绕半径减小,摩擦制动力矩应随之减小,为此要调节制动的松紧程度,以保持片纱张力均匀一致。

表3-6　织轴卷绕密度

纱 线 种 类	卷绕密度(g/cm^3)	纱 线 种 类	卷绕密度(g/cm^3)
棉股线	0.50~0.55	精纺毛纱	0.50~0.55
涤棉股线	0.50~0.60	毛涤混纺纱	0.55~0.60
粗纺毛纱	0.40		

二、整经速度

由于分条整经机的换条、分绞、倒轴、生头、接头等停车操作时间多,其生产效率比分批整经低得多。据统计,分条整经机整经速度(滚筒线速度)提高25%,生产效率仅增加5%,因此分条整经速度的提高就显得不如分批整经那么重要。

分条整经的经纱卷绕截面是平行四边形,滚筒每转动一圈,条带相对滚筒就要有一定的横向位移。

老式的分条整经机采用的是大滚筒不动,条带移动。条带移动又需要定幅筘、导条器和筒子架的移动,运动复杂,所以不适应高度,整经速度仅为87~250m/min。同样倒轴时,滚筒不动,织轴横动,卷绕速度为20~110m/min。

新型分条整经机采用的是大滚筒横动,条带不动,即倒轴装置和筒子架均固定不动。具有无级变化的斜度板锥角和定幅筘移动速度,滚筒与织轴均采用无级变速传动,以保证条带卷绕及倒轴时纱线线速度不变,使纱线张力均匀,卷绕成形良好,适应高速。还有很多新型分条整经机的滚筒采用整体固定锥角设计,高强钢质材料精良制作,能满足各种纱线卷绕的工艺要求。所以整经速度大幅提高,设计最高整经速度可达 800m/min,不过实际使用时一般低于这一水平。纱线强力低、筒子质量差时应选较低的整经速度。

三、整经条数

1. 条格及隐条织物 在条格及隐条织物生产中,整经条数的确定要考虑花经排列情况,其计算公式为:

$$n = \frac{M - M_b}{m}$$

式中:n ——整经条数;

M ——织轴总经根数;

M_b——两侧边纱根数之和;

m ——每条经纱根数。

每条经纱根数为每条花数与每花配色循环经纱数之积,即:

$$m = 每条花数 \times 每花配色循环经纱数$$

每条经纱根数应小于筒子架最大容筒数,并且是经纱配色循环的整倍数。第一和最后条带的经纱根数还需修正。应加上各自一侧的边纱根数,并对 n 取整后多余或不足的根数作加、减调整。

2. 素经织物 在素经织物生产中,整经条数的确定比条格及隐条织物简单,其计算公式为:

$$n = \frac{M}{m}$$

每条经纱根数的确定只考虑筒子架最大容筒数,当 M/m 无法除尽时,应尽量使最后一条(或几条)的经纱根数少于前面几条,但相差不宜过多。

在筒子架容量许可的条件下整经条数应尽量少些。

四、条带宽度

整经条带宽度即定幅筘中所穿经纱的排列幅宽,其计算公式为:

$$b = \frac{Bm}{M(1 + q)}$$

式中:b——条带宽度,cm;

B——织轴幅宽,cm;

q——条带扩散系数。

整经条带经定幅筘后发生扩散。高经密的品种在整经时条带的扩散现象较严重,造成滚筒上纱层呈瓦楞状。为减少扩散现象,可将定幅筘尽量靠近整经滚筒表面。

五、定幅筘计算

定幅筘的筘齿密度以筘号表示。公制筘号是指 10cm 长度内的筘齿数(筘/10cm);英制筘号是指 2 英寸长度内的筘齿数(筘/2 英寸)。筘号 N 可按下式计算:

$$N(筘/10\text{cm}) = \frac{M}{B \cdot C} \times 10$$

式中:C——每筘齿穿入经纱根数。

若每筘齿穿入经纱根数过多,则整经滚筒上纱线排列不匀;若每筘齿穿入经纱根数过少,则筘号大,筘齿密度大,虽有利于经纱均匀排列,但增加了筘片与经纱间的摩擦。每筘齿穿入经纱根数的多少,以滚筒上纱线排列整齐、筘齿不磨损纱线为原则。一般品种每筘齿穿入经纱根数为 4~6 根或 4~10 根,经密大的织物,每筘穿入数取大些。

六、斜度板锥角及定幅筘移动速度

正确的整经条带截面形状为规则的平行四边形,这样才能保证滚筒和织轴表面卷绕平整,退绕张力均匀。影响条带卷绕成形的基本参数是斜度板锥角 α 及定幅筘移动速度 h。正确选择斜度板锥角 α 和定幅筘移动速度 h,是提高整经质量的重要措施。定幅筘移动所形成的纱层锥角与斜度板锥角 α 相等时,条带截面才能呈现正确的平行四边形,如图 3-3 所示。

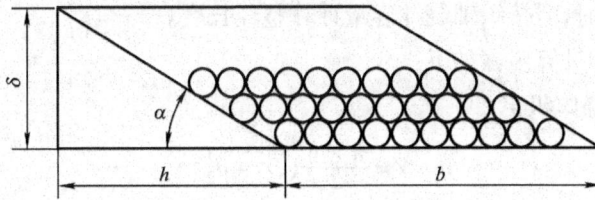

图 3-3　条带截面

由图 3-3 可知:

$$\tan\alpha = \frac{\delta}{H} = \frac{\delta}{n \cdot h} = \frac{\delta}{n} \cdot \frac{1}{h}$$

式中:α——滚筒斜度板锥角(°);

　　　H——卷绕一个条带过程中定幅筘的总动程,cm;

　　　δ——条带卷绕厚度,cm;

　　　n——卷绕一个条带的滚筒转数即绕纱圈数;

　　　h——定幅筘移动速度,即滚筒转一转定幅筘移动的距离,cm。

$\frac{\delta}{n}$ 即为平均每层纱线的卷绕厚度,$\frac{\delta}{n}$ 与纱线特数 Tt 成正比,与纱线卷绕密度 γ 成反比,

与条带中纱线排列密度 $\frac{m}{b}$ 成正比,进而得出斜度板锥角 α 和定幅筘移动速度 h 的关系式为:

$$\tan\alpha = \frac{\text{Tt} \cdot m}{\gamma \cdot b \cdot h \cdot 10^5}$$

$$h = \frac{Tt \cdot m}{\gamma \cdot b \cdot \tan\alpha \cdot 10^5}$$

使用固定斜度板时,倾斜角 α 不变,要按公式计算定幅筘移动速度 h,但 h 为有级变化,只能选接近计算 h 值的一档,往往选配精度不够。新型分条整经机的滚筒采用整体固定锥角设计,滚筒可实现无级位移,级差小于 0.01mm,可保证 α 与 h 的正确配合。

使用活动斜度板时,可以同时选择 α 和 h,并且 α 为无级变化,能使上述等式严格成立。α 数值尽量取得小些,以斜度板露出纱条之外 30~50mm 为度,从而纱圈稳定性最佳。

实际生产中,还需参照纱层实际卷绕厚度 δ 和导条装置移动距离 H,对上述理论计算的斜度板锥角进行修正。实测纱层卷绕厚度时,以成形正确处纱层厚度为依据。最后确定的斜度板锥角 α 为:

$$\alpha = \arctan \frac{\delta}{H}$$

七、分条整经长度

分条整经是首先把经纱条带卷绕到大滚筒上,待所有条带卷绕结束后,再把经纱一起退绕到织轴上,用于织机进行织造。所以分条整经长度取决于织轴绕纱长度。分条整经常用于小批量、多品种的色织产品加工,当批量较小且不足一个织轴时,一般不再进行整经长度的计算;当批量较大时,需按织轴绕纱容量计算整经长度。

织轴绕纱长度的计算步骤如下:

(一)织轴的卷绕体积 V

$$V = \frac{\pi \times W}{4}(D^2 - d^2)$$

式中: D——织轴绕纱直径,D = 织轴盘片直径 D_ϕ – (10~30),mm;

$\quad$ d——织轴轴芯直径,mm;

$\quad$ W——织轴盘片间距,m。此值过大,会增加边纱张力,增大边经纱的转折角,使边经纱受到较大的摩擦力,增加断头率。一般可取大于上机筘幅 30~100mm。

(二)织轴上经纱重量 G

$$G = V \times \gamma \times 10^{-3}(\text{kg})$$

式中: γ——织轴的卷绕密度,g/cm³。

织轴的卷绕密度与经纱特数、卷绕张力、卷绕速度等因素有关。单纱卷绕密度一般在 0.4~0.6g/cm³ 范围内。当卷绕股线时,其卷绕密度约比同特数单纱提高 15%~25%,而用于阔幅织机的织轴卷绕密度要降低 5%~10%。

(三)织轴上经纱理论绕纱长度(最大绕纱长度)L'

$$L' = \frac{G}{Tt \times M_z} \times 10^6(\text{m})$$

式中: Tt——经纱特数,tex;

$\quad$ M_z——织轴上总经根数。

(四)织轴上经纱计划绕纱长度 L

为了减少回丝,减少零布,一个织轴的绕纱长度应尽量保证织出若干个完整的布辊,所以应先算出一个织轴可织布辊数 n:

$$n = \frac{L'}{l_j \times n_p}$$

式中:l_j —— 一匹布所需经纱长度,m;

$\quad n_p$ —— 一个布辊的联匹数。

上式计算出的 n 如有小数,则小数舍去取整。

织轴上经纱计划绕纱长度 L 为:

$$L = l_j \times n_p \times n + l_1 + l_2$$

式中:$l_1 + l_2$ ——织机上了机回丝长度,一般为 $1.5 \sim 2.0m$。

第四节　分条整经质量控制

一、分条整经质量控制

分条整经的主要质量指标及其检验方法与分批整经相似。下面把分条整经特有的常见疵点与产生原因等介绍如下(表3-7)。

表3-7　分条整经常见疵点及其产生的原因、对后工序的影响

疵点名称	疵轴形式	产生原因	对后道工序影响
成形不良	织轴表面凹凸不平	定幅筘每筘齿穿入根数过多 导条器移动不准确、调整错误 经纱张力配置不当，条带张力不匀	浆纱断头、粘并，织造时开口不清、断头、产生"三跳"织疵和豁边疵布，布面不匀整、有条影等
织轴绞头	纱头连接位置不当	断头后刹车过长,造成找头不清 落轴时穿绞线不清	使织机开口不清,增加织疵,影响织机效率
错特		换筒工筒子用错 筒子内有错特、错纤维纱	布面错特,印染后造成染色不一致
错花型或错经纱根数		排纱不认真 挡车工未认真检查头份和筒子个数	影响花型、幅宽和穿经循环
倒断头	纱头没有正确连接作疵轴	断头自停装置失灵，滚筒停车不及时，使断头卷入，或操作工断头处理不善	造成浆纱断头,影响浆纱质量
长短码	各整经条带长度不一致	测长装置失灵 操作不良,测长表未拨准等	增加了浆纱和织造的了机回丝

疵点名称	疵轴形式	产生原因	对后道工序影响
色花、色差	封头布、轴票用错作疵轴	挡车工操作不良	品种混淆
嵌边、凸边	织轴两边凹下或凸出	倒轴时对位不准	造成边纱浪纱,织造时形成豁边坏布

由于操作不善,清洁工作不良,还会引起杂物卷入、油污、并绞、纱线排列错乱等各种整经疵点,对后加工工序产生不利影响,降低布面质量。

二、提高分条整经质量的措施

1. 提高卷绕成形质量 新型分条整经机上,定幅筘到滚筒卷绕点之间距离很短,有利于纱线条带被准确引导到滚筒表面,同时也减少了条带的扩散,使条带卷绕成形良好。

采用定幅筘自动抬起装置。随滚筒卷绕直径增加,定幅筘逐渐抬起,自由纱段长度保持不变,于是条带的扩散程度、卷绕情况不变,条带各层纱圈卷绕正确一致。

2. 采用无级变化的斜度板锥角 具有无级变化的斜度板锥角和定幅筘移动速度,这不仅使斜度板锥角与定幅筘移动速度正确配合,保证纱线条带截面形状正确,而且斜度板锥面能被充分利用,使条带获得最佳稳定性。

很多新型分条整经机的滚筒采用整体固定锥角设计,高强钢质材料精良制作,能满足各种纱线卷绕的工艺要求。采用 CAD 设计,滚筒及主机移动,倒轴装置和筒子架固定不动,由机械式全齿轮传动,实现无级位移,级差小于 0.01mm,既可靠又易维修。

3. 采用监测装置 采用先进的计算机技术,机电一体化设计,对全机执行动作实行程序控制,并对位移、对绞、记数、张力、故障等进行监控,实现精确地计长、计匹、计条、对绞及断头记忆等,并具有满数停车的功能。

4. 采用无级变速传动 在较先进的分条整经机上,滚筒与织轴均采用无级变速传动,以保证整经及倒轴时纱线线速度不变,使纱线张力均匀,卷绕成形良好。采用气液增压技术和钳制式制动器,实现高效制动。

5. 采用先进的上乳化液装置和可靠的防静电系统 毛织生产中,倒轴时对毛纱上乳化液(包括乳化油、乳化蜡或合成浆料),可在纱线表面形成油膜,降低纱线摩擦因数,减少织造断头和织疵。加工化纤纱及高比例的化纤混纺纱时,防静电系统可消除静电,提高产品质量和生产效率。

思 考 题

1. 分批整经工艺参数主要有哪些?

2. 分批整经速度的大小如何确定?

3. 均匀整经片纱张力的措施有哪些?

4. 什么是整经张力的分段分层配置和弧形分段配置? 比较这两种配置方法的优缺点。

5. 什么是纱线的分层穿法和分排穿法? 比较其特点。

6. 已知某白坯织物总经根数5864根,筒子架容纱量为672,计算整经轴数与各轴整经根数。

7. 色织物采用分批整经时,各轴上经纱的分配原则是什么?

8. 色织物采用分批整经时,整经排花方法有哪些? 分别适用于哪些色织物?

9. 某色织物色纱排列:特白12根、湖蓝6根,每花经纱18根,总经根数4654根,边纱(特白)24×2=48根,筒子架容纱量为504,制订分批整经排花工艺。

10. 某色织物色纱排列:特白62根、湖蓝48根、淡紫32根、湖蓝48根,每花经纱190根,总经根数4794根,边纱(特白)20×2=40根,筒子架容纱量为504,制订分批整经排花工艺。

11. 整经工艺参数对纱线性能有何影响?

12. 整经工序主要质量指标有哪些? 如何检验?

13. 整经疵点主要有哪几种? 其形成原因是什么? 对后道工序有何影响?

14. 提高分批整经质量的技术措施有哪些?

15. 分条整经工艺参数主要有哪些?

16. 分条整经条数如何确定?

17. 影响条带卷绕成形的基本参数是哪两个? 两者的关系是什么?

18. 分条整经的常见疵点有哪些? 产生的原因是什么? 对后工序有何影响?

19. 提高分条整经质量的措施有哪些?

第四章 浆纱工艺与质量控制

● 本章知识点 ●

1. 浆料组分选择和配比方法。
2. 常见织物与新型纤维织物的浆液配方工艺。
3. 常用浆料质量检验指标。
4. 常用调浆方法及浆液质量指标及检验。
5. 上浆工艺的确定。
6. 高压上浆工艺与预湿上浆新技术。
7. 浆纱质量指标的检验与控制。
8. 提高浆纱质量的措施。

第一节 浆液配方

浆液配方工艺包括浆料组分选择和配比。浆液组分主要包括主浆料(黏着剂)和辅助浆料(助剂)。

一、对浆液配方的要求

(1)浆料对纱线要有良好的粘附性。
(2)各浆料组分应具有良好的相容性。
(3)浆液应有适当的黏度和良好的黏度热稳定性。
(4)浆液的成膜性好,形成的浆膜应具有较好的强力、耐磨性、弹性。
(5)浆液不起泡,无臭味,退浆容易,对环境无污染。
(6)浆料来源广,价格适中。

二、主浆料的选择

主浆料是浆液的主要成分,在上浆过程中起主要作用。

对主浆料的选择有以下几方面要求。

(1)主浆料的选择主要根据相似相容原理,浆料与纤维应具有相同的基团或相似的极性。常见纤维与主浆料的化学结构特点见表4-1。在选择主浆料时,可根据表4-1中浆料和纤维的结构特点来确定。

表4-1　几种纤维和主浆料的化学结构对照表

浆 料 名 称	结 构 特 点	纤 维 名 称	结 构 特 点
淀粉	羟基	棉纤维	羟基
氧化淀粉	羟基、羧基	粘胶纤维	羟基
褐藻酸钠	羟基、羧基	醋酯纤维	酯基、羟基
羧甲基纤维素钠(CMC)	羟基、羧甲基	涤纶	酯基
完全醇解聚乙烯醇(PVA)	羟基	锦纶	酰胺基
部分醇解聚乙烯醇(PVA)	羟基、酯基	维纶	羟基
聚丙烯酸酯	酯基、羧基	腈纶	酯基
聚丙烯酰胺	酰胺基	羊毛	酰胺基
动物胶	酰胺基	蚕丝	酰胺基

（2）棉、麻、粘胶纱上浆时，可选择淀粉类（包括变性淀粉）、完全醇解PVA、CMC等含有羟基的浆料。

（3）醋酯纱、涤纶纱上浆时，可选择聚丙烯酸酯类等含有酯基的浆料。涤棉混纺纱上浆时，可以选择完全醇解PVA、CMC等含有羟基的浆料和部分醇解PVA、聚丙烯酸酯类等含有酯基的浆料，也可以采用变性淀粉替代部分PVA。

由于PVA对于酸、碱及一般的微生物比较稳定，在自然环境中较难降解，对环境有较大的污染，在欧洲的一些国家被认为是"不洁浆料"，已被明令禁止使用，我国出口到欧洲一些国家的纺织品已经受到贸易壁垒的限制。我国环保总局也提出要限制或不用难降解的PVA浆料。因而PVA的使用是不太合理的。但是，由于PVA优异的上浆性能，使得企业在织造难度较大的品种时，为了提高经纱的可织性及织造效率，仍需使用一定量的PVA，但是用量不应过多。

三、辅助浆料的选择

辅助浆料的作用是为了弥补主浆料上浆性能的不足，协助主浆料更好地发挥浆液的性能，提高浆纱的质量。若主浆料的性能可以满足上浆的要求，辅助浆料的使用种类以少为宜，使用量尽可能少。

浆液配方中常用的辅助浆料有表面活性剂、油剂、蜡和防腐剂等。表面活性剂有抗静电剂、渗透剂、消泡剂、乳化剂等。在选择辅助浆料时，可根据主浆料、纱线、织物及加工条件等具体确定。

（1）为了降低浆纱表面的摩擦因数，改善浆纱的平滑性，减少静电集聚，涤棉及纯棉的中、高档织物要采用后上蜡，上蜡量（相对主浆料的重量）一般为：以变性淀粉为主体浆料时，上蜡量为2%~8%；以PVA为主体浆料时，上蜡量为0~4%。细特高密织物上浆时上蜡量取上限。

（2）疏水性纤维纱线、表面光滑的长丝及捻度较大的纱线，由于吸浆能力较差，可在浆液配方中加入适量的浸透剂，以改善浆液对经纱的浸透程度。

（3）为了改善浆纱的手感，防止浆膜脆硬，提高浆膜的柔韧性和耐冲击性，浆液配方中可加入适量的柔软剂。但是当柔软剂用量过多时，会导致浆膜的抗拉强度、弹性模量及玻璃化温度等有所下降。所以柔软剂的用量（相对主浆料的重量）一般为：以淀粉为主体的浆液中，柔软剂的用量一般不超过4%~6%；以化学浆料为主体的浆液中，柔软剂的用量一般不超过2%；细特高密织物浆液中，柔软剂用量不宜超过8%。

（4）防腐剂的使用主要视所用浆料的种类、pH值、温湿度、浆纱与坯布的储存时间与条件。当浆料组分是淀粉、胶类或多糖类浆料时，容易被微生物腐蚀，长时间放置会导致浆液腐败变质，使织物霉变。合成浆料上浆时，若在潮湿条件下或南方的梅雨季节，织物上也会产生霉斑。当坯布需要长时间储存或运输时，微生物也易繁殖。为了避免上述情况下织物出现霉变，浆液中需要加入防腐剂。在北方干旱地区、直接交印染厂加工的坯布可少用或不用防腐剂。因为防腐剂种类繁多，但大多均属化学物质，有一定的毒副作用，对环保有一定的影响。所以要求浆纱所用的防腐剂不仅要有良好的防腐性能，而且对浆液、浆纱、坯布及生产环境等都不能有不良的影响。

（5）疏水性合成纤维纱线在织造过程中容易集聚因摩擦而产生的静电，使纱线表面的毛羽增加，影响织造。因此，在调浆时需加入抗静电剂，以减少织造时纱线上静电的集聚。

（6）上浆时若浆槽内浆液起泡过多，液面实际高度下降。经纱在带有泡沫的浆液中通过时，会造成上浆量不足和上浆不匀，直接影响上浆效果及织造效率。因此，在调浆时若浆液容易起泡，需加入消泡剂来抑制泡沫的产生。

四、浆料配比的确定

由纱线的条件选择了浆料的组分以后，要进一步确定各组分在浆液配方中所占的比例，该比例主要是各种主浆料成分相对于水的用量比。而辅助浆料的用量主要是根据经验依照主浆料的用量确定。

浆料配比的确定形式：以主要黏着剂的用量为100，其他浆料的用量按比例配置；或者以调制一缸一定浓度的浆液所需各种浆料的重量进行配置。

浆液中各成分的配比目前还不能很科学的通过理论计算分析来精确地确定，受到诸如浆料成分、纱线条件、浆纱设备等因素的影响。企业一般是依靠工艺技术人员的生产经验，并通过反复的试验来确定配比方案。企业也可以和高校和科研机构联合，利用他们的试验条件和深厚的理论功底，采用不同的试验方法进行浆纱配方的工艺优化。例如采用正交试验设计法、旋转试验设计法等，通过试验找出浆液配方中各种主浆料相对于水的最佳比。

五、浆液配方工艺实例

（一）常见织物的浆液配方

1. 纯棉织物的浆液配方 纯棉中粗特纱织物一般是以淀粉或变性淀粉作为主浆料，并配以适量的柔软剂。细特高密纯棉织物浆液的配方一般是以变性淀粉和PVA作为主浆料的混合浆，也可配以丙烯酸类浆料，并加入适量的辅助浆料。常见纯棉织物的浆液配方见表4-2。

表4-2　纯棉织物浆液配方实例

浆液组分(%)	品种(经特/纬特、经密/纬密)						
	粗平布 (32/32、 252/244)	市布 (28/28、 236/228)	细平布 (14/14、 362/345)	府绸 (14.5/14.5、 523.5/283)	防羽布 (J9.7/J9.7、 551/551)	纱卡 (J24.3/J24.3、 523/228)	直贡 (18/18、 456/314)
变性淀粉	100	100	100	100	100	100	100
PVA1799		10	20	50	15		10
丙烯酸类				10	10	10	5
乳化油	2	2	2	4	4	2	2
2-萘酚	0.4	0.2	0.2	0.4	0.4	0.4	0.2
上浆率(%)	6~8	8~10	10~11	11~12	13~15	11~12	12~13

注　经特、纬特的单位为tex,经密、纬密的单位为根/10cm。以后各表相同。

　　由于PVA1799的浆膜强度较大,干分绞时易撕破浆膜,产生二次毛羽,而且调浆时较难溶解。若出现未完全溶解的PVA1799,容易形成浆块,烘干后形似刀片,织造时易割断邻纱。所以上述表格的配方中,可以用一定量的PVA205(聚合度为500,醇解度为88%±1%)替代部分PVA1799,以此来改善分纱性能。例如JC9.8/9.8、551/551平纹织物的浆液配方为:PVA1799浆料37.5kg,PVA205MB浆料30kg,磷酸酯淀粉37.5kg,乳化油3kg含固量为14%;上浆率15%~15.5%。

　　2.涤/棉混纺织物的浆液配方　常见的涤/棉混纺织物的混纺比为65/35,这类织物的物理机械性能和服用性能较佳,现在市场上还出现了45/55、80/20、90/10等各种各样的混纺比,但主流产品仍然是涤/棉65/35的混纺比。涤/棉混纺织物所用浆料一般选择含有羟基和酯基的浆料混合,如以变性淀粉和PVA为主浆料的混合浆,并配以丙烯酸类浆料。表4-3为以涤/棉65/35的混纺比为例的浆液配方。

表4-3　涤/棉织物浆液配方实例

浆液组分(kg)	品种(经特/纬特、经密/纬密)				
	细平布 (13/13、377/342.5)	府绸 (13/13、523.5/283)	防羽布 (13/13、472/433)	纱卡 (29/35、472/236)	府绸 (13/13、433/299)
变性淀粉	50~60	45~55	40~50	50~60	45~55
PVA1799	20~30	25~35	40~60	20~30	25~35
丙烯酸类	15	15	20	10	15
乳化油	2	4	2	4	2
2-萘酚	0.2	0.2	0.2	0.2	0.2
上浆率(%)	10~11	12~13	12~14	11~12	11~12

3. 涤纶短纤纱织物的浆液配方 涤纶短纤纱的表面有害毛羽较多,且较难贴伏,上浆比混纺纱更困难。因此上浆主要以贴伏毛羽,提高其耐磨性为主。涤纶纤维含有酯基,浆液配方主要选用 PVA1799、PVA205 与丙烯酸酯类混合,为了减少 PVA 的用量,可加入淀粉醋酸酯来部分替代 PVA。涤纶短纤纱织物的浆液配方见表 4 – 4。

表4 – 4 涤纶短纤纱织物浆液配方

浆液组分(kg)	织物品种(经特/纬特、经密/纬密)		
	细平布 (13/13、350/310)	装饰平布 (24/24、307/242)	府 绸 (12.3/12.3、523/322)
醋酸酯淀粉	20 ~ 30	20 ~ 30	15
PVA1799(PVA205)	40 ~ 50	40 ~ 50	40 ~ 50(25)
丙烯酸酯类	12 ~ 16(固体)	10 ~ 12(固体)	20
乳化油	3 ~ 5	3 ~ 5	3 ~ 5
上浆率(%)	10 ~ 12	8 ~ 10	12 ~ 13

4. 合纤长丝织物的浆液配方 无捻或低捻涤纶、锦纶长丝表面没有毛羽,上浆的主要目的是为了增加纤维的集束性,增强纤维之间的抱合力。浆料宜选用粘附性好、黏度较低的合成浆料,所以浆液组分采用低聚合度的 PVA205 与丙烯酸酯类混合,或是玻璃化温度较高的丙烯酸酯的共聚浆料。

由于上述纤维的静电严重,要加入抗静电剂。若用喷水织机织造,必须使用聚丙烯酸铵盐的专用浆料。长丝上浆率较短纤纱织物低。醋酯丝由于具有疏水性及不耐高温,宜用化学浆料,并采用与合纤长丝相似的上浆工艺。常见合纤长丝织物的浆液配方见表 4 – 5。

表4 – 5 合纤长丝织物浆液配方

浆液组分(kg)	纤维类别			
	涤纶网络丝(低网络度)	锦 纶 丝	涤纶低弹丝	醋 酯 丝
丙烯酸酯类	5 ~ 10	5 ~ 7	8 ~ 12	4 ~ 8
PVA205		1 ~ 2	2 ~ 3	2 ~ 4
平滑剂	0.4 ~ 0.6	0.5 ~ 0.8	0.4 ~ 0.6	0.4 ~ 0.6
抗静电剂	0.1 ~ 0.3	0.1 ~ 0.3	0.1 ~ 0.2	0.1 ~ 0.3
上浆率(%)	3 ~ 5	3 ~ 5	3 ~ 5	3 ~ 5

5. 粘胶短纤维纱织物的浆液配方 粘胶纤维纱的吸湿性强,吸浆性好,湿强低,湿伸长大,易塑性变性,不耐高温,表面毛羽多。上浆可采用羧甲基淀粉 CMS 与 PVA 和丙烯酸类混合,并加入柔软剂。粘胶短纤维纱织物的浆液配方见表 4 – 6。

表4-6　粘胶短纤维纱织物浆液配方

浆液组分(kg)	品种(经特/纬特、经密/纬密)		
	平　布 (19.5/19.5、263.5/263.5)	府　绸 (19/19、346.5/236)	牛仔布 (18.2/18.2、512/276)
羧甲基淀粉	20~30	60~70	50
PVA1799	5~10	15~25	15
聚丙烯酰胺			10
乳化油		2	3
上浆率(%)	4~5	8~10	5~6

6. 粘胶长丝织物的浆液配方　粘胶长丝的上浆不要求贴伏毛羽,而在于使纤维束中单纤维间的粘结作用增强,使纤维集束性好,增加其抱合能力。因此,粘胶长丝上浆应选择粘结性好、黏度低的浆料,配以适当的平滑剂及乳化剂等,一般是以动物胶作为主浆料,与CMC混合,或混以少量的PVA。配方中加入柔软剂、吸湿剂和防腐剂等辅助浆料,动物胶的用量一般是8~10kg,CMC或PVA的量较少,一般为2~3kg,柔软剂为0.5~0.7kg,吸湿剂为0.3~0.5kg,防腐剂0.1~0.3kg。

7. 麻织物浆液配方　麻织物主要为亚麻和苎麻织物。亚麻湿纺纱,表面毛羽较棉纱多而长,但较苎麻纱光洁。因此,通常采用淀粉浆,适当加入柔软剂。干纺亚麻纱也可用类似配方,但要加强分解,高温上浆,加强浸透。

苎麻纱表面毛羽多而长,且毛羽刚性大,贴伏较困难。所以麻纱的上浆是以贴伏毛羽为主的被覆性上浆,若单独使用淀粉浆不能满足要求,使用以淀粉为主的混合也难以达到要求。上浆过轻,不足以贴伏毛羽;上浆过重,浆膜过厚,容易脱落,而且浆纱脆硬,使苎麻纱本来就很小的伸度损失。因此应采用以PVA为主的化学混合浆,因为PVA粘着力强,成膜性与耐磨性好,可用较低的上浆率使毛羽贴伏,浆膜完整、耐磨。同时配以黏度较高的氧化淀粉和适量的丙烯酸类,或者降低高聚合度PVA的用量,加入适量的低聚合度PVA,以此来改善PVA的分纱性能,保证浆膜完整,减少二次毛羽的产生。由于麻纱的伸长小,织造时易产生脆断,要求浆膜柔软坚韧有弹性,所以配方中需加入柔软剂和吸湿剂。苎麻纱上浆率较高,亚麻纱上浆率较低。

麻棉混纺织物,所用浆料与麻织物相同,只是根据混纺比例的不同,各成分的用量有差异。例如:27.8tex×27.8tex、236根/10cm×236根/10cm平纹苎麻织物的浆液配方为:PVA1799浆料25kg,变性淀粉25kg,聚丙烯酸10kg,甘油1.5kg,柔软剂4kg,PVA20510kg。

8. 毛织物的浆液配方　国内的毛织物上浆较少,因为毛纱主要以股线或强捻纱的形式进行织造。对于细特轻薄的毛织物,需采用上浆后的纱线织造。由于羊毛纤维结构的特殊性与本身含有油脂的特点,使得上浆过程中浆液对羊毛的浸透性较差,而且毛纱表面毛羽粗而长,毛羽卷曲且富有弹性。所以毛纱的上浆要考虑浆液的浸透与毛羽的贴伏,选择PVA与变性淀粉作为主浆料,配以聚丙烯酰胺,还需加入浸透剂、柔软剂和抗静电剂。若不采用单独的上浆工艺，为防止高速整经时产生静电，并能满足无梭织机高速、高张力的织造要求，常在分条整经加工时对经纱进行上蜡或上合成浆料的乳化液，以代替浆纱。毛纱在整经过程中所用乳化液有乳化油、乳化蜡、合成浆料乳化液等几种。毛织物上浆配方实例见表4-7。

表4-7 毛织物浆液配方

纱线种类	浆 液 配 方
精梳 纯毛单纱	淀粉65kg，动物胶3.5kg，氯胺T 0.13kg，水溶性蜡0.6kg，甘油3.5L，浸透剂0.29kg，醋酸3L，加水到1000L
	PVA35kg，柔软剂5kg，醋酸0.5L，加水到1000L
	PVA1799 45kg，变性淀粉35kg，聚丙烯酸12kg，CMC5.5kg，柔软剂1.5kg，抗静电剂1kg
精梳 纯毛股线	CMC40kg，甘油2L，醋酸2L，加水到1000L
	PVA35kg，甘油5L，醋酸1L，加水到1000L

注 表中醋酸的浓度为30%，目的是调整浆液pH值到中性。

毛纱上乳化液配方见表4-8所示。

表4-8 毛纱用乳化液配方

乳化液种类	配 方
乳化油	水96.74%，白油2.4%，油酸0.48%，三乙醇胺0.15%
乳化蜡	水86.8%，白蜡5%，白油5%，平平加2.5%，油酸0.5%，三乙醇胺0.25%，石炭酸0.15%
毛纱用合成浆料乳化液	聚丙烯酰胺5%，氟硅酸胺5%，水90%
毛混纺纱用合成浆料乳化液	聚丙烯酰胺5%，氟硅酸胺5%，氨水5%，水85%

(二)新型纤维织物的浆液配方

1.大豆蛋白纤维织物的浆液配方 大豆蛋白纤维是采用聚乙烯醇和大豆蛋白复合纺丝而成，大豆蛋白纤维纱线表面毛羽较多，摩擦易产生静电。上浆的关键是贴伏毛羽，保持纱线伸长，减少织造过程中静电的集聚。浆液配方以PVA和丙烯酸类浆料为主，配以部分变性淀粉，并加入抗静电剂。

2.天丝纤维织物的浆液配方 天丝为再生纤维素纤维，与粘胶相比，其具有干湿强度高，干湿强差异小，在水中收缩率小，尺寸稳定性好，但吸湿膨润后有明显的原纤化特点，纱线表面毛羽较多，刚性大。所以天丝纱上浆主要是贴伏毛羽，保持纱线的弹性。浆料选择以变性淀粉与低聚合度的PVA作为主浆料，或配以丙烯酸类，并加入柔软剂。

3.丽赛纤维织物 丽赛纤维是一种新型高湿模量的纤维素纤维，它既具有传统粘胶纤维较好的服用性能，又有优异的湿态强力，并有较好的耐碱性，可进行丝光处理。该纤维的结构、性能与天丝纤维比较接近。其上浆与粘胶纤维所不同的是可以用单浸双压，用碱性浆，因属纤维素纤维，所以主浆料应选用淀粉或变性淀粉为主，配以低聚合度的PVA、丙烯酸类浆料,并加入乳化油或蜡片。

4. 莫代尔纤维织物的浆液配方　莫代尔纤维是新一代的纤维素纤维,含有多量亲水性羟基,因此主浆料应选用变性淀粉为主,细特纱还需用 PVA 和丙烯浆。莫代尔纤维比电阻高,在纺织生产过程中易产生静电,使纱条发毛,断头增加。因此,在浆料配方中尚需加入少量的抗静电剂和平滑剂,使毛羽贴伏,纱线柔韧耐磨。

第二节　调浆工艺与浆液质量控制

近几年来,由于新型纤维及织物品种的不断出现,织造难度的不断增加,浆纱工序也面临着更高的要求。有了合理的浆液配方,为保证上浆质量,还要有良好的浆料质量。而浆料的种类繁多,同种浆料的生产企业众多,使得浆料的性能各异。这就给上浆质量的控制带来了一定的难度。为了保证上浆质量,必须严把浆料质量关。

一、浆料的质量指标与检验

(一)淀粉及变性淀粉的质量指标

由于淀粉的来源广,生产厂家多,技术力量及生产工艺有差异,所以浆料的质量差异较大。但就不同厂家的淀粉浆料来讲,有其共性的质量指标可供检验,共性质量指标如外观、水分、灰分、酸度及 pH 值、蛋白质、细度、黏度等,这些指标可以作为常规的检验项目进行测试。

(二)淀粉及变性淀粉的共性质量指标检验

1. 淀粉及变性淀粉浆料外观的检验　淀粉和变性淀粉的外观色泽对上浆后的纱线及坯布的外观和色泽有较大的影响,其外观应是白色或微带黄色、富有光泽的细腻粉末。粉末由许多细小颗粒组成,颗粒外形与大小因淀粉种类而异。

2. 淀粉浆料水分含量与测定　淀粉的水分是指淀粉浆料中水分的含量。淀粉中水分含量过多时会降低浆液中黏着剂的有效成分,造成淀粉浆液易于腐败变质。水分的测定是采用烘干法,称取一定量的淀粉,将其放在温度为 130～133℃,一个大气压的烘箱内干燥90min,得到烘干质量。干燥前的质量减去干燥后的质量得到样品的损失质量。干燥后的损失质量与样品烘干前的质量的百分比即表示浆料的含水。对于在130℃、1 个大气压的状态下化学性质稳定的淀粉可以采用烘燥的方法来测定其含水。

3. 淀粉浆料灰分含量的测定　淀粉的灰分是指淀粉样品灰化后剩余的物质的量。淀粉中灰分含量过多时会造成淀粉浆液易于腐败变质。灰分的测试是将样品在 900℃的高温下灰化,直到灰化后的样品中的碳完全消失,可以得到样品的剩余物质量。灰分通常用样品灰化后剩余的物质量与样品的干基质量(不含水)的百分比来表示。

4. 淀粉浆料酸度的测定　采用标准的氢氧化钠中和淀粉中的酸度,用耗用的氢氧化钠的体积来反映淀粉和变性淀粉的酸度。该方法适用于酸度不超过 12mL 的淀粉及变性淀粉的酸度的测定。

5.淀粉浆料蛋白质含量的测定 淀粉中过多的蛋白质会造成淀粉浆液易于变质,淀粉浆液调制过程中的泡沫过多,影响纱线的上浆率及上浆质量。蛋白质的含量是根据淀粉样品中水解产生游离的氨基酸和含氮化合物氮的含量,按照蛋白质的系数折算而成的,以样品的蛋白质质量对样品干基质量的质量百分比来表示。蛋白质含量的测定是在催化剂的作用下,用硫酸将淀粉裂解,碱化反应产物,并进行蒸馏使氨释放,同时用硼酸溶液收集,然后用标定过的硫酸溶液滴定,将耗用的标准的硫酸溶液的体积转化为蛋白质的含量。

6.淀粉浆料黏度的测定 浆料的黏度和黏度稳定性直接决定了浆液的黏度和黏度稳定性。浆液的黏度大小影响浆液对纱线的浸透与被覆,影响上浆的均匀性和上浆质量。稳定的黏度是保证上浆质量的前提。淀粉的黏度的测量方法有两种,一是采用旋转式黏度计测试,浆液温度达到95℃时,保温3h,每隔30min测定一次黏度值,共测6次。后5次测定的黏度值的极差与95℃保温1h测定的黏度值的比值来表示黏度波动率。由此衡量黏度的稳定性。另一种方法是浆纱过程中常用的漏斗式黏度测定法,此法主要用来随时指导生产。

(三)聚乙烯醇(PVA)浆料的质量指标

PVA为合成类浆料,商品种类繁多,性能差异也较大。纺织经纱上浆所用普通PVA的常规检验指标有外观、醇解度、黏度、乙酸钠含量、挥发分、灰分、pH值、水溶性、平均聚合度、膨润度等,普通PVA的质量要求见表4-9。

由于普通PVA浆料存在结皮、起泡、粘附力过大、对合成纤维粘附性不足等缺点,近几年又出现了不少变性PVA,如PVA与丙烯酰胺共聚变性、PVA的内酯化变性、PVA的磺化变性及PVA的接枝变性等。变性的目的是尽量消除上述缺点而保持原有PVA的物理化学性能。变性PVA的质量要求见表4-10。

表4-9 普通PVA的质量指标

指标名称	PVA1788			PVA1792			PVA1799		
	优等品	一等品	合格品	优等品	一等品	合格品	优等品	一等品	合格品
醇解度(%)	87.0~89.0	86.0~90.0	86.0~90.0	91.0~93.0	90.0~94.0	99.0~94.0	99.8~100	99.8~100	99.8~100
黏度(mPa·s)	20.5~24.5	20.0~26.0	20.0~26.0	21.0~27.0	20.0~28.0	20.0~30.0	22.0~28.0	21.0~30	20.0~32.0
乙酸钠(%)≤	1.0	1.5	1.5	1.5	1.5	2.0	6.8	7.0	7.0
挥发分(%)≤	5.0	8.0	10	5	8.0	10.0	7.0	8.0	9.0
灰分(%)≤	0.4	0.7	1.0	0.5	0.7	1.0	2.8	3.0	3.0
pH值	5~7	5~7	5~7	5~7	5~7.5	5~7.5	7~10	7~10	7~10
水溶性	70℃保温1h完全溶解						90℃保温1h完全溶解		
外观				白色或乳白色粉末、颗粒或絮状					
平均聚合度				1750±50					

表 4 – 10　变性 PVA 的质量指标

项　目	指　标	项　目	指　标
外观	白色或乳白色粉末	醇解度(%)	98 ± 1
纯度(%)	≥92	乙酸钠(%)	≤1.0
细度(%)	100(40 目通过率)	黏度(mPa·s)	24 ~ 32(4%,20℃)
挥发分(%)	≤5.0	pH 值	6.5 ~ 7.5
灰分(%)	≤0.7	水溶性	65℃保温 1h 完全溶解
平均聚合度	2500 ± 50		

(四)PVA 浆料的质量检验

凡大型企业生产的 PVA,其质量指标中的聚合度、醇解度一般比较稳定,可以不用检测。常规检测的指标如下。

1. 挥发物的检测　挥发物的测定方法是将试样在 105℃ + 2℃的温度下,干燥至恒重,计算试样干燥前后的质量损失。取样时应根据被测 PVA 的数量来决定取样的数量,被测 PVA 在 5000kg 以下时,任意在 5 袋中抽取样品,5000kg 以上可以在 5 ~ 10 袋中抽取样品,每袋取 50g,并迅速将样品混合均匀,装入密闭的瓶中,贴上标签。

2. 黏度的检测　黏度的测定方法是称取一定量的 PVA,配制成浓度为 4% 的浆液,然后在沸水浴中加热搅拌至试样全部溶解均匀,冷却到 20℃ ± 0.1℃,通过旋转式黏度计测定浆液的黏度。

3. 水分的检测　水分的检测同淀粉一样采用烘干法检测。

(五)聚丙烯酸类浆料的质量指标

聚丙烯酸类浆料大多是由多种单体的均聚物和共聚物,成分较复杂,常用聚丙烯酸类浆料的质量指标见表 4 – 11。

表 4 – 11　常用聚丙烯酸类浆料的质量指标

项　目	聚丙烯酸甲酯 PMA	聚丙烯酰胺 PAAm	醋酸乙烯丙烯共聚浆料(28#)
外观	乳白色黏稠体	透明黏稠体	乳白色半透明黏稠体
含固率(%)	≥14	≥8.0	≥16
黏度(mPa·s)	14 ~ 28(4%,20℃)	≥25(4%,20℃)	25 ~ 40(4%,20℃)
相对分子质量(万)	4 ±0.5	150 ~ 200	—
未反应单体(%)	≤0.8	—	—
pH 值	6 ~ 7.5	6 ~ 7.5	6.5 ~ 7.5
游离丙烯酰胺(%)	—	≤0.5	—
残留醋酸乙烯(%)	—	—	≤0.5

(六)聚丙烯酸类浆料的质量检验

由于聚丙烯酸类浆料多为液体状,所以常见的比较重要的检验项目如下。

1. 含固率的检测　含固率的检测是将一定量的聚丙烯酸类浆料试样,在一定的温度和真空条件下烘干至恒重。聚丙烯酸类浆料的含固率为:

$$含固率 = \frac{m}{m_0} \times 100\%$$

式中:m ——干燥后试样质量,g;

　　　m_0 ——干燥前试样的质量,g。

2. 黏度的检测　黏度的检测是称取根据含固率折算的相当于 4g 绝对干燥重量的试样,精确到 0.01g,放入 300mL 锥形烧瓶中加蒸馏水至 100mL 刻度,配制成 4% 浓度的浆液,然后在水浴锅中加热搅拌至全部溶解均匀,取下冷却至 20℃ ±0.5℃,以旋转式黏度测定其黏度值。

二、调浆方法

浆液的调制是将各种黏着剂和助剂在水中溶解、分散,最后调煮成均匀、稳定、符合上浆要求的浆液。浆液的调制方法对浆液的质量影响较大,即使选择了好的浆料,确定了合理的配方,但若调浆方法不合理,仍然不能得到满意的浆液。

浆液的调制方法视浆料的种类、配方及调浆设备而定。浆液的调制工作是在调浆桶内进行,调浆桶分为常压调浆桶和高压调浆桶。在常压调浆桶内的调浆为常压调浆,在高压调浆桶的调浆为压力调浆。

1. 常压调浆　常压调浆所用的调浆桶加料方便,有蒸汽加热和机械搅拌功能,调浆压力为常压,调浆桶价格低,保养维修方便,应用广泛。但是浆料的溶解速度较慢,调浆时间稍长。

2. 高压调浆　高压调浆所用的调浆桶的特点是利用高温高压煮浆,例如 G924 型调浆桶的温度可达到 132℃,最高工作压力为 0.2MPa。在这样的条件下,浆液调和均匀,能够得到混合均匀、质量优良的浆液。若浆料为原淀粉,淀粉在高温和一定压力条件下热分解,可以少用或不用分解剂,加快浆料的溶解速度,缩短调浆时间。为了稳定与提高淀粉浆的质量,简化操作,多采用压力煮浆。

高压调浆又分为压力稍低的低压调浆(0.2MPa、118℃左右)和压力较高的高压煮浆(0.4MPa、130℃左右)。

常规的调浆方法主要有定浓法和定积法两种。定浓法一般用于纯淀粉浆的调制,将一定量的浆料,加水调制成以比重表示的一定浓度的溶液,一般采用加热至 50℃ 定浓的方法,浓度确定以后继续加热搅拌至符合要求的浆液。定积法通常用于化学浆、变性浆及混合浆的调制,在水中投入规定质量的浆料,然后加水至一定体积,加热搅拌,形成浆液。

三、调浆工艺实例

1. 助剂的准备　一般淀粉浆或化学浆的配方中要加入 2 - 萘酚、硅酸钠、油脂等助剂,在调浆之前,需先把助剂准备好,然后在淀粉调至一定时间后加入。

（1）2-萘酚溶液的准备。浆规定重量的 2-萘粉放入铜制或不锈钢制的容器中,再加入 2-萘酚重量的 25% ~40% 的烧碱。若为固体烧碱,需先制 30% 浓度的溶液。然后再加入适量的冷水,搅拌使 2-萘酚润湿,然后加热至完全溶解,用水稀释至 10 ~ 20 倍备用。

（2）油脂的准备。以乳化油为例,先将规定量的乳化油放入乳化桶,加入所需的乳化剂或烧碱,再加入油脂重量 50% 的水,开动搅拌器烧煮 2h 即可使用。若柔软润滑剂为合成蜡或油剂,可在浆液基本调好时加入,不需其他准备。

（3）硅酸钠的准备。称取规定量的硅酸钠(35%、40°Bé)放入桶内,加水稀释,搅拌均匀即可备用。

2. 淀粉浆液的调制　普通淀粉浆调制时,首先称取定量的干淀粉,将其投入调浆桶,并加入一定量的水进行搅拌。搅拌均匀后加入准备好的 2-萘酚溶液,再搅拌片刻后进行 pH 值的校正,使 pH 值为 7,然后开蒸汽加热到 50℃(定浓温度),焖浆 15min 后校正至规定浓度。继续对浆液进行加热,至温度为 60℃ 时,加入一定量准备好的分解剂硅酸钠,立刻加热升温,以加速糊化过程。当升温至 65℃ 时,可加入准备好的油脂,再继续加热至沸腾后,焖煮 30min 即可作为熟浆供应。若浆液需作为半熟浆供应,则将加入油脂后的浆液加热到 80 ~ 85℃,焖一定时间后供浆。

3. 混合浆的调制　目前对于混合浆的调制,多实行定积式快速一步法调浆。如调制 PVA 和变性淀粉混合浆时采用以下步骤:在高速调浆桶中放入调浆所需的 40% 的水,开动搅拌器,边加水,边投入淀粉或变性淀粉,再徐徐倒入 PVA,待体积达到规定体积的 75% ~ 80% 后停止加水。开蒸汽升温到 60℃,投入柔软剂或乳化油、丙烯酸类浆料等,然后升温至 63℃ ±1℃,保温溶胀 15 ~ 30min 后,开蒸汽高温烧煮,待浆液均匀煮透,再加入防腐剂,定积、定黏度、pH 值等待用。

4. 浆液调制时应注意的问题

（1）应使用经检验合格的浆料。不合格或由于存放不当造成变质的浆料不能使用,对助剂的处理如油脂的乳化、烧碱定浓等也要严格要求;要严格按照配方要求的比例,先将上浆材料分组称量放置。

（2）做好调浆前的预处理。特别是对不溶于水的助剂,一定要提前溶解于溶剂中,供调浆时使用。

（3）调浆必须做到"六定",即定投料质量、定调浆体积(或浓度)、定温度、定黏度、定 pH 值、定时间,这样才能保证浆液中各种浆料的含量及调浆量符合工艺要求,各种浆料在最适宜的时间参与混合,达到应有的调浆效果。

四、浆液的主要质量指标及检验

浆液的质量指标主要有:浆液的总固体率、浆液的黏度、浆液的 pH 值、浆液的温度、浆液的粘着力等。浆液的质量检验除在浆液调制过程中严格按照要求测试外,在纱线上浆的过程中还需要定期地进行测定,以保证上浆过程中浆液始终满足工艺要求。

（一）浆液的总固体量（含固率）

1. 浆液的含固率对上浆的影响　浆液的含固率是指各种黏着剂和助剂的干燥质量相对浆液质量的百分比。浆液的含固率直接决定了浆液的黏度，并影响经纱的上浆率。浆液含固率高，浆液黏度大，对纱线的浸透差，被覆好，上浆率高；反之浆液黏度小，对纱线的浸透好，被覆差，上浆率小。因此按工艺要求测定含固率并保证其稳定，是提高浆纱质量的前提。

2. 浆液含固率的测定　浆液含固率的测定可采用烘干法和糖度计（折光仪）法，传统的烘干法测量准确，但耗用时间较长，不能满足及时指导生产的要求。而糖度计法可以在调浆现场直接测试，方便快速，但测试数据有一定的误差，尤其对混合浆。采用传统烘干法测定含固率时，在浆槽内准确称出一定量的浆液，先在沸水浴上蒸发掉大部分的水分，然后放入烘箱内，在 105～110℃温度下烘干至恒重。然后放在干燥皿内冷却 15min，取出称重。根据烘干前后的重量，计算出浆液的含固率。

$$C = \frac{B}{A} \times 100\%$$

式中：C——浆液含固率；

　A——浆液质量，g；

　B——浆液干重，g。

目前纺织厂已广泛采用微波炉快速烘干法来测试含固率，一般 15～20min 即可得出结果。虽然精确度不如传统烘干法，但能够及时快速地掌握生产工艺，对指导生产起到了积极的作用。

3. 影响浆液含固率的因素　影响浆液含固率的因素主要有调浆成分的称量不准确、调浆体积不符合要求、煮浆用蒸汽内带水过多或过少等。

（二）浆液的温度

1. 浆液温度对上浆的影响　浆液的温度是调浆和上浆时应当控制的重要工艺参数，一方面，上浆过程中浆液的温度会影响浆液的黏度及其流动性。即使在含固量相同，浆料配方相同的情况下，如果浆液温度不同，则黏度会发生较大的变化，直接影响到浆液对纱线的浸透与被覆程度，影响上浆的均匀及上浆率的大小。另一方面，不同纤维对浆液温度的要求有一定的差异。如棉纤维表面有油脂和棉蜡，浆液的温度过低会影响棉纱的吸浆性能，一般浆液温度应在 95℃以上的高温下上浆；而对于羊毛和粘胶纤维，过高的温度会损伤其强力，所以应在较低的温度下（55～65℃为宜）上浆。

2. 浆液温度的测定　浆液温度的测试为常规的定期测试项目，一般每台浆纱机每班至少保证测两次以上。用水银温度计测试，测试运转浆纱机的浆槽中浆液的温度时，须将温度计插入到浆液规定的深度和规定的位置，一般规定将刻度大于100℃温度计插入浆液下面约100mm 处，测试部位为浸没辊附近，待温度上升至数据稳定后，记录温度值，在浸没辊两端及中间各测一次取其平均值。在新型浆纱机上一般带有温度自动检测与控制装置，可以在线检测并自动控制浆液的温度。

3. 影响浆液温度的因素　影响浆液温度的因素主要有浆槽内蒸汽压力的大小及浆槽底部鱼鳞管布局的均匀程度。

(三) 浆液的黏度

1. 浆液黏度对上浆的影响　浆液黏度是指浆液流动时内摩擦力的物理量。浆液的黏度直接影响经纱上浆率和浆液对纱线的浸透与被覆程度。黏度越大,浆液对纱线的浸透性越差,造成被覆上浆。反之浆液黏度小,则浆液的浸透性好而被覆性差。在整个上浆过程中,浆液黏度的稳定对稳定上浆质量起着至关重要的作用。

2. 浆液黏度的测定

(1) 黏度的单位。在 CGS 制中,黏度的单位是泊(P)。1 泊(P) = 100 厘泊(cP)。在国际单位制中,黏度的单位是帕斯卡·秒,中文代号为帕·秒,国际单位代号为 Pa·s。1P = 0.1Pa·s 或 1cP = 1mPa·s。

(2) 黏度的测定。黏度的测量分为绝对黏度和相对黏度,绝对黏度的测量一般采用旋转式黏度计,实验时可直接读出绝对黏度的厘泊数。

相对黏度是指浆液黏度相对于水的黏度,可以采用恩格拉黏度计测量,单位为恩氏黏度($\mathcal{E}$):

$$恩氏黏度(\mathcal{E}) = \frac{85℃浆液流出时间的平均值(s)}{同体积20℃蒸馏水流出时间的平均值(s)}$$

为求准确,试验需进行 2 次以上,取平均值。这两种方法,一般用于实验室中黏度的测定。

在实际生产过程中,一般采用手提漏斗式黏度计来定时测定浆液的相对黏度,以浆液从黏度计中漏完所需时间的长短来衡量浆液黏度。漏斗用黄铜或不锈钢制成,试验时将漏斗沉没在浆液中,迅速提至离液面约 10cm 处,记录流完漏斗内浆液所需时间,连续测三次计算其平均值,即为浆液的黏度,黏度单位为秒,同时要记录浆液的温度。这种测定方法可以迅速地检验浆液的黏度,能及时指导生产,但黏度值与漏斗规格、制造及操作有关,仅能作本单位的对比数据。通常漏斗的规格以"水值"计。例如:"水值"3.8 就是漏完一漏斗常温清水所需时间为 3.8s,目前通用的漏斗水值是 3.8。浆液的黏度与浆料配方、浆液浓度、主浆料性质有关。

漏斗式黏度计具有操作简便、实用性强的特点,被工厂广泛采用。

3. 影响浆液黏度的因素　影响浆液黏度的因素主要有浆液的含固率、浆液的温度、黏着剂的分子量及分子结构、浆液的 pH 值及浆液的流动时间等。

(四) 浆液的 pH 值

1. 浆液 pH 值对上浆的影响　浆液的 pH 值不仅影响到浆液的黏度、粘附力及浸透性大小,而且对纱线的物理机械性能影响较大。各种纤维的化学结构与化学性质不同,对 pH 值的适应性也各不相同。如毛纱耐酸不耐碱,若用碱性浆液对毛纱上浆,则会影响毛纱的物理机械性能,所以毛纱上浆的浆液应为中性或弱酸性;而棉纱耐碱不耐酸,浆液宜中性或弱为碱性;粘胶、醋酯等再生纤维素纤维宜用中性浆液。上浆过程中浆液的 pH 值过高或过低还对设备机件有一定的腐蚀作用。浆液的 pH 值应根据纱线种类的不同来确定。

2. 浆液的 pH 值的测定　浆液的 pH 值为常规的测试项目,在浆液调制时必须测试,常用的 pH 值的测定方法有两种。

(1)用广泛 pH 试纸测定。将广泛 pH 试纸插入欲测浆液中,经 30s 左右取出,与标准颜色对比即可看出浆液的 pH 值,这种方法简单迅速,但精确度低。

(2)用广泛 pH 溶液测定。将广泛 pH 指示剂滴入欲测浆液中,摇匀后与标准颜色对比,即可看出浆液的 pH 值。

3. 影响浆液 pH 值的因素　影响浆液 pH 值的因素主要有浆液酸度滴定不准确。若碱用量过少,则造成酸度高;若碱用量过高,则碱度过高。浆液使用时间过长,尤其是淀粉浆使用时间过长会产生酸分,造成 pH 值不符合要求。

(五)浆液的粘着力

1. 浆液粘着力对上浆的影响　浆液粘着力的大小反映了浆液对不同种类纱线的粘附力的大小和浆液本身所形成的浆膜强度的大小,而这两项指标直接影响浆纱的可织性。

2. 浆液粘着力的测定　浆液粘着力的测定方法一般采用粗纱试验法。粗纱试验法是将一定品种粗细均匀的 300mm 长纱条,在 1% 浓度浆液中浸透 5min,取出后以夹吊方式自然晾干,然后在织物强力机上测定其断裂强力。通过断裂强力间接地反映浆液粘着力的大小。

浆液粘着力的测定方法也有用织物条实验法。织物条实验法是将两块标准规格的织物条试样,在一端一定面积 A 处涂上一定量的浆液后,以一定压力使两块织物相互加压粘贴,然后烘干冷却,并在织物强力机上测定其粘结处完全拉开时的强力 P,两块织物相互粘贴的部位位于夹钳中央。

$$浆液粘着力 = \frac{P}{A}$$

式中:P——强力,N;

　　A——织物面积,cm^2。

3. 影响粘着力的因素　影响粘着力的因素主要有黏着剂大分子的柔顺性、黏着剂的分子量、黏着剂大分子与纤维之间是否有相同的基团或相似的极性、纱线表面的状态等。

五、浆液质量控制

在调浆与上浆过程中,为了控制好浆液质量,除了上述调浆工艺中所述的浆液调制时应注意的问题之外,要合理地调度浆液,尽量减少剩浆的使用。若关车时有剩浆需保存,应加入适量的防腐剂并冷却保存。使用剩浆时,应首先调节好剩浆的酸碱度,然后才能与新鲜浆液混合使用,若由于存放而导致剩浆的浓度与黏度降低,则应控制剩浆的使用量。

第三节　上浆工艺

要达到好的浆纱质量要求,除了有合理的浆液配方和正确的调浆以外,上浆过程的各项工艺也必须能够适应不同纱线和浆料的需求。上浆工艺内容包括浆纱机类型(浆槽数)、浸压形式、压浆辊压力(高速压力、低速压力)、浆纱速度、浆液温度、烘筒温度等。

一般浆纱机的车速为 30～50m/min,压浆辊上单位压浆力为 20N/cm 左右,最高为 35N/cm。浆纱出浆槽时的压出回潮率一般为 130%～150%,而织造工序要求出烘房时的回潮率一般纱线为 2%～7%,个别纱线如苎麻、粘胶纱的回潮率由于其公定回潮率较大而达到 10%～13%。高压上浆的压浆力可以达到 97～194N/cm(折合到 200cm 工作幅宽浆纱机的总压浆力为 19.4～38.8kN),压出回潮率一般小于 100%,浆纱机的车速可以达到 40～80m/min。以下具体介绍常见织物的上浆工艺。

一、上浆工艺

(一)浆槽的选择

随着织物品种的多样化发展,织造难度和经纱的上浆难度也在不断提高。经纱密度高、头份多的品种,若使用单浆槽,由于浆纱覆盖系数过高,达不到所需要的上浆率,必须采用双浆槽。中低压上浆时,浆纱的覆盖系数应不超过 50% 为宜;高压上浆时,若含固率较高(如 13.4%),覆盖系数以不超过 50% 为宜;若含固率不高(如 9.7%),覆盖系数以不超过 70% 为宜。在上述条件下,若上浆率基本能够达到要求,可以选择单浆槽。若达不到上浆率的要求,应该采用双浆槽。否则,除了上浆率大小达不到要求之外,由于经纱头份过多,排列重叠,还会造成上浆不匀,经纱张力不匀。

(二)浸压次数及压浆力的选择

1.浸压次数 经密较低、头份较少的纯棉品种,在老式浆纱机上可以采用单浸单压或单浸双压,基本能够满足上浆的要求。对于细特高密品种,尤其是疏水性纤维的上浆,在高速浆纱机上,为了达到浸透的要求,必须采用双浸双压甚至双浸四压,才能解决高速条件下浸浆时间短,浸润不足的问题。

2.压浆力 压浆力的大小取决于压浆辊自重与加压重量,依据纱线的种类确定,高经密织物纱、强捻纱、粗特纱的压浆力较大;反之压浆力应较小。若浆槽内纱线的浸压方式为双浸双压,则两对压浆辊的压力也有区别。

一般所说的新型浆纱机 40kN 的压浆力,是指浆纱机在额定速度 100m/min 时的额定压浆力,若浆纱速度为 50m/min 时,由无极调压装置使压浆力降至 20～25kN。因为上浆辊的带浆量在车速差别较大时有明显的区别,所以为保持压出加重率均匀一致,保证稳定的上浆率,压浆力应随车速的变化做相应地改变。高压上浆要采用线性加压,使压浆力随车速的上升而增大。

普通浆纱机或一般品种采用的压浆力为两种切换即可以满足上浆要求,即车速为 10m/min 及以下采用一种压浆力,而车速在 10m/min 以上采用另一种压浆力。

在浆高难度品种时,须采用高压浆力。例如:当车速在 60m/min 及以上时,高压上浆的压浆力配置可以为第一对压浆辊压力用 16kN,第二对压浆辊的压力用 22kN。一般品种可采用较低的压浆力,第一对压浆辊的压力用 8kN,第二对压浆辊压力用 15kN。

不同细度纱线适宜的压浆力范围见表 4－12。

表4-12 不同细度纱线适宜的压浆力范围

细	度	压	浆	力	
特数(tex)	英制支数	N/cm	kgf/cm	kN	t
29.2以上	20以下	137~167	14~17	19.6~24.5	2.0~2.5
19.4	30	98~137	10~14	14.7~19.6	1.5~2.0
14.6以下	40以上	78~98	8~10	11.8~14.7	1.2~1.5

压浆力除了与纱线和织物种类有关之外,在确定压浆力时还应考虑浆液的含固量与上浆率等因素,常见压浆力与浆液含固量和上浆率的关系见表4-13。

表4-13 压浆力、含固量与上浆率的关系

含固量(%)	压浆力(kN)										
	5.88	6.86	7.84	8.82	9.8	10.87	11.76	12.74	13.72	14.7	19.6
	压出回潮率(%)										
	125	123	120	112	110	106	104	101	98	96	90
	上浆率(%)										
7.0	8.8	8.6	8.4	7.8	7.7	7.4	7.3	7.1	6.9	6.7	6.3
7.5	9.4	9.2	9.0	8.4	8.3	8.0	7.8	7.6	7.4	7.2	6.8
7.8	9.8	9.6	9.4	8.7	8.6	8.3	8.1	7.9	7.6	7.5	7.0
8.0	10.0	9.8	9.6	9.0	8.8	8.5	8.3	8.1	7.8	7.7	7.2
8.2	10.3	10.1	9.8	9.2	9.0	8.7	8.5	8.3	8.0	7.9	7.4
8.4	10.5	10.3	10.1	9.4	9.2	8.9	8.7	8.5	8.2	8.1	7.6
8.6	10.8	10.6	10.3	9.6	9.5	9.1	8.9	8.7	8.4	8.3	7.7
8.8	11.0	10.8	10.6	9.9	9.7	9.3	9.2	8.9	8.6	8.4	7.9
9.0	11.3	11.1	10.8	10.1	9.9	9.5	9.4	9.1	8.8	8.6	8.1
9.2	11.5	11.3	11.0	10.3	10.1	9.8	9.6	9.3	9.0	8.8	8.3
9.5	11.9	11.7	11.4	10.6	10.5	10.1	9.9	9.6	9.3	9.1	8.6
10.0	12.5	12.3	12.0	11.2	11.0	10.6	10.7	10.1	9.8	9.6	9.0
10.5	13.1	12.9	12.6	11.8	11.6	11.1	10.9	10.6	10.3	10.1	9.5
11.0	13.8	13.5	13.2	12.3	12.1	11.7	11.4	11.1	10.8	10.6	9.9
11.5	14.4	14.1	13.8	12.9	12.7	12.2	12.0	11.6	11.3	11.0	10.4
12.0	15.0	14.8	14.4	13.4	13.2	12.7	12.5	12.1	11.8	11.5	10.8
12.5	15.6	15.4	15.0	14.0	14.1	13.3	13.0	12.6	12.3	12.0	11.3
13.0	16.3	16.0	15.6	14.6	14.3	13.8	13.5	13.1	12.7	12.5	11.7
13.5	16.9	16.6	16.2	15.1	14.9	14.3	14.0	13.6	13.2	13.0	12.2
14.0	17.5	17.2	16.8	15.7	15.4	14.8	14.6	14.1	13.7	13.4	12.6

（三）浆液温度的确定

在第二节中对浆液的温度已有所介绍，在此主要介绍常见织物中不同品种对浆液温度的要求。由于温度的高低直接影响浆液的黏度及浆液对经纱的浸透与被覆程度，所以浆液的温度必须根据纤维的种类来确定。

1. 纯棉织物　由于棉纤维表面附着有棉蜡，低温下会阻碍浆液的浸透，而棉蜡需在75℃左右的条件下溶解，所以棉纤维纱上浆需要采用高温。一般浆纱机过去均采用不低于98℃的浆液温度。新型浆纱机车速快，多采用双浆槽，压浆力比较大，浸透条件好，所以浆液温度低于上述值即可满足上浆要求。

天然彩棉织物中纤维表面的蜡质含量高于白棉，所以浆液温度较白棉高一些。

2. 涤/棉、涤/粘混纺织物　涤/棉高比例混纺、涤/粘混纺织物采用PVA混合浆时，为减少浆液的结皮和浆斑，可以采用低温上浆，浆液温度一般比纯棉低。

3. 纯涤纶织物　纯涤纶短纤纱在采用PVA为主的浆料时，浆液温度可以较低。涤纶低弹丝采用丙烯酸类为主浆料时，浆液温度比PVA浆稍高。

4. 粘胶织物　粘胶、羊毛纤维在高温、湿态条件下，强力下降较多，所以浆液温度不宜太高。而粘胶纱一般都采用淀粉与CMC混合浆，浆液温度不能过低，一般较棉稍低。

表4-14为日本津田驹浆纱机常用的浆液温度。此表的数值为参考值，因为浆纱所用的浆料及浆纱机的性能的不同，会使浆液温度有差异。

表4-14　日本津田驹浆纱机推荐浆液温度

纱线种类	温度范围（℃）	纱线种类	温度范围（℃）
棉　纱	92~95	纯涤纶纱	70~85
涤/棉纱	88~92	纯粘胶纱	80~90
涤/粘纱	70~85	羊毛纱	80~88

（四）浆纱回潮率与烘筒温度

烘筒温度的高低直接影响浆纱回潮率，而决定浆纱回潮率的因素是纱线的公定回潮率及织造车间的温湿度条件。各种纱线的公定回潮率及相应的浆纱回潮率见表4-15。一般标准为棉和粘胶短纤纱的浆纱回潮率比公定回潮率低1.5%~2%，纯涤纶纱的浆纱回潮率比公定回潮率高0.5%，涤棉混纺纱的浆纱回潮率比公定回潮率低0.5%比较合适。

依据纱线的回潮率要求来确定烘房的温度，目前较多采用的是全烘筒式浆纱机，所以烘房的温度主要指各组烘筒的温度。由于新型浆纱机均为双浆槽多烘筒结构，烘筒分为预烘和合并烘两部分。预烘烘筒的温度一般较高，因为预烘部分浆纱的回潮率较大，烘筒温度偏低时，聚四氟乙烯防粘涂层的防粘作用差，纱线与烘筒容易粘连。合并烘筒完成纱线的最后烘干，以达到工艺要求的回潮率。所以合并烘筒的温度随着浆纱机回潮率自动检测装置测试信号的反馈自动控制。表4-16为津田驹、GA308双浆槽浆纱机烘筒温度参考值。

表 4-15　各种纱线的公定回潮率及相应的浆纱回潮率

纱 线 种 类	公定回潮率(%)	浆纱回潮率(%)
棉　纱	8.5	7±0.5
涤/棉纱(65/35)	3.2	2~4
纯涤纶纱	0.4	1.0
粘胶纱	13	10±0.5
腈纶纱	2.0	2.0
苎麻纱	13	10
锦　纶	4.5	2.0

注　纱的公定回潮率是根据纤维的公定回潮率按比例计算得出。

表 4-16　津田驹、GA308 双浆槽浆纱机烘筒温度参考值

纱线种类	预烘烘筒温度(℃)		合并烘筒温度(℃)	
	津田驹	GA308	津田驹	GA308
棉　纱	130	135	110	130
涤/棉纱	130	125	115	120
涤/粘纱	110	125	105	110
纯涤纶纱	110	120	105	110
纯粘胶纱	110	125	105	120
羊毛纱	105		100	
棉/粘纱		130		120

(五) 浆纱速度

浆纱速度的大小依据纱线种类和设备条件而定,浆纱速度的大小直接影响浆纱的质量。当所浆品种、烘燥装置的烘燥能力、回潮率等条件确定的情况下,浆纱速度的最大值可由下式确定:

$$v_{max} = \frac{G(1 + W_g) \cdot 10^6}{60 \cdot Tt \cdot m(1 + S)(W_0 - W_1)}$$

式中:v_{max}——浆纱速度,m/min;

　　　G　——烘燥装置的最大蒸发能力,kg/h;

　　　W_g　——原纱公定回潮率;

　　　Tt　——经纱线密度,tex;

　　　m　——总经根数;

　　　S　——上浆率;

　　　W_0　——浆纱压出回潮率;

　　　W_1　——浆纱工艺回潮率。

普通浆纱机生产中正常的浆纱速度一般在 30~60m/min;高压上浆的浆纱机,由于压出

回潮率较小,浆纱速度最大可以开到80m/min。

二、常见织物上浆工艺实例

1. 14. 6/14. 6tex、393. 7/307 根/10cm 纯棉平纹织物 浆液配方为 PVA1799、PVA205 与变性淀粉的混合浆,助剂为柔软润滑剂。浆纱工艺:浆液含固率9%左右,上浆率11%左右,浆纱机为 GA308 双浆槽浆纱机,浆纱车速 50m/min 时,压浆力为 18 ~ 20kN,浆槽温度95℃,浆纱回潮率为6.5%左右。

2. CJ9. 7/9. 7tex、582/519 根/10cm 平纹防羽布 浆液配方为 PVA、变性淀粉与聚丙烯酸类浆料的混合浆,助剂为油剂。浆纱工艺:浆液含固率 14. 5%,上浆率 12. 5% ~ 13. 5%,浆纱机为台湾大雅双浆槽浆纱机,浆纱车速45m/min,第一压浆辊压浆力为22.6kN,浆槽温度 95℃,浆纱回潮率为6.5%左右。

3. 58. 3/58. 3tex、252/157 根/10cm 纯棉斜纹织物 浆液配方为 PVA 与变性淀粉加乳化油。浆纱工艺:浆液含固率9.5%,上浆率10% ~ 10.5%,浆纱机为 GA308 双浆槽浆纱机,浆纱车速60m/min,压浆力为20 ~ 30kN,浆槽温度95℃左右,浆纱回潮率为6.5%左右。

4. 涤/棉65/35、13/13tex 522/238 根/10cm 斜纹织物 浆液配方为 PVA 与变性淀粉的混合浆,助剂为柔软润滑剂和防腐剂。浆纱工艺:浆液含固率10.5%,上浆率11.8%,浆纱机为祖克 S432 双浆槽浆纱机,浆纱车速45 ~ 50m/min,第一压浆辊压浆力为8kN,第二压浆辊压浆力为19kN,浆槽温度95℃,浆纱回潮率为2.5%左右。

5. JC11. 8/11. 8tex、590. 5/338. 5 根/10cm 纯棉直贡 浆液配方为 PVA1799、PVA205、变性淀粉与丙烯酸类的混合浆,助剂为柔软润滑剂和防腐剂。浆纱工艺:浆液含固率14%,上浆率14.5%,浆纱机为贝宁格双浆槽浆纱机,浆纱车速60m/min,第一压浆辊压力为12kN,第二压浆辊压浆力为17kN,浆槽温度92 ~ 94℃,浆纱回潮率为6.5%左右。

三、几种新型纤维织物浆纱工艺要求

1. 大豆蛋白纤维织物 大豆蛋白纤维有许多优良性能,但纤维的耐热性差,易收缩,有一定的静电。所以上浆过程中浆液温度宜控制在90℃左右,烘筒温度也比棉织物低,预烘烘筒的温度为110℃,合并烘筒的温度为100 ~ 105℃,以免高温时使纱线发脆,损伤其强力。浆纱回潮率不超过6%为宜。

2. 竹纤维织物 竹纤维吸、放湿快,易吸浆,易烘燥,吸湿后相对滑移大,湿强明显降低,伸长大,热收缩率高。因此上浆过程中,浆纱工艺应保证轻张力、小伸长、低温度、低黏度、轻加压,以被覆为主,渗透为辅,浆液温度在85 ~ 90℃,浆纱回潮率为8% ~ 9%,预烘烘筒的温度为110℃,合并烘筒的温度为100℃左右。

3. 天丝织物 天丝纤维具有干湿强度高、干湿强差异小、初始模量高、水中的收缩率小、尺寸稳定等优点。浆纱的增强应该不是主要问题,浸透自然应该减少。但是天丝纤维具有吸水膨胀及原纤化缺点,遇水后横向膨胀率较高,在浆槽中纱线遇水膨胀后,使纱线之间排列密度增大,纱线的吸浆条件降低,毛羽不能很好地贴伏。即使毛羽贴伏了,如果浆液浸透少,则浆膜的附着基础差,在织造时经不起过多的摩擦,浆膜容易脱落。所以天丝上浆要浸透与被覆并重,可采用单浸双压或双浸双压,增加浆液的浸透性可使浆膜有良好的附着基础,增加其耐磨性,减少原纤化产生。浆液温度不宜过低,浆纱回潮率控制在9%左右。

四、新一代上浆技术

目前已成熟的新一代的上浆技术有以下两种。

1.高压上浆 20世纪90年代中期,高压上浆技术在我国有了系统的生产实践,主要采用"两高一低"技术,浆纱过程可以降低浆料用量,降低压出回潮率,提高车速,节省能耗,提高浆纱质量。目前高压上浆技术已经有了广泛地应用。高压上浆工艺可概括为以下几方面。

(1)高浓、高压、低黏。高浓、高压、低黏的上浆工艺要求是主压浆辊的压力为20~40kN,浆液含固率≥上浆率,浆液黏度较低。

(2)降低覆盖系数。高压上浆多用于高密织物,这些织物由于总经根数多,所以要使用双浆槽或多浆槽,以此来降低经纱在上浆辊工作宽度上的覆盖率,使上浆均匀,经过预烘使浆膜完整。另外,浸没辊与上浆辊间加侧压,增加浆液对经纱的浸透,使片纱排列与张力均匀。

(3)压力配置先轻后重,重浸透、求被覆。压浆力大小为逐渐增加,即预压浆辊(靠近引纱辊)配置轻压力进行预压,排除纱线内的空气,以利于吸浆;主压浆辊(靠近烘房)配置重压力,增加浸透量,达到重浸透、求被覆的目的,使浆膜有良好的附着基础,提高浆纱的耐磨性。

(4)高硬度压浆辊,低压出回潮率。为达到高压上浆的目的,主压浆辊为肖氏硬度80°±5°,浆纱的压出回潮率<100%,压出加重率≤100%。浆纱车速达到45~80m/min。

(5)出浆槽配湿分绞,进烘房分层预烘。浆纱出浆槽以后,首先经1~3根湿分绞棒分层,减少纱线之间的粘连,同时湿分绞棒进行抹纱,使毛羽贴伏。

(6)高温预烘,低温合并。经纱分层进烘房以后,首先经高温预烘,快速蒸发掉较多的水分,使浆膜形成。然后降低合并烘燥的温度,使纱线具有工艺要求的回潮率。

2.预湿上浆 20世纪90年代初期,国外首先将预湿上浆技术用于长丝上浆,90年代后期用于短纤纱的上浆。在1999年法国巴黎国际纺机展览会上,有几家纺机制造厂商展出预湿浆纱机样机。2002年北京国际纺机展上,卡尔—迈耶公司展出了预湿浆槽样机。郑州纺织机械股份有限公司是国内浆纱机的生产基地,2000年已成功开发出GA308系列多单元传动的浆纱机,其控制水平和制造质量达到当今世界先进水平。2002年成功开发了预湿浆纱机,并参加了2004年10月北京国际纺机博览会。预湿浆纱机从出现到应用时间不长,在国内的应用刚刚起步。

目前已有德国祖克和卡尔—迈耶、瑞士的贝宁格、美国的西点、日本的津田驹和国内的GA308 等浆纱机上有预湿上浆设备。自 2002 年以后,国内陆续进口津田驹、卡尔—迈耶、贝宁格等具有预湿功能的浆纱机投入生产中。预湿上浆有如下优点。

(1)有利于浆液的浸润和吸附。纱线上浆前首先经过高温水槽,可以将纱线上的棉蜡、油脂及杂质等煮掉,有利于经纱吸附浆液。

(2)节省浆料。预湿上浆能节省浆料是指对同一个品种,达到同样织造效果,预湿的上浆率可降低 2% ~3% ,节约浆料 15% ~25% 。

(3)提高经纱上浆质量。因为预湿上浆可以提高浆料与纤维之间的粘着力、贴伏毛羽、表面上浆均匀,提高经纱耐磨性。浆纱毛羽贴附率可提高 10% ~20% 。

(4)有利于后道工序加工。经纱预湿后,芯部因有水分而上浆少,易于退浆。退浆所用成本降低。

(5)有利于环保。因上浆量少,并减少退浆污水的排放量,从而降低对环境污染。

第四节　浆纱质量控制

一、浆纱工序主要质量指标及其检验

浆纱工序的主要质量包括经过上浆以后形成的浆纱的质量和浆轴卷绕成形质量两部分。

浆纱质量指标有上浆率、伸长率、回潮率、增强率、减伸率、浸透率、被覆率、浆膜完整率、浆纱耐磨次数、浆纱毛羽指数和毛羽降低率。浆轴卷绕质量指标有墨印长度、卷绕密度和好轴率。这些指标中上浆率、伸长率、回潮率、好轴率为常规检验指标,其他项目在检查上浆新工艺或鉴定新机型时采用。生产中应根据纤维种类、纱线质量、织物结构及后加工要求等,合理确定浆纱质量指标,并对浆纱质量及时进行检验和控制。

(一)常见浆纱质量指标及其检验

1. 上浆率　上浆率是反映经纱上浆量的指标,是指纱线上浆后,粘附于经纱上的浆料干重对原纱干重的百分率。上浆率的定义公式为:

$$S = \frac{G - G_0}{G_0} \times 100\%$$

式中:S——经纱上浆率;

G——浆纱干重,kg;

G_0——原纱干重,kg。

(1)上浆率大小对织造及织物质量的影响。上浆率大,经纱的强度及耐磨性增加,但是经纱的弹性伸长减小,织造时易产生脆断头,过多的上浆量会导致织物手感粗糙,浆料成本增加。反之,上浆率小,经纱的强度及耐磨性不足,织造时纱线表面容易起毛起球,造成梭口不清,产生断头,但是经纱的弹性伸长降低较少。

(2)上浆率的检测方法。生产中,经纱上浆率的检测方法有计算法和退浆法两种。

①计算法。将织轴称重,除去空织轴本身重量后,得到浆纱重量,再按回潮测试仪测得的浆纱回潮率,可以算出浆纱干重 G。然后,根据织轴上卷绕纱线长度、纱线特数、总经根数、浆纱伸长率以及纱线公定回潮率等,计算原纱干重 G_0。最后,由定义公式计算经纱上浆率 S。

浆纱干重为:

$$G = \frac{G_i}{1 + W_j}$$

式中:G——浆纱干重,kg;

G_i——浆纱重量,kg;

W_j——浆纱回潮率。

原纱干重为:

$$G_0 = \frac{(n \cdot L_m + L_s + L_l) \cdot Tt \cdot m}{1000 \times 1000 \times (1 + W_g) \cdot (1 + C)}$$

式中:G_0——原纱干重,kg;

n——每轴匹数;

L_m——浆纱墨印长度,m;

L_s——织机上机回丝长度,m;

L_l——织机了机回丝长度,m;

Tt——纱线特数,tex;

m——总经根数;

W_g——纱线公定回潮率;

C——浆纱伸长率。

由 G 和 G_0 即可求出经纱上浆率。

计算法测定上浆率速度快、测定方便,但由于部分数据存在一定误差(例如浆纱伸长率、回潮率等),因此计算结果不很准确。

②退浆法。生产中常用退浆法测定浆纱的上浆率。不同黏着剂采用的退浆方法也不同,淀粉浆或淀粉混合浆用稀硫酸溶液退浆,粘胶纱上的淀粉浆以氯胺试液退浆,纯 PVA 浆以清水退浆,聚丙烯酸酯则适于氢氧化钠溶液退浆。退浆的方法是将浆纱纱样烘干后冷却称重,测得浆纱干重。然后利用化学的方法采用不同试剂对不同种类的纱线进行退浆,把纱线上的浆液退净以后,放入烘箱烘干,冷却后得到原纱干重。则退浆率为:

$$T = \frac{G - \dfrac{G_2}{1 - \beta}}{\dfrac{G_2}{1 - \beta}} \times 100\%$$

式中:G——浆纱干重,kg;

G_2——退浆后纱线的干重,kg;

T——退浆率;

β——纱线毛羽损失率。

纱线毛羽损失率的测定是取原纱作煮练试验,试验方法与退浆方法一致。纱线毛羽损失率为:

$$\beta = \frac{B - B_1}{B} \times 100\%$$

式中:B——试样煮练前干重,kg;

B_1——试样煮练后干重,kg。

退浆法测定的浆纱上浆率比较准确,但测定时间较长,信息反馈不及时,操作也比较复杂,不过有益于考核生产。

(3)确定上浆率的依据。确定上浆率时,主要依据纤维种类、经纱的线密度、经纱的捻度、经纬纱的密度、织物组织、浆料性能及织机种类等。经纱的线密度小,单位截面内含有的纤维根数少,经纱强度小,为提高经纱的强度,上浆率应该大一些;反之上浆率可小一些。经纱的捻度小,强度低,上浆率应大一些。根据织物组织的条件,当织物组织内经纬纱的交织次数较多,或者经纬纱密度较大时,经纱单位长度内受到的摩擦次数多。所以经纬密度大、交织次数多的织物,上浆率应大一些。平纹组织、斜纹组织、缎纹组织的上浆率依次降低。同样的品种,无梭织机的上浆率要求比有梭织机大。上浆率的高低需根据生产经验积累来确定。表4-17为有梭织机织造纯棉平纹织物的上浆率参考范围。表4-18为将平纹组织作为参照品种的上浆率修正值的参考范围。表4-19为将棉纤维作为参照品种的上浆率修正值的参考范围。表4-20为将有梭织机作为参照的上浆率修正值的参考范围。

新品种上浆率的确定也可以参考相似品种的上浆率,并在此基础上根据经纱线密度、每片综的提升次数、织物经向紧度等差异进行修正。

在相似品种选定时,尽量与新品种接近,这样才能使确定的上浆率受其他因素如纤维种类、浆料及浆纱工艺参数等的影响较小。

表4-17　纯棉平纹织物在有梭织机上织造时的上浆率范围

纱线的细度		上浆率(%)	
特数(tex)	英制支数	一般织物	高密织物
29	20	8 ~ 9	10 ~ 11
19.4	30	9 ~ 10	11 ~ 12
14.5	40	10 ~ 11	12 ~ 13
11.7	50	11 ~ 12	13 ~ 14
9.7	60	12 ~ 13	14 ~ 15

注　表中所用浆料配方为混合浆。

表4-18　按织物组织修正的上浆率范围

织 物 组 织	上浆率修正值(%)	织 物 组 织	上浆率修正值(%)
平纹	100	斜纹(缎纹)	80 ~ 86

表4－19　按纤维种类修正的上浆率范围

纤 维 种 类	上浆率修正值(%)	纤 维 种 类	上浆率修正值(%)
纯棉	100	涤棉、涤粘混纺纱	115~120
人造短纤维	60~70	麻混纺纱	115
涤纶短纤维	120		

表4－20　按织机种类修正的上浆率范围

织 机 种 类	织机车速(r/min)	上浆率修正值(%)
有梭织机	150~200	100
片梭织机	250~350	115
普通剑杆织机	200~250	110
高速剑杆织机	300以上	120
喷气织机	400以上	120

（4）上浆率的控制与调节。当织物品种改变时，一般通过改变浆液的含固量和黏度来调节上浆率。含固量和黏度一定时，可以通过改变压浆辊的压力大小来调节上浆率，但调节幅度不宜过大，否则会影响浆液对纱线的浸透与被覆。在生产过程中通过上浆率的检测结果与工艺设计值的比较来掌握和考核上浆率。

2.回潮率　浆纱回潮率是指浆纱含水量对浆纱干重的百分率，它反映浆纱烘干程度。烘干程度不仅关系到浆纱的能量消耗，而且影响了浆膜性能（弹性、柔软性、强度、再粘性等）。

回潮率的定义公式为：

$$W = \frac{G_1 - G}{G} \times 100\%$$

式中：W——浆纱回潮率；

　　G_1——浆纱(含水)重量,kg；

　　G——浆纱干重,kg。

（1）回潮率大小对织造的影响。回潮率过大，浆膜容易发黏，浆纱的耐磨性降低，织造时造成开口不清，断头与织疵增加，易产生窄幅长码布；回潮率过小，浆膜发脆，造成浆纱断头，易产生宽幅短码布。

（2）回潮率的检测方法。回潮率的检测方法有烘干法和仪器测定法两种。

①烘干法。先称出浆纱纱样的重量（含水），然后将浆纱纱样烘干，冷却后称出浆纱纱样的干重，再以定义公式计算回潮率。实验室里把浆纱回潮率和退浆率一起测定。此法能够准确地测出浆纱回潮率。

②仪器测定法。即在浆纱机烘房前安装回潮率测试仪，可及时、连续地反映纱片的回潮率，能及时指导生产。但是测试数据会随着仪器地灵敏程度有差异。目前常用的仪器检测

法主要是电阻法,另外还有电容法、微波法和红外线法。

（3）确定回潮率的依据。确定回潮率时,主要依据纤维种类、浆料性能及上浆率大小等。

（4）回潮率的控制与调节。当织物品种改变时,通过改变蒸汽压力、调节烘房温度来控制与调节浆纱回潮率。生产过程中,新型浆纱机均设有回潮率自动检测与调节装置,当回潮率变化时,通过信息反馈可以随时改变蒸汽压力或浆纱机车速来调节回潮率,使之满足工艺要求。但是如果通过改变车速来调节回潮率,压浆辊的压力应该能够随着车速的变化自动调节,否则会影响上浆率。

3. 伸长率　浆纱伸长率反映了浆纱过程中纱线的拉伸情况。伸长率是指纱线在浆纱机上的伸长量对原纱长度的百分率。浆纱伸长率的定义公式为：

$$E = \frac{L - L_0}{L_0} \times 100\%$$

式中：E——浆纱伸长率；

　L——浆纱长度,m；

　L_0——原纱长度,m。

（1）伸长率大小对织造及织物质量的影响。浆纱伸长率过大,纱线弹性损失,断裂伸长和强力下降,增加织造断头,织物强力也会下降,织物匹长增加；浆纱伸长率过小,说明经纱张力小,易造成片纱张力不匀,织物匹长减小。

（2）伸长率的检测方法。伸长率的检测方法有计算法和仪器测定法两种。

①计算法。根据整经轴卷绕纱线长度、织轴卷绕纱线长度、回丝长度以及织轴数等,按照定义公式计算浆纱伸长率。

$$E = \frac{[M(n \cdot L_m + L_s + L_l) + NL_m + L_s + L_l + L_j] - (L - L_b)}{L - L_b} \times 100\%$$

式中：M——每缸满轴卷绕的浆轴数；

　n——每轴匹数；

　N——最后一只织轴的匹数；

　L_m——浆纱墨印长度,m；

　L_s——织机上机回丝长度,m；

　L_l——织机了机回丝长度,m；

　L_j——每缸浆回丝长度,m；

　L_b——每缸白回丝长度,m；

　L——整经长度,m。

②仪器测定法。以两只传感器分别测定一定时间内整经轴送出的纱线长度和车头拖引辊传递的纱线长度,然后以定义公式计算伸长率。

$$E = \frac{L_1 - L_2}{L_2} \times 100\%$$

式中：L_1——车头拖引辊传递的纱线长度,m；

L_2——整经轴送出的纱线长度,m。

仪器测定法是一种在线的测量方法,测量精度比计算法高,信息反馈及时,有利于浆纱质量控制。

(3)确定伸长率的依据。确定伸长率的主要依据是纤维种类;如毛纱的伸长率比棉的大一些。不同种类纤维纱线的伸长率参考值见表4-21。

表4-21 不同种类纤维纱线的伸长率参考值

纱线种类	伸长率(%)	纱线种类	伸长率(%)
纯棉纱	1.0以下	涤棉混纺纱	0.5以下
粘胶纱	3.5以下	纯棉及涤棉股线	0.2以下

(4)伸长率的控制与调节。浆纱伸长率主要通过整经时加放千米纸条,控制经轴制动力,引纱辊与经轴之间、织轴卷绕时设置张力检测与自动调节装置等方法,由此控制经纱伸长。

4. 增强率和减伸率 增强率和减伸率分别描述了经纱上浆后断裂强力增大和断裂伸长减小情况。

(1)增强率是指上浆后纱线强度的增加量对原纱强度的百分率。增强率的定义公式为:

$$Z = \frac{P_1 - P_2}{P_2} \times 100\%$$

式中:Z——浆纱增强率;

　　P_1——浆纱断裂强度,cN/tex;

　　P_2——原纱断裂强度,cN/tex。

(2)减伸率是指上浆后纱线断裂伸长率的减少量对原纱断裂伸长率的百分率。减伸率的定义公式为:

$$D = \frac{\varepsilon_0 - \varepsilon_1}{\varepsilon_0} \times 100\%$$

式中:D——浆纱减伸率;

　　ε_1——浆纱断裂伸长率;

　　ε_0——原纱断裂伸长率。

增强率和减伸率采用仪器测定法,原纱的取样是在整经了机时,而浆纱的取样是在浆纱落轴时,取样长度为70cm,取样后迅速将纱样两端用夹板夹住,避免退捻。在单纱强力试验机上分别测定浆纱和原纱的断裂强力、断裂伸长率,然后按定义公式计算增强率和减伸率。

增强率的大小反映浆液对纱线的浸透程度,浸透多增强率大,反之增强率小。浆纱的增强率一般为15%～30%。减伸率的大小反映浆纱断裂伸长率的减小程度。

5. 浆纱耐磨性 浆纱耐磨性既反映浆膜的耐磨情况,又反映浆液对纱线的浸透性和粘附力。若浆膜的耐磨性好,浆纱的耐磨次数多,即浆纱耐磨性好;若浆液的浸透性好,浆膜附着基础好,浆纱耐磨性好;浆液对纱线的粘附力强,浆纱的耐磨性好。总之浆纱的耐磨性直接反映了浆纱的可织性。

（1）浆纱耐磨性测试方法。浆纱耐磨性用浆纱耐磨次数表示,浆纱耐磨次数在纱线耐磨试验仪上测定。纱线耐磨试验仪有很多形式,如纱线自磨方式的耐磨试验仪和模拟织机上经纱在复杂外力条件下所受磨损作用的耐磨试验仪。

（2）浆纱耐磨性指标。衡量浆纱耐磨性的指标主要是浆纱耐磨提高率,即浆纱摩擦至断裂的次数比原纱磨断次数的增加值对原纱磨断次数的百分率。

$$m = \frac{m_j - m_y}{m_y} \times 100\%$$

式中:m——浆纱耐磨提高率;

m_j——浆纱磨断次数;

m_y——原纱磨断次数。

6. 浆纱毛羽指数和毛羽降低率 浆纱表面毛羽贴伏好,不仅能提高浆纱耐磨性能,而且有利于织机开清梭口,特别是梭口高度较小的无梭织机。浆纱表面毛羽贴伏程度以浆纱毛羽指数和毛羽降低率表示。

（1）浆纱毛羽指数。浆纱毛羽指数是指 10m 长浆纱上单边长度达到 3mm 毛羽的根数。毛羽指数的大小反映纱线上毛羽的状况。浆纱毛羽指数在纱线毛羽测定仪上测定,分别对浆纱和原纱进行毛羽指数测定,然后根据上述公式计算毛羽降低率。

（2）毛羽降低率。毛羽降低率是指纱线上浆前后毛羽指数的差值对上浆前原纱毛羽指数的百分率。其定义公式为:

$$Q = \frac{R_0 - R_1}{R_0} \times 100\%$$

式中:Q——毛羽降低率;

R_0——原纱毛羽指数;

R_1——浆纱毛羽指数。

毛羽降低率反映浆纱上毛羽的贴伏情况。合理的浆纱工艺可以使浆纱毛羽指数降低率达到70%以上。

7. 浆液的浸透率、被覆率与浆膜完整率 浆液的浸透率与被覆率的分配视纱线种类而定。若纱线以增加强力、增强集束性为主,上浆应以浸透率为主,被覆率为辅;若纱线以增加耐磨性为主,上浆应以被覆率为主,浸透率为辅。但是无论以浸透率或被覆率为主,都不能过多,否则会造成浆纱弹性损失过多或浆膜过厚,手感粗糙,织造时落浆增加。

（1）浸透率。浸透率是指浆液进入经纱部分的截面积对原纱截面积的百分率。其定义公式为:

$$A = \frac{S - S_2}{S} \times 100\%$$

式中:A——浸透率;

S——原纱截面积;

S_2——浆纱未被浆液浸入部分截面积。

（2）被覆率。被覆率是指原纱截面外围被浆液被覆部分的截面积对原纱截面积的百分率。其定义公式为：

$$B = \frac{S_1 - S}{S} \times 100\%$$

式中：B——被覆率；

S_1——浆纱截面积。

（3）浆膜完整率。浆膜完整率是指浆膜包围原纱的角度对360°的百分率。其定义公式为：

$$\beta = \frac{\sum \alpha}{360°} \times 100\%$$

式中：β——浆膜完整率；

α——浆膜包围原纱的角度(°)。

浸透率、被覆率和浆膜完整率的测定是采用浆纱切片的方法，即把浆纱做成切片，根据所用浆料用一定的着色剂着色，浆液浸透部分的纱线显色。在显微镜下观察，并用投影的方法使浆纱的截面积图形描绘到纸质均匀的描图纸上，可得到浆纱横截面投影如下图所示。

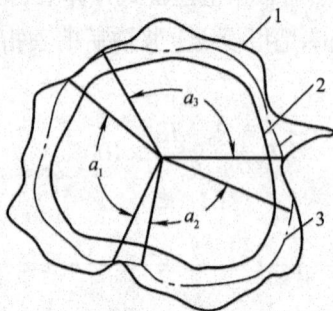

浆纱截面投影图
1—浆纱截面边界　2—浆液未浸入部分的边界　3—原纱截面边界

以上几项指标，其中上浆率、回潮率、伸长率为生产常规检验指标。

（二）浆轴卷绕质量指标及其检验

1. 浆纱墨印长度　设置浆纱墨印长度的目的一方面是为了织造过程中方便落轴，另一方面是为了方便统计织物产量。墨印长度决定织物的匹长。墨印长度不准确，会造成长、短码布，使零布增加，给企业带来损失。所以定期检查墨印长度，可以预防并减少长短码布的产生。

浆纱墨印长度的测试用来衡量浆轴卷绕长度的正确程度。计算公式为：

$$浆纱墨印长度 = \frac{规定匹长}{1 - 经织缩率}$$

$$规定匹长 = 公称匹长 \times (1 + 加放率)$$

墨印长度的测定方法有手工测长法和仪器测定法。手工测长法是直接在浆纱机上摘取浆纱测定。仪器测定法是利用伸长率仪的墨印长度测量功能进行测定。

2. 浆轴卷绕密度　浆轴的卷绕密度应适当。卷绕密度过大,纱线弹性损失严重;卷绕密度过小,卷绕成形不良,浆轴卷绕长度减小。卷绕密度还影响浆轴的上机张力。实际生产中,单纱卷绕密度一般为 $0.4 \sim 0.6 \mathrm{g/cm^3}$,细特纱卷绕密度大,股线比同特单纱提高 $15\% \sim 25\%$,阔幅织机的织轴卷绕密度比上述范围降低 $5\% \sim 10\%$。具体数值随各厂情况不同而有所不同。

生产中浆轴卷绕密度的检测常采取称重与测量纱线体积的方法来测定浆轴卷绕密度,即称取一定数量的空浆轴重量,计算出平均值。将这些空浆轴卷成满轴并称重,计算出平均值,该平均重量减去空轴重量即为浆纱的重量。同时测量满轴的相应尺寸。

浆轴卷绕体积:

$$V = \frac{\pi}{4}(D^2 - d^2)W$$

式中:V——浆轴卷绕体积,$\mathrm{cm^3}$;

　　　D——满浆轴卷绕直径,cm;

　　　d——浆轴空管直径,cm;

　　　W——浆轴盘片间距,cm。

浆轴卷绕密度:

$$\gamma = \frac{G}{V} \times 1000$$

式中:γ——浆轴卷绕密度,$\mathrm{g/cm^3}$;

　　　G——浆轴卷绕浆纱重量,cm。

不同种类纱线的卷绕密度范围见表 4 – 22。

表 4 – 22　织轴卷绕密度范围

经纱线密度(tex)	96 ~ 32	31 ~ 20	19 ~ 12	11 ~ 6
织轴卷绕密度($\mathrm{g/cm^3}$)	0.38 ~ 0.44	0.39 ~ 0.48	0.40 ~ 0.50	0.40 ~ 0.48

3. 好轴率　好轴率是一项综合性的质量指标,主要衡量浆轴的质量。好轴率是无疵点轴数在所查织轴总数中占有的比例。其计算公式为:

$$h = \frac{I_\mathrm{w}}{I_\mathrm{z}} \times 100\%$$

式中:h——好轴率;

　　　I_w——无疵点织轴数;

　　　I_z——抽查的织轴总数。

凡有下列疵点之一者,即为疵点轴。

（1）倒断头。织造过程中出现断头少纱。

（2）绞头。凡一根以上经纱在经停架区域绞乱。

（3）斜拉线。经纱斜拉超过1/10箱幅。

（4）毛轴。轻浆起毛。

（5）多头。经纱根数多于设计总经根数。

（6）并头。纱线粘结未分开。

（7）错穿、甩头、甩边、边不良。

好轴率是在织轴上机织造以后随机检查。

二、提高浆纱质量的措施

（一）浆纱疵点及成因

浆纱生产过程中，会因各种原因导致浆纱质量不良，产生各种浆纱疵点。不同种类的纤维浆纱过程中会产生不同的疵点。以下介绍常见的浆纱疵点及成因。

1. 上浆率不匀　上浆率大小受浆液的含固率、黏度、温度、压浆辊的加压强度、浆纱速度、压浆辊的表面状态、纱线在浆槽中浸压次数、穿纱路线、浆液内的泡沫、浸没辊形式及其高低位置、浆槽中纱线的张力状况等的影响。其中浆液的含固率、黏度、温度、压浆力、浆纱速度及浆液内的泡沫对上浆率影响较大。

（1）浆液含固率。浆料称量不准确，浆液体积不符合工艺要求。蒸汽凝结水过多，造成浆桶和浆槽内浆液浓度发生变化，由此造成上浆不匀。

（2）浆液温度。调浆用蒸汽压力不稳定，温度自动控制装置作用不良，使浆液温度不稳定，上浆不均匀。

（3）浆液黏度。浆料黏度的热稳定性较差，浆料变质，浆液 pH 值不正确，浆液温度变化大，浆液烧煮不充分，用浆时间过长，最终导致浆液黏度变化，上浆不匀。

（4）压浆力。品种改变时工艺设定的压浆力不正确，压浆力不能随浆纱速度而变化或变化不当，打慢车时间长，压浆辊橡胶老化或橡胶微孔被堵塞，压浆辊两端加压不一致，最终导致压浆力不匀，上浆不匀。

2. 回潮率不匀　回潮率大小受蒸汽压力、烘房温度、烘房排气量、浆纱速度、压浆辊压力、上浆率及回潮率自动控制装置的影响。其中蒸汽压力（烘房温度）和浆纱速度是影响回潮率的主要因素。蒸汽压力不稳定，烘筒内凝结水过多或不能及时排出，使烘筒温度下降，烘房排汽罩排湿不畅，回潮率自动控制装置作用不良，浆纱速度不稳定，压浆力不能随浆纱速度而变化，这些因素造成回潮率不匀。

3. 伸长率不匀　伸长率大小受经轴制动力、浸浆张力、湿区张力、干区张力及卷绕张力的影响，若这些作用力过大或过小，都会造成伸长率不匀。

4. 张力不匀　各经轴间退绕张力不匀，双浆槽片纱喂入张力不一致，两组预烘烘筒的温度及湿区张力有差异，全机各导纱辊不平行或不水平，拖引辊包卷不平整，卷绕区分纱张力较小均会造成浆轴片纱张力不匀。

5. 浆斑的形成　浆槽中浆液表面结皮未经处理带到浆纱上,回转不灵活的湿分绞棒将积留的浆液粘在浆纱上,沸腾的浆液溅到出压浆辊的浆纱上,或由调浆不当形成的浆块被蒸汽溅至浆纱上,PVA未完全溶解而粘附在纱线上,浆纱了机或节假日停机时对浆槽清洁不彻底。由上述原因粘附在纱线上的浆块或浆皮经烘燥以后便形成浆斑。

6. 墨印长度不准确、漏印和流印的形成　墨印长度调节不当、测长打印装置作用不良。

7. 倒断头的形成　整经过程中产生倒断头;整经处理断头不良;未理顺纱层,形成压绞,退绕时被拉断;经纱的细节、弱节没有被清除掉;浆纱时产生断头没有及时发现与处理;烘筒表面有浆皮,把纱线割断后没有及时发现;伸缩筘处磨灭有快口而磨断纱线,断头被卷进浆轴。

8. 绞头和并头的形成　经轴分绞时产生漏绞,机前分绞处未设复分绞,浆纱过程在伸缩筘处随意搬头或未理清纱头将纱线放错位置,浆纱上轴时夹纱操作不当,分纱不匀等均会造成绞头与并头。

9. 松边、紧边的形成　织轴边盘歪斜,伸缩筘位置调节不当未与织轴对正,伸缩筘处纱片宽度与浆轴幅宽不一致,压纱辊太短,两端加压过小,造成浆轴边部松紧不一致。

10. 油污和锈渍的形成　浆液内油脂乳化不良上浮粘附于纱线,导辊轴承处润滑油粘到纱线上,烘房排汽罩排气不良使污水滴至纱线上。

(二)提高浆纱质量的措施

浆纱质量的好坏不是单一因素决定的,而是由浆料质量、浆液配方、调浆工艺、调浆方法、浆液质量、上浆工艺、设备的工作状态及浆纱过程中各环节的操作技术管理等多方面因素共同作用的结果。

除常规的浆纱质量控制措施以外,浆纱生产过程的自动控制内容主要有计算机控制系统、经轴退绕张力自动调节、压浆力自动控制、温度自动控制、回潮率自动控制、卷绕张力自动调节、上浆率监控系统等。

为了满足新型无梭织机织造高档品种和高速高效生产的要求,现代浆纱机均采用新型材料、先进的机械加工技术、机电一体化技术及计算机集中控制技术等科技成果,使浆纱机的综合性能得到了很大提高。尤其是机电一体化技术、计算机集中控制技术的广泛应用,使浆纱机的生产过程及质量指标得到了很好的控制。

思 考 题

1. 纯棉织物的浆液配方应考虑哪些因素?
2. 涤纶短纤纱织物的浆液配方应考虑哪些因素?
3. 合纤长丝织物的浆液配方应考虑哪些因素?
4. 淀粉质量检验指标有哪些?

5. 常用调浆方法有哪两种？各有何特点？

6. 什么是浆液含固量？含固量对上浆质量有何影响？

7. 浆液黏度对上浆质量有何影响？

8. 高压上浆工艺包括哪几方面？

9. 预湿上浆有哪些特点？

10. 浆纱质量指标有哪些？其含义是什么？

11. 上浆率大小对织造及织物质量有何影响？确定上浆率的依据有哪些？上浆率大小如何调节？

12. 回潮率大小对织造及织物质量有何影响？确定回潮率的依据有哪些？回潮率大小如何调节？

13. 伸长率大小对织造及织物质量有何影响？确定伸长率的依据有哪些？伸长率大小如何调节？

14. 什么是毛羽指数和毛羽降低率？

15. 回潮率常用什么样的检测方法？检测原理是什么？

第五章 穿结经工艺与质量控制

● 本章知识点 ●

1. 穿经工序工艺参数的设计项目及其意义。
2. 各工艺参数的制定原则。
3. 各类织物穿经方法与上机图画法。
4. 有梭织物与无梭织物的布边结构设计方法。
5. 穿经工序主要质量指标及其检验方法。
6. 穿经质量控制措施。

穿经是根据织物规格、结构与织造工艺要求,将浆轴上的各根经纱按一定规律依次穿过经停片、综丝和钢筘。穿经工序的主要工艺参数有经停片规格、经停片列数、经停片穿法、综丝规格、综丝列数、综框页数、穿综方法、筘号、筘幅、地组织穿法、边组织穿法等。

第一节 经停片与穿经工艺

经停片是织机断经自停装置的传感元件。当经纱断头时,经停片下落,通过机械式或电气式断经自停装置,发动织机停车。同时,经停片能使织机机后经纱分隔清楚,减少经纱的相互粘连。国产有梭织机通常使用机械式断经自停装置,无梭织机则使用电气式断经自停装置。

一、经停片的结构与规格

经停片由钢片制成,外形如图 5-1 所示。

目前使用的经停片分开口式和闭口式两种。若用闭口式经停片,穿经时用穿综钩将经纱引过经停片中部的孔眼;开口式经停片可直接在织机上插放,使用比较方便,了机时可卸下经停片与经停杆,继续织造,因此可节约回丝。

机械式断经自停装置的经停片的厚度有 0.1mm、0.2mm、0.25mm、0.3mm、0.4mm 五种,长度有 80mm、120mm 两种,每种的重量也各不相同。电气式断经自停装置的经停片的厚度有 0.15mm、0.2mm、0.3mm、0.4mm、0.5mm、0.65mm、0.8mm、1.0mm 等。棉织生产中,常采用厚度为 0.2mm、0.3mm 的经停片。

经停片的尺寸、形状和重量应根据纤维原料、纱线特数、织机形式和织机车速等因素而定。一般纱线特数大、车速快,选用较重的经停片;反之,则用较轻的经停片。毛织用经停片

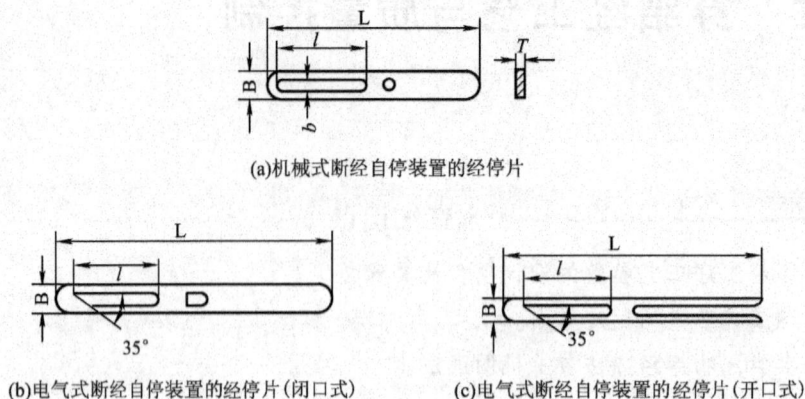

(a)机械式断经自停装置的经停片

(b)电气式断经自停装置的经停片(闭口式)　　　(c)电气式断经自停装置的经停片(开口式)

图 5 – 1　经停片外形图

较重;丝织用的经停片较轻。长时间、大批量生产的织物品种一般用闭口式经停片;经常翻改品种,批量较小的品种可采用开口式经停片。

二、经停片的排列密度与列数

每根经停杆上经停片的排列密度不可太大,否则,经停片之间相互摩擦,相互影响,当经纱断头后,经停片的下落运动不灵敏,造成织机停车不及时,增加疵点。

经停片的排列密度可用下式计算

$$P = \frac{M}{m(B+1)}$$

式中:P——经停片排列密度,片/cm;

　　M——总经根数;

　　m——经停杆排数,通常为 4 或 6;

　　B——综框上综丝的上机宽度,cm。

经停片在经停杆上的最大允许密度与经停片厚度有关,而经停片的厚度又取决于经纱特数。经纱特数越大,选用经停片厚度越大,每根经停杆上经停片最大排列密度越小。

棉织生产中,每根经停杆上经停片最大排列密度与纱线特数的关系如表 5 – 1 所示。

表 5 –1　经停片最大排列密度与纱线特数的关系

经停片最大排列密度(片/cm)	8 ~ 10	12 ~ 13	13 ~ 14	14 ~ 16
纱线特数(tex)	48 以上	42 ~ 21	19 ~ 11.5	11 以下

当经停片排列密度超过其最大排列密度时,应增加经停片列数。一般有梭织机采用四列,无梭织机采用六列甚至八列经停片,其排列密度均能满足要求。如果超出其最大排列密度,还可改用较薄型经停片(如 0.3mm 改为 0.2mm)。

三、经停片穿法

纱线穿入经停片的顺序根据织物品种确定。一般品种采用顺穿,即1、2、3、4;也有采用飞穿法,即1、3、2、4。细特高密品种采用并列顺穿,即1、1、2、2、3、3、4、4;或1、2、3、4、3、4、1、2的规律。

在无梭织机的运转中,有时为避免在同一根经停杆上的经停片同时上下剧烈跳动,防止积花、断头,可按以下原则配置经停片列数:当地组织综框数为偶数时,经停片列数可配为奇数(即按奇数穿经停片);当地组织综框数为奇数时,经停片列数可配为偶数(即按偶数穿经停片)。这样可保证同页综上的经纱分穿在不同列经停片上,防止提综时经停片同步跳动。若是经密较大的织物,地组织综框为偶数,经停片列数又不宜穿奇数,那么也可用改变经停片穿法来解决。如图5-2所示,经停片"顺穿逢10空1",即1、2、3、4、5、6、7、8、9、10连续顺穿10片,然后空穿1片(图中"0"),再1、2、3、4、5、6、7、8、9、10连续顺穿10片,再空穿一片。依此类推,可大大减少经停片同步跳动的几率。

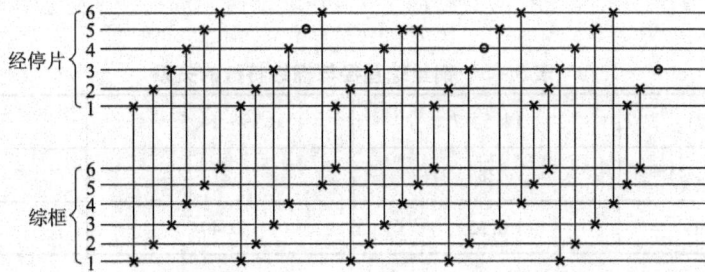

图5-2　改变经停片穿法解决同步跳动

第二节　综框、综丝与穿经工艺

一、综框

综框是织机开口机构的一个组成部分。经纱在综框的带动下按一定的沉浮规律形成梭口,以便与纬纱交织成所需的织物组织。常见的综框均为金属综框。综框有单列式和复列式两种形式,单列式每页综框只悬挂一列综丝,复列式则悬挂2~4列综丝,用于高经密织物的加工。

综框宽度是指左右综横头外缘的间距,由织机的筘幅确定。金属综框宽度与织机筘幅的关系如表5-2。

表5-2　综框宽度与织机筘幅的关系

织机公称筘幅(cm)	127	142	160	190
综框宽度(mm)	1254	1406	1586	1877
综丝铁梗长度(mm)	1270	1420	1500	1891

综框高度是指上下两根金属管的外侧间距,它取决于综丝长度。

二、综丝

目前织机上一般使用金属综丝,金属综丝有钢丝综和钢片综两种。钢丝综通常由两根细钢丝焊合而成,两头呈环形,称为综耳,中间有综眼,综眼平面与上下综耳平面成45°夹角,以利于经纱通过。钢片综用薄钢片制成,与钢丝综不同的是钢片综比较耐用,综眼形状为四角圆滑过渡的长方形,因而对经纱的磨损大大减小。钢片综比较薄,排列密度可较大。综丝长度是指综丝两端综耳最外侧的距离。长度规格有很多,棉织生产中常用的综丝长度有 260mm、267mm、280mm、300mm、305mm、330mm、343mm、355mm、380mm 等。其中踏盘织机常用综丝长度有 260mm、267mm、280mm 和 300mm,多臂织机常用 305mm、330mm 的长综丝。

钢丝综的粗细用直径和综丝号数(S. W. G)表示。综丝粗细根据经纱的直径而定,细特纱用的综丝直径细,反之则粗。棉织生产中,钢丝综直径与棉纱特数的关系如表 5 – 3 所示。

表 5 – 3 钢丝综直径与棉纱特数的关系

纱线特数(tex)	14. 5 ~ 7	19 ~ 14. 5	36 ~ 19
综丝号数(S. W. G)	28	27	26
综丝直径(mm)	0. 35	0. 40	0. 45

综丝在综丝杆上的排列密度可按下式计算:

$$P = \frac{M}{B \cdot n}$$

式中:P——综丝排列密度,根/cm;

M——总经根数;

n——综丝列数;

B——综框上综丝的上机宽度(cm),B = 上机筘幅 +2cm。

综丝在综丝杆上的排列密度不可超过最大允许密度,否则会加剧综丝对经纱的摩擦,增加经纱断头次数。棉织生产中,钢丝综的最大排列密度与棉纱特数的关系如表 5 – 4 所示。

表 5 –4 钢丝综的最大排列密度与棉纱特数的关系

纱线特数(tex)	36 ~ 19	19 ~ 14. 5	14. 5 ~ 7
钢丝综最大排列密度(根/cm)	4 ~ 10	10 ~ 12	12 ~ 14

无梭织机一般使用钢片综。钢片综的长度、截面尺寸、最大排列密度的选择原则与钢丝综相同。棉织生产中,瑞士 Grob 钢片综的选择如表 5 – 5 所示。

表5－5　瑞士 Grob 钢片综的选择

综片截面积（mm）	综眼尺寸（mm）	上下两耳环顶端间距离（mm）					适用纱线细度（tex）	最大排列密度（根/cm）	
								直式	复式
1.8×0.25	5×1.0	260	280	300	330		14.5	16	24
2×0.30	5.5×1.2		280	300	330		29	12	20
2.3×0.35	6×1.5		280	300	330	380	420	58	10	17
2.6×0.40	6.5×1.8		280	300	330	380	72	9	14

织造高经密织物时，如果计算综丝排列密度超过最大排列密度的允许值，应增加综框页数或综框上的综丝列数。

穿综方法应根据织物的组织、原料、密度、操作来定。由于织物组织的变化多种多样，因而穿综方法也各不相同。

穿综的原则是：一般把交织规律相同的经纱穿入同一页综片中，也可穿入不同的综页（列），而交织规律不同的经纱必须穿入不同的综页内。

第三节　钢筘与穿经工艺

织物形成过程中，钢筘将每一根纬纱推向织口，与经纱完成交织，并决定经纱的排列密度和织物幅宽。有梭织机上，钢筘还作为梭子飞行的依托，对梭子飞行稳定性产生很大的影响。喷气织机普遍采用风道筘，由筘片构成的凹槽作为引纬气流和纬纱飞行的通道。

一、钢筘的分类与规格

1. 钢筘的分类　钢筘由筘片编扎而成，根据制作方法不同，可分为胶合筘和焊接筘两种。焊接筘比较坚牢，因此无梭织机上通常使用焊接筘。

2. 钢筘的规格　钢筘的筘齿密度以筘号表示。公制筘号是指10cm长度钢筘内的筘齿数；英制筘号是指每2英寸长度内的筘齿数。公制筘号可按下式计算：

$$N = \frac{P_j \cdot (1 - a_w)}{b}$$

式中：N——公制筘号；

　　P_j——经纱密度，根/10cm；

　　a_w——纬纱织缩率；

　　b——每筘齿中穿入的经纱根数。

二、钢筘与穿经工艺

每筘齿中穿入经纱数影响织物的外观和经纱断头率。

每筘齿内经纱穿入数的多少，应根据织物的经纱密度、织物组织、对坯布的要求和织造条件而定。同一种织物,采用小的穿入数会使筘号增大,筘齿稠密,虽有利于经纱均匀分布,但会增加筘片与经纱之间的摩擦而增加断头。采用大的穿入数,则筘号减小,筘齿稀疏,对经纱摩擦较小,但经纱分布不匀,筘路明显,影响织物外观质量。

实践证明,本色棉织物每筘穿入数一般为 2~4 人,在选择每筘穿入数时,一般经密大的织物,穿入数可以大一些;色织布和直接销售的坯布,穿入数可以小一些;需经过后处理的织物,穿入数可以大一些。此外,还应注意穿筘数应尽可能等于其组织循环经纱数或是组织循环经纱数的约数或倍数。

一般密度的平纹织物织造时每筘齿穿 2 人,高经密平纹织物织造时每筘齿穿 4 人;三页斜纹每筘齿穿 3 人,四页斜纹每筘齿穿 4 人;五枚经面缎纹每筘齿穿 3 人或 4 人,五枚纬面缎纹每筘齿穿 2 人或 3 人,麻纱穿 3 人。

本色棉布每筘穿入数见表 5 - 6。

表 5 - 6　本色棉布每筘穿入数

布　别	穿入数	布　别	穿入数
平布	2 人、4 人	直贡	3 人、4 人
府绸	2 人、4 人	横贡	2 人、3 人
三页斜纹	3 人	麻纱	3 人

小花纹织物、经二重织物、双层织物、毛织物、丝织物等,每筘穿入数可大一些,可达 4~6 人。

在经纱穿筘中,还需考虑某些织物结构的特殊要求,如织造稀密条织物或突出织物上的纵条纹、透孔等效应,需采用不均匀穿筘,或在穿一定筘齿后,空一个或几个筘齿不穿,称为空筘。

棉织生产中常用筘号为 80~200,一般取整数,特殊情况可取小数 0.5,小数的取舍规定为:0.31~0.69 取 0.5,0.3 以下舍去,0.7 以上取 1。

钢筘的内侧高度由梭口高度决定,必须比经纱在筘齿处的开口高度大,筘的全高有 115mm、120mm、125mm、130mm 和 140mm 五种。棉织常用 115mm 高的钢筘,双踏盘开口采用 120mm 高的钢筘。

在棉织生产中,普通钢筘的筘片宽度采用 2.5 和 2.7mm 两种。筘片的厚度随筘号而异,筘号越大,筘齿越密,筘片越薄,反之则筘片较厚。常用的筘片厚度见表 5 - 7。

表 5 - 7　筘片厚度与筘号对照表

公制筘号	110	118	126	134	141.5	149.5	157.5	165	173	181
英制筘号	56	60	64	68	72	76	80	84	88	92
筘片厚度(mm)	0.43	0.4	0.38	0.36	0.34	0.32	0.30	0.28	0.27	0.26

第四节 结 经

目前,自动结经机已得到了广泛应用。自动结经机也是用机械操作代替手工操作的一种穿经机械。自动结经机可以把新织轴上的经纱和带有经停片、综丝和钢筘的了机经纱逐根进行打结,然后把新经纱按原来的穿经顺序拉过经停片、综丝和钢筘,完成穿经任务。这种方法只能在不改变织物品种的生产中,而且经停片、综丝和钢筘质量优良或经停片、综丝和钢筘不需要维修时使用。

一、固定使用法

将自动结经机安放在穿结经车间进行结经工作的方法,称为固定使用法。此时应配备固定机架。

当织机了机时,在织口的前方割下宽 3~4cm 长的布条,同时在织轴一方割下长约 70~100cm 的了机纱尾。连同纱尾卸下钢筘、综框和经停片,送往穿经车间。值车工将了机钢筘、综框和经停片分别安置在固定机架座上,将了机纱尾夹持在活动机架的上纱架上;再将准备上机的织轴安放在织轴架上,其纱头夹持在活动机架的下纱架上,这时了机纱尾和上机纱头在活动机架上形成上下平行的两层纱片。接着,打结机头进行打结,每打好一个结头,机头步进一次。全部经纱对接完毕后,对经纱片进行整理,再由卷纱辊卷取了机经纱,使结头平稳通过经停片、综丝眼和钢筘,完成穿经工作。最后,把穿好经的织轴连同经停片、综框和钢筘一起送到布机车间上机织造。

固定使用法有以下两个优点。

(1)管理方便,生产率高,每小时可打结24000个。

(2)每台自动结经机可配备两个固定机架,当结经机在一个机架上打结时,另一个机架便可进行了机经纱的整理工作,提高了打结机头的利用率。

但该方法增加了织机的上了机工作量,且不适合多页综的复杂组织织物。

二、活动使用法

将自动结经机的打结机头运往布机车间,在布机车间内,由自动结经机直接在织机上结经的方法,称为活动使用法。

结经时不需要固定机架,也不需将经停片、综框和钢筘卸下。操作时,首先使织机处于平综状态,在织机后梁处割断了机经纱,卸下旧织轴,装上新织轴,最后由结经机直接在织机上对了机纱尾和上机纱头进行梳理、打结、整理等工作。结经完毕即可开车织造。

活动使用法有以下几个优点。

(1)能适应多页综的复杂组织和提花组织织物。

(2)减少了上了机工作量,可提高织造效率。

(3)避免了因运输和上机过程对经纱的损伤。

（4）减少了经停片、综框和钢筘的储备量。

但是结经机停台、等待时间增加，打结速度较慢，影响工作效率。

第五节　织物上机图

织物上机图是表示织物上机织造工艺条件的图解。生产、仿制或创新织物时均需绘制上机图。

上机图是由组织图、穿筘图、穿综图、纹板图四个部分按一定的位置排列而组成。上机图中各组成部分排列的位置，根据工厂的习惯不同而有所差异。

工厂在绘制上机图时，用于简单踏盘织机织造的，一般只画组织图，用简单的文字说明其他部分。而用多臂织机织造的，有时只画穿综图和纹板图，其他部分用文字说明。

一、织物上机图

（一）组织图

织物组织的经纬纱浮沉规律用组织图来表示。组织图一般是用方格法来表示，即用带有格子的意匠纸来描绘织物组织，作图方法略。

（二）穿综图

表示组织图中各根经纱穿入各页综片的顺序。穿综方法应根据织物的组织、原料、密度、操作来定。由于织物组织的变化多种多样，因而穿综方法也各不相同。

穿综的原则是：一般把沉浮规律相同的经纱穿入同一页综片中，也可穿入不同的综页（列），而沉浮规律不同的经纱必须穿入不同的综页内。

常用的穿综方法有如下几种。

1. 顺穿法　顺穿法是把一个组织循环中的各根经纱逐一地顺次穿在每一页综片上，如图5－3（a）。一个组织循环的经纱根数等于所需的综片页数。

顺穿法用于密度较小的简单组织织物和某些小花纹组织织物。顺穿法的唯一缺点是当组织循环经纱根数多时，会过多的增加综片数，给上机、织造带来很大困难。其优点是操作简便。

在无梭织机上，一般不采用复列式综。对于密度较大的简单组织织物和某些小花纹组织织物，为了减小综丝密度、减小对经纱的摩擦，常成倍增加综片页数，经纱仍然采用顺穿法穿综，所需的综片页数等于组织循环经纱数的整倍数，穿综图如图5－3（b）所示。

2. 飞穿法　飞穿法是把一个组织循环中的各根经纱逐一间跳式地穿在每一列综丝上（图5－4）。一个穿综循环的经纱数等于一个组织循环的经纱根数乘以每页综的综丝列数。

飞穿法用于经密较大而经纱组织循环较小的织物。这样的织物如采用顺穿法，则每页综上由于综丝密度过大，织造时经纱与综丝过多的摩擦，会引起经纱断头或开口不清，造成织疵而影响产质量。为了使织造顺利进行，在有梭织机上常采用复列式综框（一页综框上有2~4列综丝）或成倍增加单列式综框的页数（多用于毛织），采用飞穿法。这样就可以减少

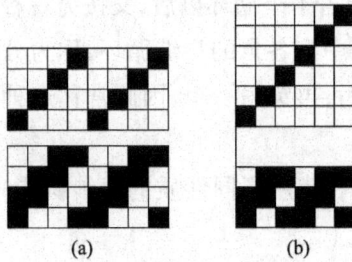

图5－3　顺穿法

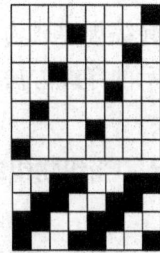

图5－4　飞穿法

每页综框上的综丝数,减少经纱与综丝的摩擦,减少断头。

3. 照图穿法　照图穿法就是根据织物组织图,将组织图中沉浮规律相同的经纱,穿入同一页综片中,如图5－5所示。在组织循环较大或组织比较复杂,但织物中有部分经纱的浮沉规律相同的情况下,可以采用照图穿法以减少使用综页的数目。因此这种穿法又称为省综穿法。

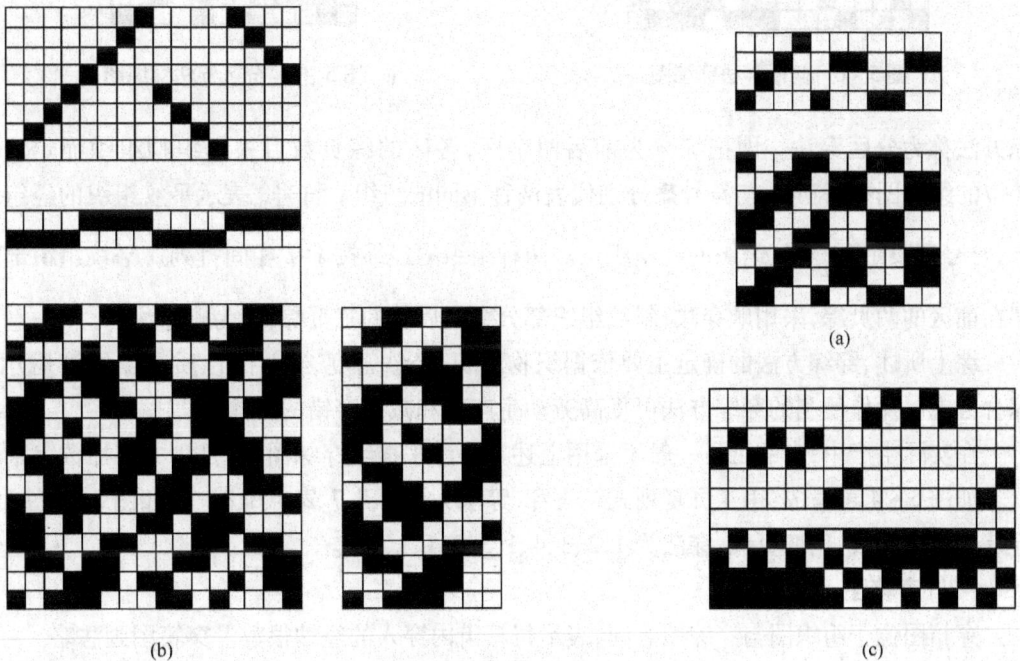

图5－5　照图穿法

采用这种穿法,虽然可以减少综片数,但也有不足之处。

(1)因各页综片上所穿经纱数不同,各页综片所用综丝数就不相等,使每页综片负荷不同,综片磨损也不一样,如图5－5(a)、(c)所示。

(2)穿综和织布操作比较复杂,不易记忆。

4. 间断穿法　条格组织是由两种或两种以上不同组织并合成的条格花纹组织。在确定条格组织穿综时,对第一种组织按其经纱运动规律穿若干个循环以后,又按另一种穿综规律穿综,每一种穿综规律成为一个穿综区,每个穿综区中有各自的穿综循环,称为分穿综循环。图5－6所示的穿综方法是穿完一个分穿综循环后,再穿另一个,因此常称这种穿综方法为间断穿综法。

5.分区穿法 当织物组织中包含两个不同的组织,或用不同性质的经纱织造时,多数采用分区穿法。

图5－7所示的织物组织中包含两个不同的组织,同时它们是间隔排列,图中所示的穿

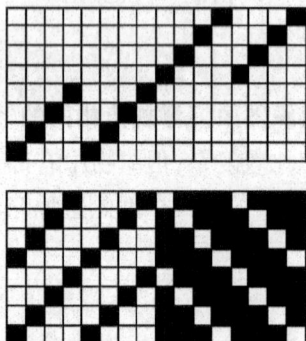

图5－6 间断穿法穿综图

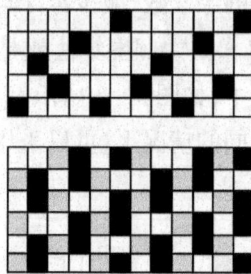

图5－7 分区穿法穿综图

综方法称为分区穿法。即把综分为前后两个区,各区的综页数目根据织物组织而定。图5－7的组织图中,符号 与符号■分别代表两种不同的组织。符号 表示平纹组织的经组织点,符号■表示$\frac{2}{1}$斜纹组织的经组织点。两种组织的经纱按1∶1相间排列。平纹组织部分穿在前区的两页综,采用顺穿法;斜纹组织部分穿在后区的三页综,也为顺穿法。

综上所述,穿综方法的确定主要依据织物组织、经纱密度、经纱的性质和操作等几方面综合考虑。操作便利的穿综方法可提高劳动生产率和减少穿错的可能性。

在实际生产中,有的工厂一般不采用上述方格法来描绘穿综图,而是用文字加数字来表示。如图5－4可写成:用4页复列式综飞穿,穿法为1、3、5、7、2、4、6、8。又如图5－5(a)的穿综方法可写成:用四页综,穿法为1、2、3、4、1、3、3、1、1、3、3。

(三)穿筘图

穿筘图位于组织图与穿综图之间,表示每筘齿内穿入的经纱根数。穿筘图画法略。

穿筘方法除用方格法表示以外,还可以用文字说明、加括号或横线等方法来表示。

在经纱穿筘中,由于某些织物结构的特殊要求,常需在穿一定筘齿后,空一个或几个筘齿不穿,称为空筘。空筘也有几种不同的表示方法。

(1)在穿筘图中,空筘处以"∧"符号表示。

(2)若工艺表中只画出穿综图和纹板图时,空筘可以在穿综图上以空白方格"□"表示。

(四)纹板图

纹板图是控制综框运动规律的图解。纹板图在上机图中的位置有两种,即纹板图位于

组织图的右侧或穿综图的右侧。一般采用组织图的右侧位置。

在纹板图中,每一纵行表示对应的一页(列)综片,每一横行表示一块纹板(单动式多臂机)或一排纹钉孔(复动式多臂机)。其横行数等于组织图中的纬纱根数。纹板图的画法是:根据组织图中经纱穿入综片的顺序,依次按照该经纱组织点交错规律填入纹板图对应的纵行内。所以已知组织图、穿综图,就可方便地作出纹板图(图5-8)。

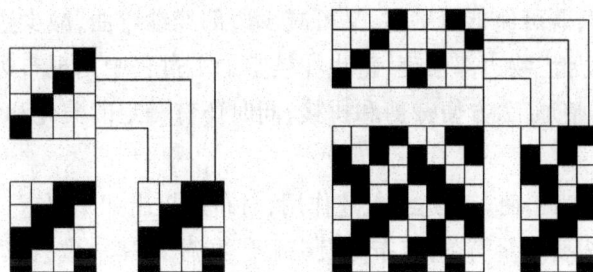

图5-8 纹板图的画法

(五)组织图、穿综图与纹板图的相互关系

组织图、穿综图与纹板图三者是紧密联系的,变动其中一个,便会使其他一个或两个图同时变动。已知组织图、纹板图、穿综图三者中的任意两个,即可求出第三个图来。由此可知,采用不同的穿综图和纹板图,便可以织造出不同组织的花纹来。在多臂开口织机上,可用改变纹板图或穿综方法来织造不同组织的花纹织物;而在踏盘开口织机上,可以用改变穿综方法来织造不同组织的织物。

(1)已知组织图、穿综图,求纹版图。见前面所述纹版图的画法。

(2)已知穿综图、纹版图,求组织图。根据三图的对应关系,经纱的沉浮规律与该经纱所穿综页对应的纹版图中的综列相同。所以,组织图的画法为:穿在某页综上的经纱的沉浮规律=该页综对应的纹版图。如图5-9所示。

(3)已知组织图、纹版图,求穿综图。穿综图的画法为:某经纱的沉浮规律与纹版图上第几纵行相同,则该经纱即穿在第几页综上(图5-10)。

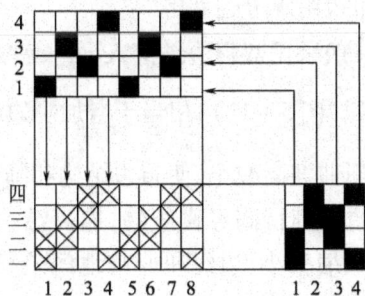

图5-9 绘组织图

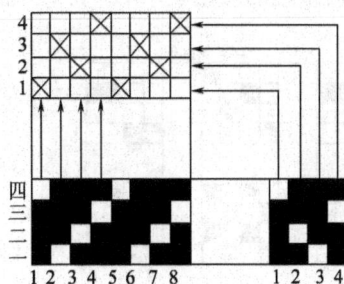

图5-10 绘组织图

二、布边组织上机图

布边设计是织物设计的重要组成部分,如布边设计不当,将造成织物断边、紧边、松边、卷边、烂边、边纬缩等问题,这也是生产中经常出现的问题,严重影响产品质量和生产效率,同样会影响产品的销售。

(一)布边的作用与要求

1.布边的作用　布边的作用主要有以下三个方面:保持布幅,防止织物在织造过程中幅宽方向的过分收缩,既可使布面平整,又可减少边部经纱弯曲,减少边部经纱与箱齿的摩擦,减少边经断头;增加织物边部强度,防止在染整加工过程中出现布边撕裂或卷边;平直、整齐的布边可方便染整加工,方便裁剪和拼接,同时还有一定的美化和装饰作用,可提高织物的质量和档次。

2.布边的要求　为了使布边达到上述作用,对布边提出如下要求:首先布边要坚牢、外观平直整齐;布边组织要尽量简单,与布身组织配合协调,缩率一致;在达到布边作用的前提下,尽量减少边经根数,能不用布边时可不用布边。

布边的宽度一般为布身的1%左右,常见织物的布边宽度一般每边为 0.5～1cm。

(二)有梭织物布边设计

有梭织机是纬纱连续引纬的,在织物上形成光边。织物中由于纬纱的屈曲和收缩作用使边经纱的经密增加,布边的经密大于布身经密,而使纬纱在边部的可密性下降。布边结构相也就高于布身,造成边经织缩率大于布身,出现紧边、断边现象。边纱向布身方向的移动,也必然使边纱较多地受到箱齿的摩擦,增加边纱的伸长和断头率,使产品质量和织造效率下降。因此,生产中常常改变布边的组织及其结构相,或采用加大纱线刚度的办法来提高生产效率及改善布边质量。

为了便于管理,除少数纱织物的边经采用股线之外,边经纱一般采用与布身经纱相同的特数,采用特殊的组织,或在穿综时采用双根经纱穿一个综眼等。

布边组织的设计要点是使布边与布身具有相同的平挺程度,在染整加工中不产生卷边现象。因此,在选用布边组织时,应首先采用织物正反面经、纬浮点相同的同面组织,如 $\frac{2}{2}$ 纬重平、$\frac{2}{2}$ 经重平、$\frac{2}{2}$ 方平或变化纬重平等组织。

根据布边的质量要求,现就一些常见织物所用的布边组织分述如下。

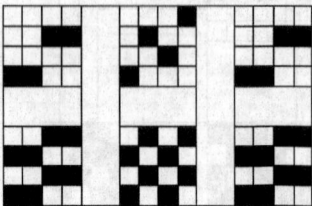

图 5－11　平布类布边组织上机图

1.平布类　一般采用双根边纱穿入同一综眼内,形成 $\frac{2}{2}$ 纬重平边组织(图 5－11),相当于增加了边纱的特数,这样边经纱的屈曲波高减小,使布边结构相降低。

2.府绸　府绸为细特高经密织物,属高结构相,经纱织缩率大,纬纱织缩率小,边经屈曲与地经差异不大,因此一般不用边纱,即布边组织与布身组织完全一样。但对布边的平整要求同样较为严格。在一般情况下边纱的经密常常大于布身的经密。为了解决这一问题,可以适当减少边经纱的每箕穿入数,也可使边纱间隙地穿入边部箕齿(空箕),使边经密度减小,降低布边的结构相,从而使布边平整。

3. 哗叽、华达呢、双面卡其类织物　这几种斜纹织物必须采用布边组织。双面华达呢、双面卡其织物可利用地经综框织造 $\frac{2}{2}$ 方平组织的布边(也称罗纹边)及反斜纹布边(图5-12)。采用四页八列综飞穿,边经穿入沉浮规律相同的相应地综。图中箭头表示第一纬投纬方向。

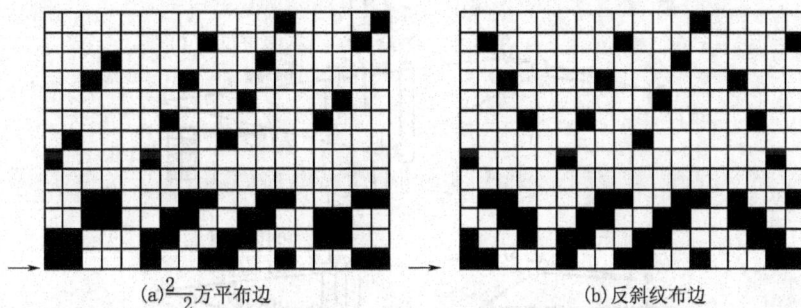

(a) $\frac{2}{2}$ 方平布边　　　　　　　　　　(b)反斜纹布边

图5-12　斜纹织物布边组织

4. 单面卡其类织物　为了防止卷边,大多数采用 $\frac{2}{2}$ 方平布边组织,这时需加踏盘式织边装置。有时为了简化布边装置,可采用在 $\frac{3}{1}$ 或 $\frac{1}{3}$ 斜纹织物吊综装置总轴的两端安装两只凸轮,凸轮的大小应与前后综框开口的大小相适应。综框依赖回综装置而回复。这种加边装置主要优点是结构极为简单,且容易校正。但是由于左右两侧开口时间相同,以致使一侧布边的经纱和纬纱不能连续交织,必须把最后两根边经纱穿入地综框的综丝内方能织造。

现在最常采用的是简易织边装置织造方平布边组织。采用这种装置需要有特殊的综丝和特殊的穿综方法。

这种织边装置主要零件只有3种,即特型长眼综丝、转子及梳状铅丝(张力补偿器),如图5-13所示。

开口过程如图5-14所示。穿综时,每一根边经要穿过前后两页上的两根长眼综丝。所有的长眼综丝都不能把经纱提起来,提起边经是由梳状铅丝来完成的。只有长眼综丝下降才可将经纱压至梭口下层。这样形成的方平布边平直、整齐,不卷边,效果很好。

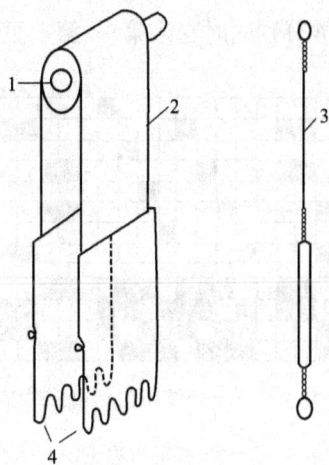

图5-13　简易织边装置的主要零件
1—转子　2—帆布带
3—特型综丝　4—梳状铅丝

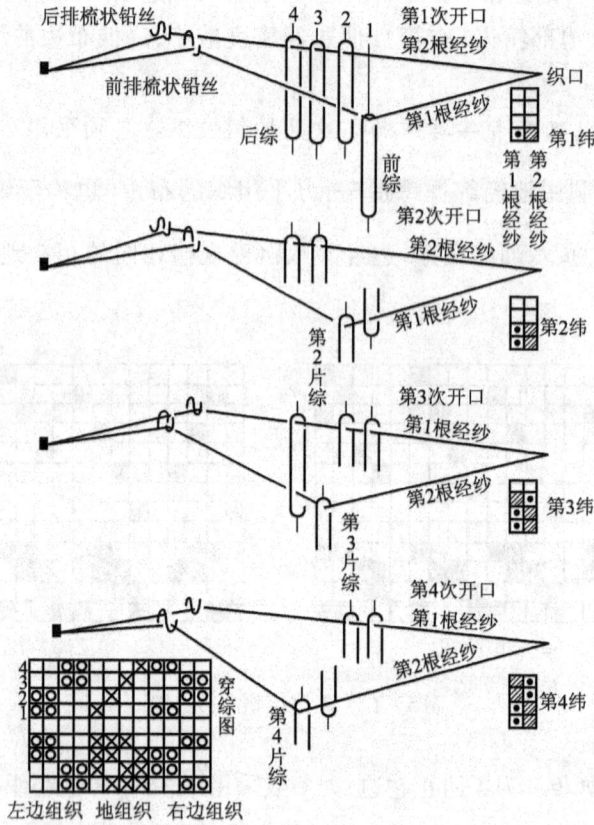

图 5 - 14 $\frac{3}{1}$ 斜纹织物简易织边装置开口过程示意图

利用简易织边装置,$\frac{3}{1}$ 斜纹织物织方平布边的上机图如 5 - 15 所示。左侧第 1、第 2 根边经纱分别同时穿入第一、第二页综的前后两根长眼综丝内,第 3、第 4 根边经纱分别同时穿入第三、第四页综的两根长眼综丝内。右侧第 1、第 2 根边经纱分别穿入第二、第三页综的前后两根长眼综丝内,第 3、第 4 根边经纱分别同时穿入第一、第四页综的两根长眼综丝内。长眼综丝的长眼朝下。再将穿入长眼综丝的边经纱,每两根放到梳状铁丝齿的一个齿内,使这些边经纱常处在梭口满开时上层经纱所在的位置上。当边经纱所穿的两页综框中任何一页向下运动时,边经纱即被压下,形成纬浮点;两页综框同时向上运动时,边经纱不动,形成经浮点。这样就可形成 $\frac{2}{2}$ 方平布边。

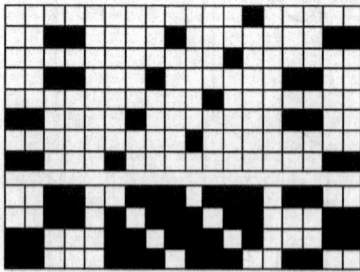

图 5 - 15 $\frac{3}{1}$ 斜纹织物利用长眼综丝织方平布边组织

5.$\frac{2}{1}$ 斜纹类织物 对于紧度较低的斜纹织物,由于其正反面经纱浮长接近,正反面经纬纱张力分布较均匀,为了操作方便,一般可不另外采用其他的边组织。不过,根据市场需要,目前生产的斜纹布一般均属高密织物,如果不用布边,则会出现严重的卷边现象。

即使采用人字边和各种变化斜纹边,卷边依旧严重。

可采用简易织边装置织造出变化平纹组织,布边平整、平直,不卷边,达到用户的要求。上机图如图 5 – 16 所示。

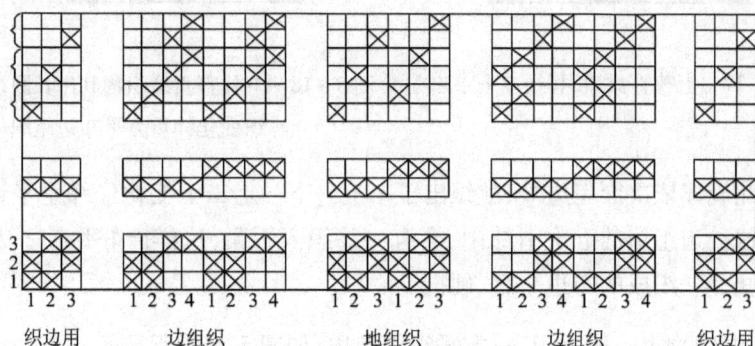

图 5 – 16　$\frac{2}{1}$ 斜纹类织物布边组织上机图

左侧第 1、第 2 根边经纱穿入第 1 页综框的综丝内,和地经纱一样,采用普通的小眼综丝。第 3、第 4 根边经纱分别同时穿入第 2、第 3 页综框的长眼综丝内,长眼综丝的长眼朝下。再将穿入长眼综丝的边经纱,每两根放到梳状铁丝齿的一个齿内,使这些边经纱常处在梭口满开时上层经纱所在的位置上。当第 2、第 3 页综框中任何一页向下运动时,边经纱被压下,形成纬浮点;当第 2、第 3 页综框同时向上运动时,边经纱不动,形成经浮点。但是,按照上述方法织制布边,有一个十分明显的缺陷:当纬纱织到第 4 至第 6 纬(图中未画出)时,将出现与边经纱交织不上的问题,从而在布面上边组织与地组织的中间形成一条明显缝隙。解决这个问题,可在布边外侧再配置 3 根经纱,分别穿入第 1、第 2、第 3 页综框,综丝用普通的小眼综丝,以保证纬纱与边经纱的交织。这样,平整、平齐的布边就织成了。

6. 贡缎类织物　贡缎类织物的组织循环纱线根数较多,浮线较长,交织点也较少,如果不采用其他边组织,则布边会松弛不齐,因此需要另行设计布边组织。设计缎纹织物的布边组织时,既要布边平直,减少断边现象,又要尽量缩小地经和边经缩率的差异,使布边质地松软程度和布身接近。

五枚直贡缎一般采用 $\frac{2}{2}$ 方平组织布边。如图 5 – 17 所示。

如采用 $\frac{2}{2}$ 方平组织做布边,需采用 9 页综,增加了织造的复杂性。为方便地织出平整而松紧适当的布边,仍然是使用长眼综丝简易织边装置。如图 5 – 18 所示,在第 2、第 3、第 4 页综框的长眼综丝中同时穿过两根边纱,在第 1、第 5 页综框的长眼综丝中同时穿入相邻的

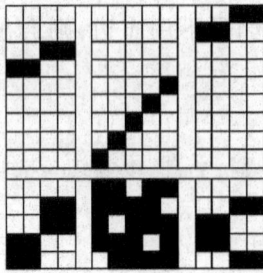

图 5-17　五枚直贡缎织 $\frac{2}{2}$ 方平布边　　图 5-18　五枚直贡缎织物利用长眼综丝
织变化纬重方平布边组织

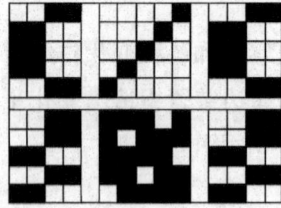

两根边纱，按此规律依次穿完边纱，就织出了一上一下一上二下变化经纬重平边组织。有一点需注意，在这种边组织的五次引纬中，会有一纬织入不紧，这样恰好弥补了因边组织点多而造成紧边的缺陷，织成的布边平整、硬挺。

五枚横贡缎织物也一般采用 $\frac{2}{2}$ 方平组织布边，如图 5-19 所示。

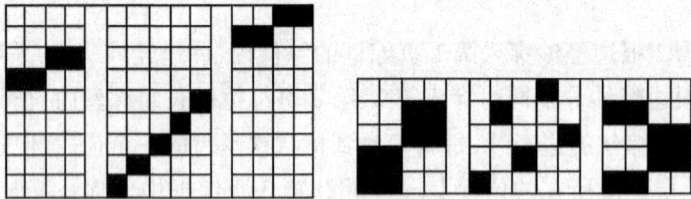

图 5-19　横贡缎织物的方平边组织

目前国内还采用双梭多经变化纬重平边组织，如图 5-20 所示。

这种组织的布边由于多根经纱可穿在一综和一筘齿中，因此织造时，抗曲折性强，经纱与筘齿间摩擦减少，纬纱浮长比方平组织长，故纬缩小，布边松，断头少，印染加工中不易卷布。

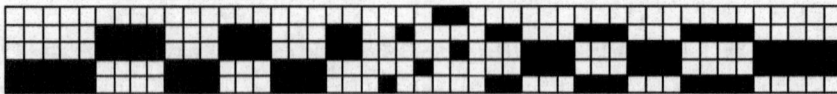

图 5-20　横贡缎织物的双梭多经变化纬重平边组织

7. 色织物　色织物的布边结构根据色织产品特点而定。布边结构在一般情况下，采用的特数、组织均与地组织相同；缎纹条格联合组织应另用边综。

（三）无梭织物布边设计

对于无梭织机，纬纱卷装是固定的筒子纱，单方向引纬，因而每根纬纱的两端均为自由端，如果不经特殊的折边处理，形成的布边将是毛边。在织物中部，纬纱屈曲过程中张力较大且比较均匀，各处纬纱屈曲一致。布边处，因纬纱是自由端，对纬纱头的握持主要靠锁边经纱和假边也叫(废边)经纱。这个握持力较小,所以边部纬纱张力就远小于布身处,纬纱松弛就易造成边纬缩。在与经纱交织时,纬纱的屈曲必然增大,相应的经纱屈曲必然减小,边经织缩率就小于布身,易造成松边和边纬缩现象。

无梭织物的布边一般包括三个部分:常规布边、锁边和假边。

1. 锁边 锁边的作用是用锁边经纱将纬纱自由端交织牢固,形成稳定的边部结构。锁边结构有绳状边、纱罗边、折入边和热熔边,可根据织物结构、纱线种类、织机类型进行适当的选用和设计。

2. 假边 假边的作用是在无梭引纬结束时,由假边经纱及时地将纬纱头端交织握持,使纬纱保持一定的张力,处于伸直状态,以减少纬缩疵点。为使假边经纱对纬纱头有足够的握持力,假边一般用交织次数最多的平纹组织。

3. 常规布边 常规布边也叫真边,采用适当的织物组织,构成平整、坚牢的边部织物。在设计无梭织物的常规布边时,则要解决松边、边纬缩问题,提高布边结构相,因此要增大边经屈曲,减小边经刚度,提高纬纱抵抗屈曲的能力。所以无梭织物的真边应有利于提高边部经纱密度,采用经纱交织次数较多、纬纱为双纬或多纬合并的组织作边组织。当然也要求布边平整、均匀,可采用同面组织。由于是单向引纬,边组织经浮长线可大于2,所以可采用平纹、$\frac{2}{2}$经重平或$\frac{1}{2}$等各种变化经重平组织。

如生产$\frac{3}{1}$牛仔布和单面卡时,采用平纹布边组织,上机图如图5-21,可得到非常平整均匀的布边;织$\frac{2}{1}$斜纹织物时,可用$\frac{2}{2}$经重平边组织,从实物外观上看$\frac{2}{2}$重平布边平整、美观,但工艺较复杂。织边装置需单独运转,在织机的踏盘轴上装两组踏盘各自传动,限制了车速的提高,并且费用较

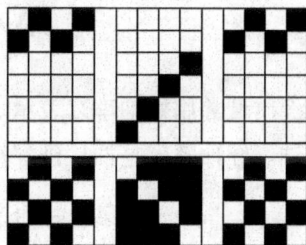

图5-21 $\frac{3}{1}$斜纹组织织物织平纹布边

高,而改用$\frac{1}{2}$变化经重平组织,就可以利用地综织边,只增加一页边综和一只边综踏盘即可,同样可以达到很好的效果。

4. 折入边 片梭织机常用折入边,折入边的纬纱密度是地组织纬密的两倍。对纬密不高的织物来说,在布边经纱强力能承受的情况下,一般不会有什么困难。但是随着纬密增加,布边增厚,容易断边,甚至无法织造。因此,必须选择适当减薄布边的方法来解决,如适当减少边经密度、调整布边组织或改变边经穿筘数等措施。

布边最外端的2~4根经纱是起锁边(束缚纬纱)作用的。一上一下平纹交织锁边效果最好,或者采用一种重复地组织的经纱组织点进行交织,同样可以达到锁边效果。

采用布边组织结构是折入边获得良好效果的关键。如果是平纹类地组织,织物经纬密不很高,布边仍可采用平纹组织来交织;如果织物经纬密较高,纱线又较粗,或是斜纹类地组织,

就要根据实际情况,采用控制布边紧度和减少布边厚度等措施,来改善折入边的织造效果。

调整布边组织结构的方法:如果地组织是平纹类组织,折入边可调整为 $\frac{2}{1}$ 或 $\frac{2}{2}$,甚至是 $\frac{4}{4}$ 的经重平组织,以增大边经的屈曲;或减小边经穿入数,降低布边紧度;或减小边经特数,以减小布边厚度;

折入边布边组织设计实例如图 5-22 所示。

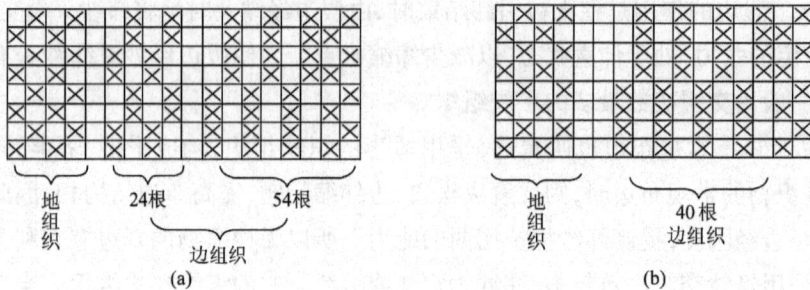

图 5-22　折入边布边组织图

第六节　穿经质量控制

穿经质量常用好轴率来表示。已穿好的织轴上织机后查到有穿错(或接经接错)的疵点就叫疵轴。好轴率就是抽检已穿轴数减去疵轴数与抽检已穿轴数之比。

$$穿经好轴率 = \frac{抽检已穿轴数 - 疵轴数}{抽检已穿轴数} \times 100\%$$

抽检项目一般包括穿错、穿绞、综丝不良、错筘号、多头少头、油污等。

1. 测试目的　好轴率是穿经质量的重要指标,织轴穿经质量的好坏直接影响织造效率、布面质量和回丝的多少。所以通过测试好轴率,可以全面了解浆轴卷绕质量和穿经质量,并可作为考核挡车工质量成绩的主要依据,从中找出问题,对症下药,进而提高产品质量和生产效率。

2. 检测方法　按好轴率测试标准在生产现场实查,统计织轴总数和疵轴数,并及时记录疵轴成因。最后按公式计算好轴率。

3. 分析疵轴类型与造成穿经疵点的原因　为加强经轴质量管理,提高好轴率,将疵轴类型与造成织轴疵点的原因列于表 5-8。

表5-8　疵轴类型及其产生的原因、对后工序的影响

编号	疵点名称	疵 轴 形 式	产 生 原 因	对后道工序影响
1	综穿错	不按工艺规定穿综	不符合工艺要求的穿综顺序或漏穿综丝	造成织物组织错误,形成经向疵点

编号	疵点名称	疵轴形式	产生原因	对后道工序影响
2	筘穿错	空筘、叠筘	插筘时插筘刀没有移动而重复插筘 插筘后跳过一个筘齿	造成织物经向稀密路
3	多头、少头	多头、少头满三根及以上作疵轴	浆轴上有倒断头 浆轴封头附近有断头,未接好而直接穿经 浆纱上经轴时有漏头	造成绞头、甩头,和松紧经疵布
4	绞头	一处绞头满6根(细特高密织物满9根)作疵轴 分散性的绞头满3根作疵轴	没有按照浆轴封头夹子上的浆纱排列顺序进行分纱 浆纱落轴时封头夹子没有夹紧纱头,以致纱头紊乱 穿经前纱头梳理不良	造成松紧经疵布
5	综丝、钢筘、经停片不良	综丝豁眼、开裂、综丝杆耳环失落 经停片开裂、眼子磨成刀形 钢筘筘齿稀密不匀、边部筘齿明显磨有纱痕、崩筘、断筘等	穿经前没有认真检查综丝、钢筘、经停片质量	造成经纱断头、织机停台
6	双经	出现双经为疵轴	浆纱并头 穿经时分头不清,一个综眼穿入两根经纱	造成布机甩头和布面双经疵点
7	用错筘号		工艺设计错误 配错钢筘	造成织物经密和幅宽不符合工艺要求
8	绞综	综丝之间相互纽绞	理综时没有将综丝理清,综丝相绞时即穿到综丝杆上	造成布机停台
9	油污渍	织轴表面有油污渍	织轴沾染油污渍 综丝、钢筘、经停片有锈渍、污渍	造成布面油污疵点

　　穿经疵点的产生,大部分是由于工作时不认真所致,所以要加强工作责任心,穿经前认真检查浆轴质量,检查综丝、钢筘和经停片的质量,操作时精力集中,手眼一致,穿一段查一段,穿完后全面检查一遍,以提高穿经质量,减少疵点。

思 考 题

1.如何选用经停片、综框和钢筘?

2.经停片排列密度如何计算?

3. 经停片穿法有哪些？如何选用？

4. 综丝排列密度如何计算？计算综丝排列密度有何意义？

5. 织物每筘齿穿入数如何确定？穿入数过大或过小对织造有何影响？

6. 结经和穿经如何选用？

7. 穿综方法有哪些？如何选用？

8. 布边的作用与要求是什么？

9. 设计有梭织物布边时应注意哪些问题？常用的布边组织有哪些？

10. 在有梭织机上用单列式综框织 $\frac{3}{1}$ 右斜纹织物，并用长眼综丝织方平布边，作出其上机图。

11. 设计无梭织物布边时应注意哪些问题？常用的布边组织有哪些？

12. 在喷气织机上织 $\frac{2}{1}$ 斜纹织物，设计布边组织并作上机图。

13. 穿经工序主要质量指标有哪些？如何检验？

14. 穿经疵点主要有哪几种？其形成原因是什么？对后道工序有何影响？

第六章 纬纱准备工艺与质量控制

● 本章知识点 ●

1. 选择合适的纬纱工艺流程。
2. 选择合适的纬纱定捻方法及其工艺设计。
3. 卷纬质量要求及卷纬工艺设计。

第一节 纬纱准备工艺流程及其确定

纬纱准备包括络筒、纬纱定捻和卷纬等工序。

一、纬纱准备的形式和目的

在有梭织造生产过程中,纬纱的加工形式分为直接纬和间接纬两种。间接纬所生产的管纱质量较高,通过络筒加工,纱线上的疵点、杂质减少,使织造时纬纱的断头和纬向疵点减少。采用卷纬工艺,纬纱张力均匀,纬纱卷绕成形良好,纬纱退绕不易脱圈;纬纱卷绕紧密,卷绕密度有所提高(为直接纬卷绕密度的 1.2~1.5 倍)。卷绕密度的提高使纡子容纱量增加,减少了织机换纬次数,从而提高了织机的效率,减少了换纬回丝,降低了由换纬所造成的织机停台和织物疵点,提高了织机的产量和织物的质量。但间接纬工艺路线长,占用机台多,加工成本较高。

二、纬纱准备的工艺流程

棉织生产中,生产中低档产品时,为降低加工成本,常采用直接纬;生产高档产品时,为提高布面质量,通常采用间接纬工艺。生产本色纯棉织物,其间接纬工艺流程为:管纱→络筒→卷纬→给湿或自然定捻;在生产涤棉混纺织物时,由于纬纱定捻的要求,纺部供给的涤棉纬纱必须首先络成筒子进行定捻,然后再卷绕成纡子;在棉色织、丝织、毛织和麻织生产中都采用间接纬工艺。对于废棉纺纱、黄麻纱和粗特毛毯用纱,虽然对纬纱质量要求不高,但经过卷纬,可卷成空心纡子,以提高纡子的容纱量。

无梭织造过程中,纬纱由大卷装的筒子供应,因此纬纱准备包括络筒和定捻两个工序,其定捻方式同样分为自然定捻、给湿定捻、热湿定捻。自然定捻、给湿定捻采用管纱定捻,管纱定捻以后进行络筒,工艺流程为:管纱→定捻→络筒→织造;热湿定捻以筒子纱形式用蒸纱锅蒸纱定捻,工艺流程应为:管纱→络筒→热湿定捻→织造。

第二节　纬纱定捻工艺与质量控制

纬纱定捻的目的在于提高纬纱回潮率,稳定纱线捻度,从而减少织造过程中的纬缩、脱纬、起圈等弊病,有利于提高布面的质量。

定捻的基本原理是利用热与湿对纱线的作用,加速纤维的松弛过程,消除由于加捻而产生的内应力,从而使纤维与纱线在加捻状态下稳定下来。许多纤维在高温高湿环境下较易松弛,由纤维的应力松弛特性可知:松弛过程延续一段适当的时间,即可获得比较满意的应力消除效果。但是各种纱线与长丝由于各自结构与性质不同,定捻的方法也有所不同。

一、纬纱定捻工艺

纱线定捻的方式有自然定捻、给湿定捻、加热定捻和热湿定捻等几种。不同定捻方法的定捻工艺及适用纱线介绍如下。

(一)纱线自然定捻

低捻度的纱线在常温、常湿的自然环境中存放一段时间之后,纤维的内应力(张力)逐渐减小,呈现松弛现象。同时,纤维之间也产生少量的滑移错位,其结果使纱线内应力局部消除,捻度得到稳定,纱线卷缩、起圈的现象大大减少。比如 1000 捻/m 以下的人造丝在常态下放置 3～10 天,就能达到定型目的。

纱线在常温和常湿的自然环境中定捻的方法不需要占用机械设备,加工成本低,对纱线的性质没有损伤,有利于提高布面质量。但定捻效果较差且不够稳定,随气候变化,应用范围较小,所需要的时间较长。适用于纱线捻度较低、捻度容易稳定、原料周转比较充裕的情况,如低捻真丝、棉纬纱和某些涤棉股线等。

(二)纱线给湿定捻

纱线给湿定捻的原理是通过纱线吸收周围介质中的水分,使纱线直径增加,进而相邻纱圈之间的摩擦作用力也得到加强,纱线从纱管上退绕下来时,脱圈的现象减少。如棉纱在相对湿度由 40% 增加到 100% 时,体积可增大 14% 左右。在湿度较大时纱线内应力也容易消除,达到稳定捻度的目的。纱线给湿定捻的设备比较简单,定捻效果较好,但半成品储存量增加,而且纱线过度吸湿会恶化纱线的物理机械性能,坯布上易产生水渍档和色档,并且引起纱线退解困难。纱线给湿定捻的方法与定捻工艺有以下几种。

1. 喷雾法　棉织生产采用喷雾法处理时,纬纱室内的相对湿度应保持在 80%～85%,纱线存放 12～24h 后取出使用。实践证明:如将纬纱放置 24h,纡子表面的回潮率可提高 2%～3%。

2. 给湿间给湿　丝织生产中常采用给湿间给湿,低捻度的天然丝线在相对湿度 90%～95% 的给湿间内存放 2～3 天,也可得到较好的定捻效果。若原料为低捻人造丝,则相对湿度控制在 80% 左右。

3. 水浸法　把纬纱装入竹篓或钢丝篓里,浸泡到 35～37℃ 的热水中 40～60s(粗特纱时间可短些,细特纱时间应长些),取出后在纬纱室放置 4～5h,再供织机使用。用于浸泡的池水应保持清洁,每隔 2～3h 换水一次,以免污染纱线。

4. 机械给湿法　棉织生产中棉纬纱还可采用给湿机给湿。可在给湿液中添加浸透剂,以加速水分向管纱内部浸透,提高吸湿效果。常用的浸透剂有棉籽油、肥皂、土耳其红油、土耳其红油与食盐混合液、拉开粉、浸透剂 M、食盐等。

(三)纱线加热定捻

加热定捻即把需定型的纱线置于一密室中,通过热交换器(用蒸汽或电热丝)或红外线作热源,使纤维吸收热量温度升高,分子动能增加,使线型大分子相互作用减弱,纤维的弛缓过程加速,从而使捻度暂时稳定。

加热定型适用于中低捻度人造丝的定捻,也可用于涤棉纱的定捻。一般掌握温度为 40～60℃,时间为 16～24h。目前利用烘房热定型的日趋减少,通常是用定型箱来进行热定形。

(四)纱线热湿定捻

热湿定捻通常是利用蒸汽对纱线或长丝进行加热和给湿,使纱线捻度稳定。热定捻锅的热湿定捻效果良好,半成品流通快,应用范围广,对细特纱、强捻纱、混纺纱较为合适。

纱线的定捻方法和工艺应根据纱线性质和织物对定捻的要求来确定。定捻强度由定捻的温度、湿度、压力和时间四个要素决定。纱线的性质不同,织物对定捻的要求不同,定捻强度也应该随之不同。如果纤维的刚度大,回弹性好,纱线的捻度大,那么定捻强度应该大,即定捻温度高、湿度大、时间长。如果采用可以抽真空的蒸纱锅,那么所抽的真空度也高。如果纱线的性质相反,那么,定捻的强度就要小些。

1. 棉纱定捻工艺　棉纤维细而柔软,回弹性没有毛、丝好,抗捻力不大,一般只需对纬纱进行自然定捻或给湿定捻即可。但强捻品种的经纬纱(如"巴厘纱"等织物,采用"Z—Z"强捻高支股线)需采用蒸纱锅热湿定捻。定捻工艺是:采用筒子定捻,锅内维持 1.02×10^4 Pa 的蒸汽压力,蒸纱时间为 40～60min。

2. 涤棉纱定捻工艺　涤棉纬纱的弹性好,反捻力强,应采用蒸纱锅热湿定捻。定捻温度不易过高,最好在 65～70℃ 之间,最高不应超过 100℃,否则会影响印染成品的质量。但对"Z—Z"强捻细特股线,经纬都必须经过蒸纱锅热湿定捻处理。

试验资料表明,涤棉混纺纱定捻后,物理机械性能会起相应的变化,其强力有下降趋势,定捻温度越高,单纱和缕纱强力下降的幅度越大,同时还发生热缩现象。不同型号、不同制造厂生产的涤纶纤维的热定捻缩率不同,一般为 1.0%～1.5%。

3. 毛纱定捻工艺　毛纤维的弹性好,纱线加捻后的回弹力较大,捻度不易稳定,所以,不论精纺股线还是粗纺单纱,也不论经纱或纬纱,一般都需经过蒸纱定捻工序,利用热与湿的双重作用来定捻。含涤混纺毛纱温度宜高,时间宜长些。纯毛纱则温度宜低些,时间宜短些。粗纺毛纱温度也宜低些,时间也更短。但是,毛纱经蒸纱后,缩绒性减弱,故需缩绒的产品,不宜进行蒸纱。

4. 麻纱定捻工艺　麻纱中,湿纺亚麻纱的捻度比较稳定,且又经煮、练、漂的热湿作用,不必另行定捻。干纺亚麻纬纱需经过蒸纱定捻。苎麻混纺纱,经纬均需经过蒸纱处理。

5. 长丝定捻工艺　长丝的定捻方法和工艺应根据长丝品种和捻度的大小确定。强捻真丝采用蒸箱定捻;捻度在 3~8 捻/cm 的中、弱捻真丝可采用加热定捻,温度应控制在 55~60℃,定捻后还应放在保燥间平衡 4 天以上才能使用。人造丝可以采用给湿定捻。中强捻合纤丝的定捻要求较高,需经蒸纱定捻,定捻温度要在 100℃ 以上;弱捻合纤丝一般采用加热定捻,可获得良好的定捻效果。

二、纬纱定捻质量控制

(一)定捻质量指标及其测定

定捻质量的好坏主要看纱线捻度稳定情况,以及内外层纱线稳定程度是否基本一致。测定纬纱定捻后捻度稳定情况的指标为定捻效率。测定方法有如下两种。

1. 目测法　目测法是一种简便的检验方法,能粗略地鉴定定捻效果。其方法是两手先伸开,执长度为 100cm 的纱,然后缓慢移近至两手距离为 20cm 时,看下垂纱线的扭结程度,一般以不超过 3~5 转为准。

2. 手执法　两手执长度为 50cm 的纱线两端,一端固定,一端缓慢平行移近至出现打扭时为止,测量其长度,并按下式计算定捻效率 P:

$$P = \left(1 - \frac{b}{a}\right) \times 100\%$$

式中:a——纱线试验长度,cm;

b——被测纱线一端固定,另一端移近,到开始打扭时两端之间的距离,cm。

定捻效率一般在 40%~60% 即能满足织造的工艺要求。

(二)对加湿定捻产品的质量要求

纬纱自然定捻、加热定捻方法简单,但定捻效果较差,定捻效率低。在湿度较大的条件下,或热与湿共同对纱线作用时,可加速纤维的松弛过程,使纤维与纱线在加捻状态下稳定下来,达到较好的定捻效果,所以生产中通常采用给湿定捻或热湿定捻。

1. 质量要求

(1)纬纱经过给湿后纤维的弹性减弱,可塑性增加,体积膨胀,滑动呆滞,纱线的捻度获得稳定。管纱的回潮率应控制在 8%~9%。

(2)纬纱给湿后,一般应在给湿房内存放 1~2h,再进织造车间使用。但应注意不宜存放过久,否则会造成管纱色泽发黄。

(3)给湿的纬纱由于反身较多,缠绕的回丝务必拉清后再进织造车间使用。

(4)管纱的表面应无锈迹、污渍或水渍等疵点。

2. 常见疵品及其形成原因　纬纱经给湿定捻时,易产生锈纱、色纱等疵点,其形成原因有如下几种。

(1)锈纱。加湿机零部件生锈;给湿机内喷嘴或管道表面生锈。

(2)色纱。纬纱给湿机蒸汽室的温度过高,纬纱容易变质;纬纱给湿的回潮率过高;存放时间过久;给湿帘子传动轴上有回丝缠绕;给湿机内水流不畅,有滴水现象;给湿机汽室顶部木板滴水,造成浅黄色纱。

(三)定捻缩率

纬纱通过定捻后,物理机械性能会发生相应的变化,如强力有下降的趋势,另外还发生热缩现象,缩率大小随纤维种类不同各异。在织物设计时,要求纱线实际纺出重量应考虑定捻缩率,以保证组织结构的要求。

定捻缩率一般用下式表示:

$$定捻缩率 = \frac{W_2 - W_1}{W_1} \times 100\%$$

式中:W_1——定捻前干燥重量,g/100m;

$\qquad W_2$——定捻后干燥重量,g/100m。

涤/棉织物用不同批号、不同型号和不同制造厂生产的涤纶,它们的热缩温度和热缩率是不同的,一般涤/棉 65/35 混纺纱的热定捻缩率为 1.0% ~ 1.5%。当涤纶混纺比例变更时,需随时测定热定捻缩率。

第三节　卷纬工艺与质量控制

一、卷纬工艺参数

卷纬工艺参数包括卷纬速度、卷纬张力和纡子卷绕密度。

(一)卷纬速度

选择卷纬机速度时应考虑的因素同选择络纱速度的因素,主要根据卷纬机机型、纱线种类及纱特确定。

棉织生产中常用的 G191 型自动卷纬机,属单面卧锭式,每台 20 锭,卷绕速度分 208、249.6 和 291.2(m/min)三档;SG193 型卷纬机属双面竖锭式,每台锭数有 60、92、124、156、188 和 220 几种,卷绕速度分 216.1、189.8、158.1、138.9、117.8 和 89.4(m/min)几档;G203 型卷纬机属双面竖锭式,每台锭数有 60、92、124、156、188、220、252、284 和 316 几种,卷绕速度分 216.1、189.8、158.1、138.9、117.8 和 89.4(m/min)几档。

实际生产中可根据品种选择合适的速度。对长丝、化纤纱及其混纺纱,卷绕速度可适当低些,以防纱线承受过大的卷绕张力。卷绕粗特纱或股线时,速度可高些。

(二)卷纬张力

卷纬张力适当而均匀,使纡子卷绕紧密,成形良好。如果张力太小,纡子卷绕松软,既使容纱量减少,又容易在退解时发生脱纬;如果张力过大,会使纱线发生过度伸长,损伤弹性和伸度,使断头增加。

卷纬张力的大小应根据原料性质、织物品种、纱线粗细和纱线捻度等因素而确定。

一般来说,原料强力较好时,卷纬张力可大些,以使卷绕紧密;纱线较粗时,张力也大些。加强捻的丝张力要大些。

织物品种不同时,卷纬张力也不同。平纹薄型织物很容易露疵点,卷纬张力要严格控制,波动范围也要小。斜缎纹织物由于组织浮长较长,因张力波动而造成的张力与伸长不匀,在织物形成后可以得到部分恢复,因此,对卷纬张力的要求可较平薄织物为低。

(三)纡子卷绕密度

纡子卷绕密度直接影响纡子的容纱量。而卷绕密度主要由卷绕张力决定,也与卷装形式、卷纬速度、纱线特数、纱线原料等因素有关。在不损伤纬纱物理机械性能的前提下,可适当增加卷绕张力,以获得较为紧密的纡子卷装,并增加纡子容纱量。

在棉织生产中,采用直接纬时,单纱的卷绕密度一般 $0.4 \sim 0.68 \mathrm{g/cm^3}$,股线为 $0.45 \sim 0.7 \mathrm{g/cm^3}$。在捻线机上直接做成纡子时,双股线干捻为 $0.58 \mathrm{g/cm^3}$,湿捻为 $0.64 \mathrm{g/cm^3}$。采用间接纬时,卷绕密度比直接纬增加 $30\% \sim 50\%$。纱特越高,卷绕密度越小。

二、卷纬质量控制

(一)对卷纬质量要求

纡子上的纬纱在织造时被高速牵引退解,要保证退解顺利,且张力波动小,必须满足如下工艺要求。

1. 对纱线外观质量要求

(1)棉纱的疵点如竹节纱、粗节纱、紧捻纱、弱捻纱、飞花附着等应尽量清除。

(2)管纱、筒子上的松紧纱、毛头纱、毛脚纱应去除。

(3)纱线的棉节杂质,通过清纱器、张力盘的作用,应较管纱或筒子降低 $5\% \sim 15\%$,纱线的光洁度有所提高。

2. 对纱线的卷装质量要求 纱线通过卷纬工序后,纱线的张力应较直接纬纱有较大改善。为了最大限度地增加纬纱的卷绕密度,实际生产中,纬纱的张力控制较大,纬纱的卷装容量可比直接纬纱增加 $25\% \sim 35\%$。

(1)纡子成形良好。纡管的端部是一个锥体,锥顶角 δ 大,则退解阻力小,但易脱圈,一般棉织用纡管锥角为 $20° \sim 24°$,丝织为 $12° \sim 13°$。纡子的卷绕结构如下图所示。

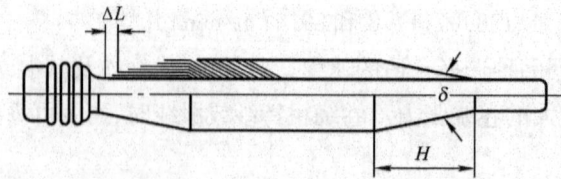

纡子的卷绕结构

纡子成形良好,一是要纡子表面平整,无重叠;二是要纡子的直径大小适中,纱线易退解、不脱圈。

(2)纡子卷绕张力均匀合理。纡子张力适当、均匀,获得适当的卷绕密度,保证纡子的容纱量,也不损伤纱线的物理机械性能。

(3)合理的备纱卷绕长度。在自动补纬织机上,从探纬部件探测到纬纱用完,应换梭或换纡,到执行机构完成补纬动作,大约需要织机2~3转的时间,不同的探纬方式所需时间不等,为了防止产生缺纬疵点,在纡子底部一般应绕有3纬左右的纬纱备纱。

另外,纡子是在梭子中退解的,因此选用纡管时应和梭子内腔匹配。纡管太短,纡子太细,则容纱量少,增加换纬次数和回丝;纡管太长,纡子太粗,则纬纱退解困难,甚至断头。

3.纬纱成形标准　纬纱的外形尺寸应符合下列规格。

(1)纬纱离纡管头端距离8~10mm。

(2)纬纱离纡管底部距离4~5mm。

(3)纬纱的卷绕直径一般掌握较梭子内腔小1~3mm。

(4)纬纱装入梭子后,上部不超过梭高,左右下端应不碰梭子内腔。

(5)纬纱退绕时,不产生脱圈、脱纬等现象。

(6)纬纱的外形应无毛头、毛脚、直径大小不一等成形不良与油渍等疵点。

(二)卷纬质量控制

1.纬管选用的原则　在卷纬工作过程中,以下情况必须用不同色泽的纬管。

(1)不同品种。

(2)相同品种,不同纱批。

(3)不同品种、颜色相近或相同。

(4)不同品种、颜色不同,纱特相同或不同。

(5)相同品种、相同色泽、纱特,不同捻度。

2.卷纬操作控制

(1)同一机台同侧或两侧,不得卷同一品种不同纱批的纬纱。

(2)同一机台同侧或两侧,不得卷相同或相近色泽的不同品种或不同纱批的纬纱。

(3)不同纱特、不同色泽纱批的品种,必须按工艺卡规定的纬管色泽选用。

(4)卷纬工时刻检查所卷品种的纱线与纬管色泽。

(5)先锋试验和高档产品所用纬纱必须定人定机定时间。

(6)纬纱库人员要对纬纱纡子逐个验收。

3.纡子质量　以下质量问题不得出现。

(1)纡子直径过大过小。

(2)纡子成形长度过长。

(3)纡子卷绕过紧过松。

(4)双纱、混纱、错特、错批。

(5)纡子局部松软。

(6)不接头或接头不良。

(7)油污纱。

(8)合股纱卷成单纱或多股纱。

(9)粗纱、大肚纱等纱疵等。

出现质量问题的纡子应随时处理,不得进入纬纱库和下道工序。特别是原白纬纱,更应加强管理,避免一切质量问题发生。

思 考 题

1. 试确定 91.5cm、42tex × 42tex、228 根/10cm × 204.5 根/10cm 纯棉粗平布和 95cm、13tex × 13tex、523.5 根/10cm × 283 根/10cm 涤棉府绸的纬纱工艺流程,并简述理由。

2. 无梭织造中,应如何选择纬纱工艺流程?

3. 纬纱定捻的方法有哪几种? 各有何优缺点?

4. 涤棉纬纱应如何选择定捻方法及工艺?

5. 如何评价定捻效果?

6. 卷纬工艺参数设计主要包括哪些内容?

第七章　织造工艺与质量控制

●──── **本章知识点** ────●

1. 有梭织机、剑杆织机、喷气织机、片梭织机织造工艺参数的设计项目及
   其意义。
2. 各工艺参数的制定原则与调整方法。
3. 不同织机常见织物疵点的表现形式及其形成原因、预防措施。

经纬纱在织机上相互交织，形成织物，此过程称为织造。织机工作性能、设备状态、织造工艺参数的设置与配合直接影响织物质量与织造生产效率。

第一节　有梭织机织造工艺与质量控制

一、有梭织机织造工艺

织机上一些主要机械部件的规格和安装位置称为织造工艺参数，可以分为固定工艺参数和可变工艺参数。在设计织机时根据织机的性能及适用范围确定的一些参数称为固定工艺参数，如胸梁高度、筘座高度、筘座摆动动程、打纬机构的偏心率、钢筘与走梭板的弧度及钢筘与走梭板的夹角等，这类参数在上机时不因织物品种的变化而变化。随着织物品种的变化而作相应调整的参数称为可变工艺参数，又称为上机工艺参数，如梭口高度、综框运动角的分配、经位置线、开口时间、投梭时间、投梭力、经纱上机张力及纬密齿轮齿数等，这类参数应在上机前加以确定，上机时进行调整。下面介绍上机（可变）工艺参数。

（一）梭口高度

开口时经纱随同综框作上下运动的最大位移称为梭口高度。梭口高度主要取决于引纬器的种类及尺寸。对于有梭织机，应根据梭子的高度和宽度以及筘座摆动幅度来确定。

梭口高度影响开口时经纱的伸长和张力。梭口高度大，经纱张力大，容易开清梭口；同时，梭口高度大，可以增加梭子飞行角，改善其飞行条件；另外，梭口高度大，容易打紧纬纱。但梭口高度大，经纱张力大，且加剧了经纱与钢筘筘齿的摩擦及经纱在综眼中的摩擦，经纱容易断头。因此，在确定梭口高度时，应该根据纱线性质和织物结构等条件综合考虑。

确定梭口高度的原则是：在梭子能够顺利通过梭口而又不产生断边和跳花的前提下，尽

量采用较小的梭口高度。对于中粗特棉织物、黄麻织物,它们的结构比较紧密,纱线强力较好,纱线粗糙,梭口不易开清,打纬阻力也较大,因此,梭口高度应适当大些。对于亚麻、苎麻纱,毛羽长而且多,容易相互纠缠,开口不清是织造中的主要问题之一,所以也应考虑适当加大梭口高度或加装机后绞杆。这样做虽然会增加断头,但从减少织疵,防止飞梭、轧梭等方面全面衡量,仍然是必要的。丝织物织造时,应尽量保护丝线的弹性和伸度,以减少经丝断头,因此,梭口高度应小些。

有梭织机的梭口高度可以用作图法求得,作图步骤如下。

(1)如图7-1所示,在图纸上先根据胸梁高低和四连杆打纬机构的尺寸,画出织口和后死心时的筘座位置。

(2)自织口作走梭板最高点的切线(或自织口作与走梭板最高点相距1~2mm的直线),作为下层经纱位置线。

(3)在下层经纱位置线上绘出梭子的横截面图,并在距梭子前壁上方 x 距离处,定出上层经纱位置线。

x 值的确定:当梭子尺寸和筘座位置确定后,x 值即决定了梭口高度。x 值的大小应使梭口高度满足织造要求。在棉织生产中,平布取6~10mm,斜纹、缎纹织物取6~8mm,涤棉织物取8~10mm。厚重织物、宽幅织物的 x 值应

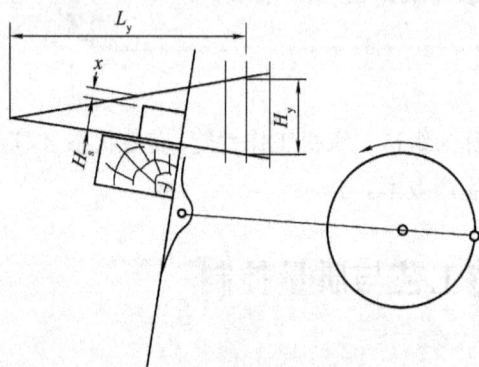

图7-1 梭口高度的确定

适当增加。苎麻织物 x 值的确定与棉织物相同,黄麻织物取1~2mm。丝织物、人造棉取2~6mm。毛织物取3~7mm。

(4)将上下层经纱位置线所构成的梭口角作两等分线,此线便是综平时前部经纱的位置线。

(5)距筘帽一定距离(此距离应尽量减小,以不妨碍挡车工操作为度,约10~20mm)处作垂直于前部经纱位置线的直线,作为第一页综框的位置线。这样能使综框的闭口动程与开口动程相等,其和为最小,而且不减少梭口高度。

(6)确定第二页综框位置线。

①辘轳式吊综:在离第一页综框踏杆挂综处一定距离(此距离由综框厚度和间距确定)处引吊综辘轳大半径的切线,作为第二页综框的位置线。各页综框位置线与上下层经纱位置线交点间的距离,即为各相应综框的梭口高度。

②无吊综装置:在离第一页综框位置线适当距离(由综框厚度和间距确定)处,作其平行线,作为第二页位置线,依次作出其余各页综框位置线。此时,第二页及其以后综框的梭口高度为:

$$H_y = \frac{H_1}{L_1}L_y$$

式中:H_y——某页综框的梭口高度,mm;

H_1——第一页综框的梭口高度,mm;

L_y——某页综框离织口的距离,mm;

L_1——第一页综框离织口的距离,mm。

由于某页综框的梭口高度与其到织口的距离成正比,当综框页数多或综框间距大时,后几页综框的梭口高度过大,经纱伸长过大,容易产生经纱断头。实际生产中,通常将后几页综框的梭口高度适当减小,即采用非清晰梭口。如在踏盘织机上用四页综框织造平纹织物时,第2、第3、第4页综框的实际梭口高度分别按清晰梭口条件求得的高度值的0.98、0.97、0.96倍取值,而形成半清晰梭口。棉织生产中,常见品种的梭口高度值如下:

平纹凸轮:$H_1 = 86mm$,$H_2 = 98mm$。

平纹双凸轮:$H_1 = 84mm$,$H_2 = 94mm$,$H_3 = 105mm$,$H_4 = 115mm$。

$\dfrac{2}{2}$斜纹凸轮:$H_1 = 84mm$,$H_2 = 89mm$,$H_3 = 95mm$,$H_4 = 100mm$。

五枚缎纹凸轮:$H_1 = 84mm$,$H_2 = 89mm$,$H_3 = 95mm$,$H_4 = 100mm$,$H_5 = 105mm$。

当筘座处于最后位置时,梭子前壁处的梭口高度一般要比梭子的前壁高度高出 $x$mm。实际上由于梭子通过梭口需要一定的时间,梭子并不是在筘座处于最后位置这一瞬间通过梭口的。梭子开始进入梭口时,筘座还没有到达其最后位置;当筘座由其最后位置开始向前摆动时,梭子还没有飞出梭口。因此,当梭子刚进入梭口和即将离开梭口时,梭子前壁处的梭口高度都要比筘座在最后位置时的梭口高度小,甚至比梭子前壁的高度还小,使经纱同梭子发生摩擦挤压。经纱对梭子的挤压程度用挤压度表示。

$$P = \frac{h_s - h_0}{h_s} \times 100\%$$

式中:P——挤压度;

h_s——梭子的前壁高度,mm;

h_0——梭子前壁处的梭口高度,mm。

挤压度的大小与梭口高度、开口时间、投梭时间和投梭力等因素有关。在其他条件不变的情况下,梭口高度小,梭子进出梭口时的挤压度大,梭子与边部经纱的摩擦大,使边纱断头增加,而且产生边部织物组织错乱,甚至影响梭子通过。

(二)综框运动角的分配

在织机运转过程中,主轴每一回转,形成一次梭口,综框(经纱)的运动经历开口、静止和闭口三个时期。各时期时间长短,可用织机主轴转角来衡量,以开口工作圆图表示,如图7－2所示。该圆圆心为主轴轴心,半径为主轴曲柄长度。圆上 a、b、c、d、e、f 诸点为主轴运动的特征位置点,分别称为前心、下心、后心、上心、前死心(前止点)和后死心(后止点),其中前死心、后死心分别对应着筘座摆动至最前和最后位置。

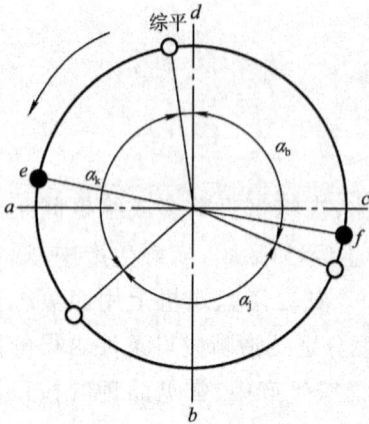

图7-2 开口工作圆图

图7-2中的α_k、α_b和α_j分别为织机主轴一回转中开口时期、闭口时期和静止时期所占的主轴转角，分别称为开口角、闭口角和静止角。由于在闭口时期和开口时期综框处于连续的运动状态，所以闭口时期和开口时期合称为综框运动时期，闭口角和开口角之和称为综框运动角。

开口角、静止角和闭口角的分配，随织机筘幅、织物种类、引纬方式和开口机构形式等因素而异。随着织机筘幅的增加，纬纱在梭口中的飞行时间也将增加，因此，综框的静止角应适当加大，而开口角和闭口角则相应减小。在有梭织机上，为使梭子能顺利地通过梭口，要求综框的静止角大些，但增加静止角，势必缩小开口角和闭口角，从而影响综框运动的平稳性。因此，采用踏盘织机织造一般平纹织物时，为了兼顾梭子运动和综框运动，常使开口角、静止角和闭口角各占主轴1/3转，即120°；织造斜纹、缎纹类织物时，为了减小凸轮的压力角，改善受力状况，将开口角、闭口角适当增大，静止角相应减小。对于复动式多臂开口机构，综框在上满开时没有静止时间，综框在下满开时有100°左右的静止时间。在设计高速织机的开口凸轮时，考虑到在开口过程中开口机构所受载荷逐渐增加，而在闭口过程中所受载荷逐渐减小，为使综框运动平稳和减少凸轮的不均匀磨损，常使开口角大于闭口角。在一般织机上常使开口角和闭口角相等，有时使开口角大于闭口角，但个别织机使开口角小于闭口角。这种分配主要用于纱特粗、经密大、纱体毛糙的厚重织物（如G234J型帆布织机）。在这种情况下，除采用开口角小于闭口角外，静止角应适当大些，以利于开清梭口，打紧纬纱。常用织机踏盘开口机构的综框运动角分配见表7-1。

表7-1 踏盘开口机构的综框运动角分配

织机型号	凸轮种类		综框运动近似规律	织机转速（r/min）	开口角（°）	静止角（°）	闭口角（°）
GA611型织机	平纹凸轮		调和比	200~220	125	110	125
	平纹双凸轮	控制1、2页综框	椭圆比1:1.2	180~200	112.5	135	112.5
		控制3、4页综框			125	110	125
	$\frac{1}{2}$斜纹凸轮		调和比	190~210	143	74	143
	$\frac{2}{2}$斜纹凸轮		调和比	190~210	145	70	145

织机型号	凸轮种类	综框运动近似规律	织机转速（r/min）	开口角（°）	静止角（°）	闭口角（°）
GA611 型织机	$\frac{3}{1}$斜纹凸轮	调和比	190 ~ 210	144	72	144
	$\frac{4}{1}$斜纹、五枚缎纹凸轮	调和比	180 ~ 200	145	70	145
	灯芯绒凸轮	调和比	180 ~ 200	141	78	141
	平绒凸轮	调和比	180 ~ 200	141	78	141
GA615 或 1515 型织机	平纹凸轮	椭圆比 1 : 1.3	180 ~ 200	112.5	135	112.5
	平纹双凸轮	椭圆比 1 : 1.3	180 ~ 200	112.5	135	112.5
	$\frac{1}{2}$斜纹凸轮	调和比	170 ~ 190	140	80	140
	$\frac{2}{2}$斜纹凸轮	调和比	170 ~ 190	140	80	140
	$\frac{3}{1}$斜纹凸轮	调和比	170 ~ 190	140	80	140
	五枚缎纹凸轮	调和比	170 ~ 190	130	100	130
	灯芯绒凸轮	调和比	170 ~ 190	141	78	141
1511B 型毛巾织机	三纬毛巾凸轮	调和比	200 ~ 220	138	84	138
G234J 型帆布织机	平纹凸轮	调和比	160 ~ 180	110	130	120

（三）经位置线

织机上的经纱配置如图 7 - 3 所示。经纱从织轴引出后，绕过后梁 E 和经停架中导棒 D，穿过综眼 C 和钢筘，在织口 B 处同纬纱交织成织物，然后绕过胸梁 A 卷绕在卷布辊上。经纱处于综平位置时，自织口经综眼、绞杆到后梁的连线，称为经纱位置线，简称经位置线，如图 7 - 3 中的折线 BCDE 所示。自织口经过综平时的综眼所引出的直线称为经直线，如图 7 - 3 中的直线 BC 所示。经直线是研究开口时经纱张力分配状况的重要参考线。当后梁握纱点处于经直线上时，开口过程中上下两层经纱张力相等，形成等张力梭口。当后梁握纱点在经直线上方时，形成下层经纱张力大于上层经纱张力的不等张力梭口。当后梁握纱点在经直线下方时，形成上层经纱张力大于下层经纱张力的不等张力梭口。而后一种不等张力梭口，由于下层经纱张力小，不利于梭子的飞行，所以在有梭织造生产中不用。在实际生产中，前部梭口的位置基本不变，主要是通过改变后梁的高度来改变经位置线（经停架的高度应与后梁的高度相适应），以适应不同织物的要求。后梁高度是相对于胸梁的高度而言。自胸梁表面引出的水平线，称为胸梁水平线或经平线。后梁与胸梁水平线之间的距离以"d"表示。后梁高于胸梁水平线时,d取正值,后梁位于胸梁水平线上,d取零;后梁低于胸梁水平线时,d取负值。

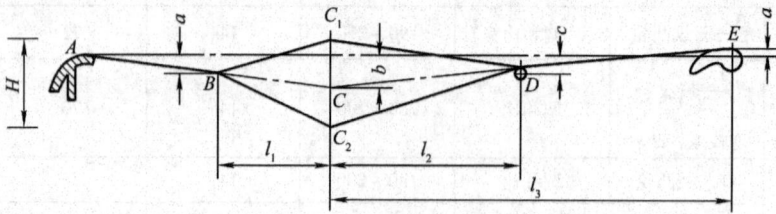

图 7 - 3   织机上的经纱配置

1. 经位置线与织造过程及织物质量的关系   后梁高度决定梭口上下层经纱的张力差异,实际生产中常采用后梁高于经直线的不等张力梭口。

(1)经位置线对织造过程影响。后梁愈高,上层经纱张力愈小,下层经纱张力愈大,张力差也愈大。打纬时,上下层经纱张力不等,纬纱容易沿着比较紧的下层经纱向前滑行,而比较松的上层经纱则在纬纱张力的作用下形成比较大的弯曲,以容纳新打入的纬纱。这样可减小打纬阻力,有利于打紧纬纱,获得较大的织物纬密。采用后梁高于经直线的不等张力梭口,梭子沿着较紧的下层经纱飞行,有利于梭子稳定飞行。

(2)经位置线对断头影响。后梁抬高,经纱对后梁的包围角增大,因摩擦增大而增加了全部经纱的张力。同时,后梁抬高后,上下层经纱的张力差异增大。下层经纱张力过大,断头增多;上层经纱过松,经纱缠绕也增加了断头的机会。后梁高度与织造时经纱断头的关系如表 7 - 2 ~ 表 7 - 4 所示。

表 7 - 2   91.4cm、28tex × 28tex、236 根/10cm × 236 根/10cm 平布的经纱断头率

后梁高于胸梁(mm)	18	5	0
断头数[根/(台·h)]	0.18	0.14	0.10

表 7 - 3   96.5cm、19.5tex × 14.5tex、393.5 根/10cm × 236 根/10cm 府绸的经纱断头率

后梁高于胸梁(mm)	23	18
断头数[根/(台·h)]	0.62	0.51

表 7 - 4   86.3cm、29tex × 29tex、377.5 根/10cm × 236 根/10cm 卡其的经纱断头率

后梁低于胸梁(mm)	10	20	38
断头数[根/(台·h)]	0.42	0.34	0.31

(3)经位置线对织物外观影响。后梁过低,上下层经纱张力差异小,经纱不易作横向移动,布面上容易出现筘痕、方眼疵点,布面不丰满。后梁高度与织物外观质量的关系如表 7 -

5、表 7 - 6 所示。后梁过高,上层经纱张力过小,个别张力小的经纱松弛下垂而使开口不清,产生跳花织疵,在织造高密织物时更为突出。后梁高度与织疵的关系如表 7 - 7 所示。

表 7 - 5　96.5cm、19.5tex × 16tex、283 根/10cm × 271.6 根/10cm 细布的外观质量

后梁高于胸梁(mm)	布面情况	织造情况	布面丰满等级
28.6	布面方眼及条影较重、不匀整	上层经纱纠缠,开口不清	2
20.6	布面方眼及条影较轻、布面匀整	正常	1
12.7	布面方眼较重、不匀整	正常	3
6.4	布面方眼重、不匀整	正常	4

表 7 - 6　96.5cm、19.5tex × 19.5tex、393.5 根/10cm × 236 根/10cm 府绸的外观质量

后梁高于胸梁(mm)	经停架吊臂 ~ 墙板(mm)	纬向条影降等	布边不良降等
23	25	7	2
18	20	0.8	1.2

表 7 - 7　96.5cm、19.5tex × 19.5tex、393.5 根/10cm × 236 根/10cm 府绸的织疵数

后梁高于胸梁(mm)	19	22	29	38
跳花疵点数(个/百匹)	120	191	341	394

（4）经位置线对织物物理机械性能影响。织造中特纱平纹织物时,后梁高于胸梁 0 ~ 5mm 范围内,织物的经纬向强力最大;如后梁再抬高或降低,经纬向强力都将降低。这是因为后梁过高时,上下层经纱张力差异过大,而且经纱张力大,伸长也大,致使成布经缩减小,强力降低。若后梁过低时,织物不易获得紧密的结构,织物的强力也将降低。在后梁高度处于上述范围时,则经纱张力的差异比较适当,织物的结构比较紧密,经纬纱相互作用强,经纱又不致受到过大的伸长,因此,可以得到最大的经纬向强力。当后梁高于或低于胸梁 10mm 以内时,对织物的经密影响不大,但对纬密有一定影响,后梁抬高后纬密略有增加。在低后梁的条件下平纹织物无法织造。在织造中支纱 $\frac{2}{1}$ 斜纹织物时,若后梁与胸梁高度一致,因为上层经纱开口不清而不能进行织造,只有采用低后梁才能正常开车。当后梁接近于等张力梭口的位置时（ -50mm）,织物强力最高。当后梁低于胸梁时,对经纱密度的影响很小,后梁比胸梁低 10 ~ 30mm 时,对纬密的影响也很小。后梁高度与织物物理机械性能的关系如表 7 - 8 所示。

表 7 - 8　96.5cm、14.5tex × 14.5tex、547 根/10cm × 283 根/10cm 府绸织物的物理机械性能

后梁高于胸梁(mm)		0	5	10	20
织物强力 （N/5 × 20cm）	经向	692	701.3	703	679.3
	纬向	334.6	333.4	316.2	328.9
下机布幅(cm)		96.60	96.50	96.45	96.55

续表

后梁高于胸梁（mm）		0	5	10	20
布面外观效应	树皮皱	有树皮皱，平整度较好	平整度比10mm略差	平整丰满	平整度比10mm差
	经向张力分布	分布略匀	分布均匀	分布均匀	分布略匀
	布面条影	多、阔、短、深	多、阔、短、深	多、细、淡、分布均匀	多、细、淡、分布均匀
	手感	较硬	较硬	软	软

注　1. 开口时间为231.8mm。

　　2. 单纱上机张力为201.88mN。

2. 确定后梁高度的原则　后梁高度应根据纱线性质、织物品种等因素而定，同时要兼顾布面外观、经纱断头率和织疵等方面。在调整后梁高度时，必须相应调节经停架高度，以保证综平时综眼、中导棒、后梁在一直线上，避免经纱受到额外的张力，减少经停片的跳动。不同品种织物经位置线的配置要求不同。

（1）平布。中粗特纱的平纹织物，经纬交织次数多、纱线特数较高、经纬密度不是很大。织造时打纬阻力较大，且容易产生筘痕织疵，因此应采用较高后梁，使上下层经纱张力的差异增大，以利于经纱排列匀整、减少筘痕、打紧纬纱，达到布面平整、丰满、条影少的外观要求。但后梁过高，易因上层经纱开口不清而出现跳花疵点，下层经纱张力过大造成经纱断头。对于细特高密的细平布，因为经纱强力较低，而且梭口不易开清，后梁位置应略低。

（2）府绸。采用高后梁有利于经组织点形成的菱形颗粒突出，也有利于提高布面匀整程度，减少条影。但由于经纱密度大，上层经纱的张力不宜太小，后梁的高度可比平布略低一些，即应在梭口清晰和不增加断头的条件下，适当抬高后梁，以求颗粒突出、布面匀整。

（3）斜纹、卡其类织物。这类织物经密较大，且在打纬时同一筘齿内各根经纱的张力本来就有差异，不易产生筘痕织疵，一般采用低后梁以求条纹匀直。但为了使织物的正面条纹明显，仍应适当地配置不等张力梭口，使经纱在织物的两面屈曲波高不等，使正面条纹较为突出。因此，在织双面卡其类织物时仍应适当抬高后梁高度。但若后梁太高，则将因上层经纱张力小而不匀，影响布面的平整和条纹的匀直，甚至产生经缩、跳花等疵点。当织物的紧密度较大时，后梁也应适当抬高，以利于打紧纬纱。

（4）贡缎。采用低后梁织造，有利于布面匀整，开清梭口，减少三跳疵点和经纱断头。

（5）麻纱。采用比平布稍低的高后梁织造，以改善布面条纹，降低经纱断头。

（6）绒布。平布绒参照平布织物要求，哔叽绒参照斜纹织物要求。

（7）灯芯绒、平绒。采用低后梁织造，以改善织物质量，降低经纱断头。

（8）纱罗。采用低后梁织造，使绞孔清晰，减少断经。

（9）粘胶纤维及其混纺织物。后梁位置可比同品种纯棉织物稍低，以利于开清梭口和减少经纱断头。

（10）涤棉混纺织物。由于涤棉纱容易积聚静电,且纱身毛羽多,不易开口不清。因此,其后梁高度应比同品种的纯棉织物低些,以减少开口时经纱粘连现象,减少三跳织疵。

（11）维棉混纺织物。后梁位置可参照同类纯棉织物。

（12）丙棉混纺织物。后梁高度应比同品种的纯棉织物适当低些,以减少开口时经纱粘连,有利于开清梭口,减少三跳织疵。

（13）中长纤维织物。后梁高度应比同品种的纯棉织物适当低些,以利于开清梭口,减少三跳织疵。

各类织物后梁高度的参考数据见表7-9。

表7-9 各类织物的后梁高度

织物类别			后梁相对于胸梁的位置(mm)	后杆托脚至墙板上平面距离(mm)
平布类(粗、中、细平布)			6~19	70~83
稀薄类(细纺、玻璃纱等)			0~19	70~89
府绸类			0~19	70~89
麻纱			6~10	79~83
斜纹、卡其类(哔叽、华达呢、卡其)			−13~−38	102~127
贡缎类	踏盘	正织($\frac{4}{1}$)	−13~−38	102~127
		反织($\frac{1}{4}$)	−24~−43	113~132
	多臂		−38~−51	127~140
灯芯绒			−13~−38	102~127
经平绒			−38~−51	127~140
纬平绒			0~−13	89~102
纱罗			−38~−51	127~140
粘胶纤维及其混纺织物	平布		0~13	76~89
	哔叽		−25~−38	114~127
涤棉混纺织物	平布		0~13	76~89
	府绸		0~10	79~89
	卡其		−13~−38	102~127
	麻纱		0~13	76~89
	巴里纱		0~13	76~89

（四）开口时间

在开口过程中,上下交替的经纱达到综平位置的时刻,即梭口开启的瞬间,称为开口时间或综平时间。开口时间可以用综平时主轴曲柄转离前死心的角度表示,也可以用综平时钢筘到胸梁内侧的距离来表示。由于距离法便于在机上测量,所以普遍应用于有梭织造生产中。

1. 开口时间与织造过程及织物质量的关系

（1）开口时间对经纱断头率影响很大。开口时间过早，打纬时经纱张力大且增加了钢箔对经纱的摩擦长度，使经纱的断头率增加。开口时间过迟，打纬时经纱张力小，打纬区大，打纬时经纱在综眼中摩擦移动距离大，也使经纱断头率增加。适当的开口时间经纱断头率最小，但需与织物的外观效果结合考虑。在采用全开梭口时，开口时间对经纱断头率的影响与织物组织有关，平纹织物经纬纱交织次数多，开口时经纱运动频繁，开口时间对经纱断头率的影响比较明显；斜纹织物经纬纱交织次数少，对开口运动中所处位置不变的经纱而言，无论开口迟早，在打纬时的经纱张力和经纱受箔摩擦的长度是不变的，所以开口时间对经纱断头率影响较小。

（2）开口时间影响织物的外观质量。开口时间早，纬纱易被打紧且不易反退，织物较紧密；钢箔对经纱的摩擦距离较长，纱身起毛茸，织物较丰满；打纬时经纱张力大，使整片经纱张力较均匀，因此布面较平整；采用不等张力梭口时，早开口在打纬时上下层经纱的张力差异较大，可使经纱排列均匀，消除箔痕。若开口时间较迟，则织物表面稀疏不丰满，布面不平整，易显箔痕。开口时间对织物外观的影响见表7-10。

表7-10　96.5cm、19.5tex×16tex、283根/10cm×272根/10cm 细布的外观质量

开口时间（mm）	布面外观情况	丰满等级
240	方眼较重、布面平整	2
230	方眼、条影有显著改善	1
216	方眼严重、布面不够均匀平整	3

上述试验是在后梁高于胸梁20mm情况下进行的。当开口时间为216mm时，由于开口较迟，打纬时经纱张力小而不匀，故布面不够平整。又因上下层经纱张力的差异未能充分显示，故方眼严重。当开口时间为240mm时，开口过早，打纬时梭口张开过大，经纱张力大，不易作横向移动，故布面也有轻度方眼。斜纹织物经纱密度较大，不易产生箔痕，一般采用较迟的开口时间，以求得打纬时各页综的经纱张力差异大，使条纹突出。

（3）开口时间的迟早对织物物理机械性能的影响与织物品种有关。

①在织造中特棉平纹织物时，如开口时间配置在前死心附近，则因形成织物时经纱张力不匀，织物的经纬向强力最小。当开口时间为216～235mm时，织物的经纬向强力最大，但超过这个范围，织物的强力就要降低。因为开口太早，经纱伸长较大，而且经纱受到较强的摩擦作用，所以，织物的强力较低。

②在织$\frac{2}{1}$斜纹织物时，开口时间在186mm以下和254mm以上时，织造困难。开口时间在186mm时，织物强力最大；开口时间在186mm以上时，织物强力就降低。这是因为斜纹织物一般经密较大，开口时间早，纱线间的摩擦增加，同时，经缩变小，因此强力降低。

（4）开口时间对织物的经密影响比较小，但对织物的纬密有一定的影响。开口时间越

早,纬密也越大,但差异程度不是很大。纬密的增加是因为开口时间早,经纱在打纬时的张力较大,但增加到一定程度之后即不再有明显的增加。在织斜纹织物时,开口时间对纬密的影响是比较小的。这是因为在开口过程中并非所有经纱都上下运动,所以开口时间的迟早对斜纹织物在打纬时经纱张力和经纱交叉角的大小影响比较小。

(5)织物的幅宽和经纬纱缩率也随开口时间的改变而产生变化,大致规律是:开口时间提早,打纬时经纱张力增大,经纱缩率减小,纬纱缩率增大,因此布幅变窄;开口时间推迟,经纱缩率增大,纬纱缩率减小,则布幅变宽。

开口时间对经纬密的影响如表 7 - 11 所示。

表 7 - 11　开口时间对经纬密的影响

	开口时间(mm)	160	178	192	210	228	242	262
平纹织物	经密(根/10cm)	257	257	256.6	255	255	254.6	255.2
	纬密(根/10cm)	252	252	252	253	255.2	255	256
斜纹织物	经密(根/10cm)	362	360.6	361.8	362	362	359	359
	纬密(根/10cm)	232	234	233.6	233.4	234	234	234

(6)开口时间对布面织疵的影响也比较大。在投梭时间、投梭力不变的情况下,如开口时间过早,则梭子出梭口时梭口已经很小,经纱对梭子挤压严重,易产生跳花、断边等织疵,严重时会夹梭尾;如开口时间过迟,在梭子入梭口时易产生跳花,挤压严重时会产生断边甚至轧梭。

(7)开口时间过迟,打纬时经纱张力较小,易产生松经和纬缩疵点。在织造平纹织物时,开口时间过迟,易产生筘痕疵点。同时,开口时间过迟,纬纱被经纱夹住的时间较晚,容易自然扭结,形成纬缩疵点。

2. 确定开口时间的原则　开口时间应根据织物品种、纱线原料和织机的条件等确定。对于打纬阻力较大(如经纬交织次数多、纬密大、经纬纱特数高、摩擦因数大等)的织物,开口时间应早些,以利于打紧纬纱。纱特细、经纱条干不匀、杂质多、强力低或浆纱质量差时,开口时间应迟些,以减少打纬时的经纱张力及钢筘对经纱的摩擦损伤,减少经纱断头。梭口不易开清的织物(如经密大、经纱毛糙、毛羽多等),开口时间应早些,以利于开清梭口。整片经纱张力不匀时,应采用早开口,以利于布面平整。使用不等张力梭口以求消除筘痕时,应配合较早的开口时间。织机的速度高时,经纱受到的摩擦和经纱的动态张力都有所增加,开口时间应迟些,以利于减少经纱断头,同时也有利于梭子顺利出梭口。宽幅织物应使开口时间迟些,以利于梭子出梭口。当所织织物的幅宽比织机筘幅窄得多时,开口时间可以迟些。使用复动式半开梭口多臂机构时,因经纱在上方没有静止时间,所以开口时间应较踏盘开口迟些(约迟13mm),同时梭口高度也应大些。对于要求布面纹路突出的织物,应采用迟开口。在确定开口时间时,应综合考虑上述各因素,如有矛盾应考虑主要方面。

(1)平布。平纹织物纱线交织次数多,打纬阻力大,且容易产生筘路织疵,因此采用早开

117

口织造,以利于织物紧密厚实,布面平整、丰满,消除筘痕。

(2)府绸。经密大,梭口不易开清,一般采用早开口,且开口时间应比平布类略早,以利于开清梭口,布面匀整丰满,减少条影、纬缩、边跳花等疵点。

(3)斜纹、卡其类织物。开口时间早,可使打纬时经纱张力均匀,对布面平整、斜纹线匀直都比较有利。但是较早的开口时间会使纱身摩擦起毛,经纬纱的屈曲波高比值减小,因而使斜纹不够突出,影响纹路的清晰程度。反之,开口时间过迟,打纬时经纱张力的差异大,纹路突出,斜纹线峰谷分明,但张力不匀,布面不够匀整,布面上出现小经缩。所以,确定斜纹、卡其类织物的开口时间,应把斜纹线的匀、直、深和布面的匀整综合考虑。一般采用较迟的开口时间,以减少经纱断头并提高纹路清晰度,但应考虑布面的匀整。

(4)贡缎。采用踏盘开口机构织造时,因每次开口时总有一部分经纱不改变上下位置,梭口容易开清,而缎纹组织纱线交织次数少,容易打紧纬纱,且不易产生筘路织疵,故采用迟开口织造,以降低经纱断头。采用多臂开口装置时,因综框在上方静止时间短,其开口时间应比踏盘开口稍迟。

(5)麻纱。织物紧度较低,容易开清梭口和打紧纬纱,故采用中开口或稍迟开口织造,以利于条纹突出,纹路清晰,减少经纱断头。

(6)灯芯绒、平绒。采用迟开口织造,以降低经纱断头,提高织机效率。

(7)纱罗。采用中开口或稍迟开口织造,可减少经纱张力差异,改善纱孔均匀度。

(8)绒布。平布绒参照平布织物要求,哔叽绒参照斜纹织物要求。

(9)粘胶纤维及其混纺织物。参照同类纯棉织物。

(10)涤棉混纺织物。因为开口时纱线粘连现象比较严重,梭口不易开清,一般采用比同类纯棉织物略早的开口时间,但为了避免经纱受到过度摩擦,开口时间也不宜太早。

(11)维棉混纺织物。一般可与同类纯棉织物相同。

(12)丙棉混纺织物。开口时间比同类纯棉织物略早。

(13)中长纤维织物。开口时间可与同类纯棉织物相同。

各类织物开口时间的范围见表7-12。

表7-12 各类织物的开口时间

织 物 类 别			开口时间(mm)
平布类(粗、中、细平布)			229~235
稀薄类(细纺、玻璃纱等)			222~232
府绸类	单踏盘		229~241
	双踏盘	1	第一、第二页综框 216~222
			第三、第四页综框 235~241
		2	第一、第二页综框 235~241
			第三、第四页综框 216~222
		3	第一、第二、第三、第四页综框 229~241

织　物　类　别		开口时间(mm)
斜纹、卡其类(哔叽、华达呢、卡其)		197～222
贡缎类	踏盘开口	197～222
	多臂开口	184～203
麻　纱		210～229
灯芯绒		184～216
经平绒		184～216
纬平绒		197～210
纱　罗		200～216

3. 开口时间的调节

（1）平纹踏盘开口时间的调节。置曲柄于上心附近,梭子在换梭侧梭箱,量钢箱到胸梁内侧的距离,使其等于工艺规定的开口时间。使踏盘的紧定螺丝向后,两根踏综杆平齐,踏盘与转子全面接触,左右对正,固定踏盘位置。同时应使两综相平,大小吊综辘铲上的顶丝相平,吊综带的松紧适当。

在调节开口时间时,梭子在换梭侧梭箱,可以使第一个梭口是后综在下前综在上的梭口。前综在上时梭口前部上层经纱张力比较大,梭口比较清晰。换梭侧在换梭后投第一梭时梭子运动不够稳定且投梭力小,而前综在上的梭口对梭子顺利通过有利。

对已上机运转的织机,为操作方便,应使梭子在开关侧,踏盘的紧定螺丝向前。投梭方向与梭口的配合是一样的。

（2）斜纹踏盘开口时间的调节。

① $\frac{2}{2}$ 斜纹组织。采用 $\frac{2}{2}$ 斜纹或 $\frac{2}{2}$ 方平布边时,不分左右手车,梭子均放在左侧梭箱,置曲柄于上心偏前,量钢箱到胸梁内侧的距离,使其等于工艺规定的开口时间,同时使第一、第三页综框平齐(踏杆平,吊综辘铲螺丝平),第四页综在上,第二页综在下,底轴上的剖分齿轮与过桥齿轮对正啮合,将剖分齿轮上的紧定螺丝紧住。此规定是为了纬纱能与经纱织成布边,否则最外一根边经将不能与纬纱交织。

② $\frac{2}{1}$ 斜纹组织。梭子在开关侧,置曲柄于上心偏前,量钢箱到胸梁内侧的距离,使其等于工艺规定的开口时间,同时使第一、第二页综框平齐,第三页综框在上,将剖分齿轮上的紧定螺丝紧住。如织 $\frac{1}{2}$ 斜纹时则改为第一、第二页综框平齐,第三页综框在下,紧固剖分齿轮。此规定是为了多台车的一致,因为无论投梭方向与开口如何配合,总是不能织成整齐的布边。

③ $\frac{3}{1}$ 斜纹组织。采用织边装置织造 $\frac{2}{2}$ 方平布边时,梭子在开关侧,置曲柄于上心偏

前,量钢筘到胸梁内侧的距离,使其等于工艺规定的开口时间,同时使第一、第四页综框在上,第二、第三页综框平齐,紧住剖分齿轮。若采用反斜纹边或人字边,则不论左右手车,梭子均放在右侧梭箱,置曲柄于上心偏前,量钢筘到胸梁内侧的距离,使其等于工艺规定的开口时间,使第一、第四页综框在上,第二、第三页综框平齐,紧固剖分齿轮。

左手车织机,梭子在开关侧,置曲柄于上心偏前,量钢筘到胸梁内侧的距离,使其等于工艺规定的开口时间,使第二、第四和第五页综框在上,第一和第三页综框平齐,左侧第一根边经纱在上,右侧末根边经纱在上,紧住剖分齿轮。对右手车织机,梭子在开关侧,置曲柄于上心偏前,量钢筘到胸梁内侧的距离,使其等于工艺规定的开口时间,使第二、第四和第五页综框在上,第一和第三页综框平齐,左侧第一根边经纱在下,右侧末根边经纱在下,紧住剖分齿轮。

(3)多臂开口时间的调节。采用多臂开口机构织造小提花织物时,把梭子放在开关侧梭箱,置曲柄于上心偏前,量钢筘到胸梁内侧的距离,使其等于工艺规定的开口时间,同时使三臂杠杆横臂呈水平状态,上、下拉刀位于同一铅垂线上,然后使地经的某两页综框平齐,将开口曲柄转向机后呈水平状态,并旋紧固定螺丝。如曲柄和三臂杠杆横臂不同时呈水平状态,则可调节摇杆上的调节螺丝。

(五)投梭时间

投梭时间指发动投梭运动的时间。在下投梭机构上,指投梭转子与投梭鼻开始接触的时间。其表示方法有角度法和距离法。角度法是指投梭转子与投梭鼻开始接触时,主轴曲柄转离前死心的角度。距离法是指主轴曲柄在下心附近、投梭转子与投梭鼻开始接触时,钢筘到胸梁内侧的距离。实际生产中,有梭织机上多采用距离法。

1. 投梭时间对织造生产的影响 投梭时间决定了梭子进梭口的时间。投梭时间的迟早影响到织机的生产效率、动力及机物料消耗和织物质量。投梭时间过早,梭子入梭口早,此时梭口虽已满开,但梭子入梭口时钢筘离织口较近,筘处梭口高度较小,梭子入梭口时挤压度大,增加了梭子与边部经纱的摩擦,易引起边部经纱断头,也容易因此而降低梭子速度。同时,离梭口满开的时间比较短,经纱尚未完全分开,梭口的清晰度较差,容易在进口侧产生边部跳花等疵点。此外,梭子入梭口过早,下层经纱离走梭板距离较大,梭子入梭口时梭子前端被下层经纱上托,使梭子飞行不稳。投梭时间过迟,则梭子入梭口时间较迟,入梭口时的情况与早投梭相反,有利于梭子稳定飞行并减少边经断头和跳花织疵,但在投梭力不变的条件下,梭子出梭口时的挤压度增加,在出口侧易出现断边、跳花、加梭尾等现象。这种情况下如欲保持出梭口时的挤压度不变,则梭子的飞行时间减小,就需增加投梭力以提高梭子的飞行速度,但这会增加机物料和动力消耗,增加织机的振动和噪声。

2. 确定投梭时间的原则 在确定投梭时间时,应综合考虑与开口时间的配合、织物种类(织物的幅宽、经纬密、纱线性质等)、织机的转速、筘幅及投梭系统弹性变形等因素。织机转速高时,梭子通过梭口的时间短,投梭机构的变形较大,为了不过大地增加投梭力,投梭时间应适当提早;织机转速低时,投梭时间可迟些。筘幅宽的织机,投梭时间要早些,以延长梭子飞行角,有利于梭子顺利通过梭口;筘幅窄的织机,投梭时间可以迟些。经纱的穿箔幅宽比织机的箔幅小很多时,投梭时间可以提早。梭口不易开清时,投梭时间应迟些,以减少进口侧跳花疵点;梭口容易开清时,投梭时间可适当早些,以延长梭子飞行时间,有利于减少投梭力。在自动换梭织机上,换梭侧投梭时间要迟些,因换梭后要等扬起背板下落并处于稳定状态时开始投梭,以使梭子运动稳定,减少飞梭事故;开关侧的投梭时间可早些,以利于减小投梭力。多梭箱织机的多梭箱侧投梭时间应稍迟,一般比开关侧的投梭时间迟10°左右,跳换梭箱时应比顺序变换梭箱时更迟。不同品种织物投梭时间的配置要求不同。

(1)平布。平纹组织纱线交织次数多,每次开口所有经纱都要上下运动交换位置,梭口不够稳定,因此投梭时间应适当迟些。

(2)府绸。属高经密平纹织物,梭口不易开清,所以投梭时间应较平布类织物迟些。

(3)斜纹、卡其类。因为斜纹织物每次开口时总有一部分经纱不改变上下位置,梭口比较稳定,可以早些投梭,并可适当减小投梭力。

(4)贡缎。与斜纹、卡其类织物的投梭时间基本相同。

(5)麻纱。由于麻纱织物的经向紧度较小,梭口比较容易开清,故投梭时间可比平布类织物略早。

(6)灯芯绒。可与斜纹、卡其类织物的投梭时间基本相同。

(7)经平绒。由于经平绒织物的经向紧度大,且绒经张力小,因此梭口不易开清,故投梭时间应比斜纹、卡其类织物的投梭时间略迟。

(8)纬平绒。由于纬平绒织物的经向紧度不大,梭口容易开清,故投梭时间应比斜纹、卡其类织物的投梭时间略早。

(9)纱罗。由于纱罗织物的经向紧度不大,故可采用较早的投梭时间。

(10)化纤及混纺织物。由于开口时经纱粘连现象比较严重,容易造成开口不清,投梭时间应略迟于同品种的纯棉织物。

各类织物投梭时间的范围见表7-13。

表7-13　各类织物的投梭时间

织　物　类　别			投梭时间(mm)
平布类(粗、中、细平布)			216~229
稀薄类(细纺、玻璃纱等)			210~229
府绸类		单踏盘	219~232
	双踏盘	1　第一、第二页综框　第三、第四页综框	219~232
		2　第一、第二页综框　第三、第四页综框	219~232
		3　第一、第二、第三、第四页综框	219~232
斜纹、卡其类(哔叽、华达呢、卡其)			210~222

织 物 类 别		投梭时间(mm)
贡缎类	踏盘开口	210～222
	多臂开口	210～222
麻 纱		200～222
灯芯绒		210～222
经平绒		216～222
纬平绒		200～210
纱 罗		200～210

3. 投梭时间的调节　在采用下投梭机构的织机上,调节投梭时间的方法是:置曲柄于下心偏前,按工艺规定的投梭时间,量准钢箱到胸梁内侧的距离,松开投梭转子螺丝,使投梭转子与投梭鼻的后侧接触,然后紧固。

当投梭转子按照投梭盘的回转方向在投梭盘的弧形槽中移动时,投梭时间提早,按与投梭盘的回转方向作相反方向的移动时,投梭时间推迟。

因为影响梭子运动的因素多而且多变,因此初定投梭时间后仍需在试织中观察梭子运动情况,反复调整后确定。

(六)投梭力

投梭力是指击梭时期皮结的静态位移,它决定梭子脱离皮结时的速度。在投梭时间一定的条件下,投梭力的大小决定梭子出梭口的时间。

投梭力的大小可以用击梭终了时投梭棒推动皮结的一侧与梭箱底板内端的距离来表示。此距离越大,投梭动程越小。这种表示方法可以防止因投梭棒接触皮结处磨损而造成误差。投梭力的大小也可以用击梭终了时投梭棒推动皮结的一侧与梭箱底板外端的距离来表示。此距离越大,投梭动程越大。投梭力的大小还可以用击梭终了时投梭棒外侧到梭箱底板外端的距离表示。此距离越大,投梭动程越大。采用这种表示方法,当投梭棒因磨损而宽度减小时,会产生测量误差,使投梭力减小。

1. 投梭力对织造生产的影响　在开口时间和投梭时间不变时,投梭力的大小决定了梭子出梭口时的挤压度。

(1)投梭力太小。

①投梭力太小,梭子飞行速度较低,梭子出梭口的时间比较迟,此时梭口在闭合过程中,梭口前角比较小,钢箱离织口距离较近,因此出梭口时经纱对梭子的挤压度比较大,这样就容易磨损边纱,增加断边和边部跳花等疵点。

②投梭力太小,梭子不易打到头,造成下一次投梭力不足而轧梭。

③投梭力太小,梭子速度太低,纬纱张力不足,造成无故纬停,甚至当梭子投向开关侧梭箱时会碰撞纬纱叉,影响其正常作用,甚至把纬纱叉碰坏。

(2)投梭力过大。

① 投梭力过大,梭子出梭口的时间早,出梭口时梭口高度较大,钢筘离织口的距离也较远,出梭口时经纱对梭子的挤压度小,断边、跳花等疵点较少。

② 投梭力大而增加了动力和机物料的消耗,增加了织机的振动和噪声,投梭机构也容易因部件松动和损坏而出现故障。

③ 过大的投梭力使梭子回跳量的增加,造成下一次投梭力不足而轧梭。

④ 当制梭力也比较大时,在梭子进入梭箱时容易产生脱纬和纬崩,特别是在使用较粗的纬纱和用直接纬时更容易发生。

2. 确定投梭力的原则　在确定投梭力时应综合考虑投梭棒的质量、皮结的新旧程度、织物品种、车速、筘幅、投梭时间及开口时间等因素,并参考已知品种资料进行初定。经过试织,观察梭子出梭口时受挤压的情况、梭子定位是否准确,用手摸皮结、皮圈以判断投梭力的大小是否合适。

织机筘幅宽,梭子通过梭口的路程长,投梭力应大些。织机车速高,梭子要在较短的时间内通过梭口,投梭力应大些。经密大、经纬纱特数高的织物,梭口不易开清,纬纱引出阻力大,投梭力应大些。梭子重、尺寸大时,投梭力应大些。在自动换梭织机上,换梭后,梭尖与皮结孔眼之间有一定的间隙,需加大投梭力,故换梭侧的投梭力应较开关侧的投梭力大。在1515 型、GA611 型和 GA615 型等自动换梭织机上,两侧梭箱底板长度不同,换梭侧梭箱底板较开关侧梭箱底板长,换梭侧的投梭力比开关侧大。因投梭棒静止时离筘座外端的距离是一样的,所以用击梭终了时投梭棒推动皮结的一侧与梭箱底板内端的距离来表示投梭力时,两侧的投梭力数值相等,但两侧的实际投梭动程不同,换梭侧的投梭动程较开关侧大。在单侧多梭箱织机上,多梭箱侧的投梭力也应相应增大。

在梭子飞行正常、定位准确、出梭口挤压度不致过大的情况下,投梭力以小为宜。这样制梭力也可以相应减小,有利于减少动力和机物料的消耗,降低织机的振动和噪声。

3. 投梭力的调节　在下投梭机构上,移动侧板支点的高低位置可以改变投梭力的大小。把侧板支点向上移动则投梭力增加,向下移动则投梭力减小。

在调整投梭时间和投梭力时,必须先调投梭力,后调投梭时间。因为,调节投梭力时会影响投梭时间。如把投梭力调大时,侧板支点上移,投梭转子与投梭鼻开始接触的会因之提早,反之则推迟。调节投梭时间不会引起投梭力的变化,所以,在单调投梭力之后,必须重新校正投梭时间。

校正投梭力:把弯轴转到下心附近,使投梭转子向下把侧板压到最低位置,用钢尺测量投梭力的大小。如果投梭力不符合工艺规定要求,可松动侧板螺帽,调节侧板挂脚下面的调节螺钉,改变侧板支点高低位置,当投梭力达到规定要求时,扳紧侧板挂脚调节螺钉和侧板螺帽。

(七)经纱上机张力

综平时经纱的静态张力称为经纱上机张力。适当的经纱上机张力是开清梭口和打紧纬纱的必要条件。

1. 经纱上机张力与织造过程及织物质量的关系　经纱上机张力对织物质量和织机生产效率都有影响。上机张力小,打纬区大,打纬时经纱在综眼中往复移动的距离大,使经纱断头增加,织机效率降低,且打纬后纬纱回退多,不易打紧纬纱。过小的上机张力不能改善经纱张力不均匀的状态,布面不匀整,出现条影,影响织物外观的丰满。小而不匀的经纱张力造成开口不清,使"三跳"织疵增加。但是,过大的上机张力会使纱线疲劳,强力降低,造成大量断头。过大的上机张力还会破坏经纱的条干均匀,使细节增多,整幅经纱过分紧张也将影响经纱排列的均匀,使布面不丰满并增加长而深的条影。

经纱上机张力对织物物理机械性能的影响见表 7–14。

表 7–15 ~ 表 7–17 为几个不同品种改变经纱上机张力的试验结果。

表 7–14 经纱上机张力对织物物理机械性能的影响

项　目	上机张力大	上机张力小	项　目	上机张力大	上机张力小
经纱缩率	减小	增大	幅宽	减小	增加
纬纱缩率	增大	减小	经密	增加	减小
经向断裂伸长	降低	增加	纬密	增加	减小
纬向断裂伸长	增加	降低	布面匀整程度	较好	较差
经向强力	增加	减小	纹路突出程度	较差	较好
匹长	增加	减小			

表 7–15 不同上机张力的细平布经纱断头和织物质量

品　种	单纱上机张力 (mN)	经纱断头 [根/(台·h)]	经纱缩率 (%)	成布外观质量评定
19tex×16tex 283 根/10cm× 271.5 根/10cm	155.8	0.29	7.41	条影较少,狭而淡,分布较均匀,布面平整,丰满度正常
	198	0.32	7.19	条影有增加,阔面暴露明显,布面稀疏不丰满
18tex×18tex 311 根/10cm× 307 根/10cm	104.9	0.34	9.32	布面稀疏,很不平整,染色后雨状条花严重
	161.7	0.31	8.90	布面平整丰满,染色后条花有明显改善

表 7–16 不同上机张力的中平布(30tex×30tex)经纱断头和织物质量

项　目	单纱上机张力(mN)	147	196	235.2	323.4	470.4
织物强力(N)	经向	512.5	517.4	503.7	521.4	494.9
	纬向	513.5	497.8	506.7	516.5	520.4
织物伸长(%)	经向	12.8	11.8	11.7	10.5	7.9
	纬向	11.3	11.2	11.3	11.5	11.8

项　目	单纱上机张力(mN)	147	196	235.2	323.4	470.4
织物断裂功(J)	经向	4.39	4.28	3.92	3.6	3.19
	纬向	4.12	3.94	4.15	4.45	3.95
经纱断头[根/(台·h)]		0.24	0.31	0.37	0.41	0.48
平磨度(次)		192.4	195.5	199.6	207.1	211.1
经纱缩率(%)		6.83	6.65	6.54	6.24	5.85
在机布幅(cm)		91.8	91.6	91.5	91.2	90.8
布面条影		较差	较差	最好	差	最差

表7-17　不同上机张力的府绸(15 tex×15 tex)经纱断头和织物质量

项　目	单纱上机张力(mN)	133.3	175.4	201.9	234.2	321.4
织物强力(N)	经向	642	658.3	691.5	712	685.9
	纬向	326.3	332	319.4	331.5	320
织物伸长(%)	经向	19.50	17.66	16.09	15.21	13.34
	纬向	8.19	7.25	7.65	8.08	8.10
平磨度(次)		162.7	174.8	174.9	176.7	183.3
下机布幅(cm)		97.10	96.69	96.40	96.15	95.80
树皮皱		全幅树皮皱	树皮皱多,平整度差	树皮皱较多,平整度较差	树皮皱少而分散,平整度好	树皮皱少而分散,平整度好
经向张力分布		分布不匀	分布略匀	分布较匀	分布均匀	分布均匀
布面条影		少、细、淡	少、细、淡	多、阔、短、深	多、细、短、分布匀	多、细、长、深
手　感		粗硬	硬	软	软	软
打纬瞬时最大张力(mN)		493	448	529	539	749
梭口满开时张力(mN)		254	260	354	367	534

2. 确定经纱上机张力的原则　适当的经纱上机张力,有利于减小经纱断头率,并使织物具有较好的外观效应和物理机械性能。经密大或经纱毛羽多时,要适当加大上机张力,以利于开清梭口。纬密大或经纱纱交错次数多的织物,应适当加大上机张力,以利于打紧纬纱。纱特细,上机张力要小些;纱特粗,上机张力可大些。梭口上、下层经纱张力差异大时,上机张力要大些,以防止上层经纱松弛,有利于开清梭口。经纱质量差或上浆质量差时,上机张力要小些,以减少经纱断头。准备工序的经纱张力比较均匀时,上机张力可小些,以保

护经纱条干;经纱张力不均匀时,应适当加大上机张力,以利于开清梭口和布面匀整。要求颗粒或纹路突出的织物,上机张力不宜过大。

确定经纱上机张力时,应综合考虑织轴的质量、经纱张力均匀程度、织物品种及其质量要求,在满足开清梭口、打紧纬纱及织物外观和内在质量要求的前提下,上机张力以小为宜,以利于降低经纱断头率,提高织机生产效率。各类织物的上机张力要求如下。

(1)府绸。为了达到经曲纬直颗粒突出,上机张力不宜过大,但上机张力过小,将影响到布面匀整,条影较重,且因经密大而产生三跳、经缩等疵点。所以在生产中,府绸织物的上机张力较平布稍大,当准备工序经纱张力较均匀时,在保证开清梭口的前提下,上机张力以偏小为宜。

(2)平布。为求布面匀整和打紧纬纱,上机张力应大些。粗平布张力大于细平布,密度较高的织物,应加大上机张力。

(3)斜纹、卡其类。要求纹路清晰,即斜纹线要达到匀(斜纹线之间要等距)、深(经纬纱屈曲波高的比值大)、直(经浮线长度相等)。上机张力较小时,经纱容易弯曲,纹路显得深,但张力小时片纱张力不匀的情况得不到改善,使布面不匀整,纹路不直。因此,斜纹、卡其类织物的上机张力不能过小,通常以较大的上机张力织造。如整片经纱张力均匀,则可采用较小的上机张力。

(4)贡缎。上机张力应适中,以利于布面匀整、减少三跳疵点。纱线特数相同时,直贡的上机张力应稍大于横贡。

(5)麻纱。采用适中的上机张力,以满足布面条纹凸起、匀直的要求。

(6)灯芯绒。由于纬密很高,应加大上机张力,以利于打紧纬纱和减少断经疵点。

(7)平绒。经平绒地经上机张力较一般织物大,绒经上机张力以小为好,以利于绒毛耸立、丰满、匀整,但张力过小会使绒经扭结成毛巾圈状的浮绒疵点。纬平绒织物的上机张力要求与灯芯绒织物相同。

(8)纱罗。上机张力的配置以地经张力较大、绞经张力较小为宜,以利于绞孔清晰,花形完整。

(9)粘胶纤维织物。由于粘胶纤维强力较低,塑性变形较大,拉伸后恢复性能差,因此经纱上机张力应比同品种纯棉织物小,以利于减少经纱断头。

(10)涤棉混纺织物。涤棉纤维表面光滑,上机张力过大,纤维间容易滑移,使纱线内部结构受到影响,增加细节和经纱断头,因此,经纱上机张力不宜过大。但由于涤棉纱容易积聚静电,纱线表面毛羽多,在开口时粘连现象严重,不易开清梭口,所以上机张力也不能过小。采用适当偏大的上机张力以利于减少三跳及断经疵点。

(11)维棉混纺织物。一般品种可与纯棉织物相同,高紧度的维棉卡其,上机张力可同于或略大于纯棉织物,以减少梭口的粘连现象,有利于开清梭口。但上机张力太大,会增加经纱的摩擦损伤,影响染色的均匀。

(12)丙棉混纺织物。纤维蓬松,容易积聚静电,纱线表面毛羽较多,因此上机张力应适当加大,以利于开清梭口,减少三跳疵点。

(13)中长纤维织物。由于多为股线织物,故应采用较大的上机张力,以利于开清梭口,减少三跳疵点。

(14)绒布。平布绒参照平布类织物要求,哔叽绒参照斜纹织物要求。

3. 各类织物的上机张力配置 一般可掌握织机上的单纱上机张力不大于细纱断裂强度的30%。常见品种的经纱上机张力见表7-18。

表7-18 常见品种的经纱上机张力(张力重锤重量)

织物类别	张力重锤重量(kg)	织物类别	张力重锤重量(kg)
棉中平布	8~14	麻纱	8~14
棉细平布	8~12	灯芯绒、平绒	12~23
棉府绸	14~22	纱罗	8~12
棉哔叽	8~12	粘胶纤维织物	8
棉华达呢	12~14	涤棉细布	8~12
棉卡其	14~22	涤棉府绸	15~18
棉直贡	14~18	涤棉斜纹、卡其类	12~25
棉横贡	8~14		

4. 衡量上机张力大小的方法及上机张力的调节

(1)衡量上机张力大小的方法。在生产中常以机上布幅来衡量上机张力。机上布幅是指织机上卷布辊处测量的织物布幅。根据织物品种规定机上布幅与成品布幅的差值即幅差值,并随时测量机上布幅,以掌握上机张力。常见品种的幅差值:中平布为8mm左右,府绸为4~6mm,斜纹、卡其类为6mm左右。

影响幅差值的因素有以下几种。

①上机张力。纱特、密度相同的织物,上机张力大,幅差也大,但不成比例。

②织物幅宽。相同品种的织物,上机张力相同时,幅宽大,幅差成比例增加。

③经向紧度。织物的经向紧度大时,经向缩率大,纬向缩率小,幅差小。

④纬向紧度。织物的纬向紧度大时,纬向收缩大,幅差较大。

(2)上机张力的调节。当测量的机上布幅比规定的机上布幅小或大时,说明上机张力过大或过小,应及时调节上机张力。上机张力的调节方法有如下两种。

①改变张力重锤的重量或只数。增加重锤的重量或只数,上机张力增大;反之,则上机张力减小。

②改变张力重锤在张力重锤杆上的位置。张力重锤向机前移动,上机张力变大;反之,则上机张力变小。

(八)纬密齿轮齿数的选用

织物纬密是指单位长度织物内的纬纱根数,分为公制纬密和英制纬密。公制纬密以

10cm 长度织物内的纬纱根数表示(根/10cm);英制纬密以每英寸长度织物内的纬纱根数表示(根/英寸)。织物在织机上具有一定张力条件下的纬纱密度称为机上纬密。下机后织物不再处于纵向张紧的状态,织物长度就要收缩,下机织物的纬纱密度就会增加,下机后织物所具有的纬密称为下机纬密或织物纬密(即织物规格中所规定织物纬密)。机上纬密 P_w 与织物纬密 P'_w 的关系为:

$$P_w = \frac{P'_w}{1 - a}$$

a 为织物的下机缩率,其大小随织物原料种类、织物组织和密度、纱线特数、上机张力及回潮率等因素而异。一般中平布、半线卡其、细特府绸、半线华达呢的下机缩率为 3% 左右,纱布、哔叽、横贡、直贡的下机缩率为 2% ~3%,细平布的下机缩率为 2% 左右,细纺布的下机缩率为 1% ~2%,麻纱的下机缩率为 1% ~1.5%,紧密的纱卡其的下机缩率为 4% 左右,色织格子布的下机缩率为 3% 左右。也有少数织物如劳动布和鞋用帆布等下机缩率大于 3%。

1. 七轮间歇式卷取机构　该机构用于 1511M 型、1515 型、GA611 型、GA615 型织机。

公制纬密计算公式:

$$P_w = \frac{141.3}{1 - a} \cdot \frac{Z_7}{Z_6}$$

英制纬密计算公式:

$$P_{we} = \frac{35.89}{1 - a} \cdot \frac{Z_7}{Z_6}$$

式中:P_w——织物下机纬密,根/10cm;

　　　P_{we}——织物下机纬密,根/英寸;

　　　Z_6——变换齿轮 6 的齿数;

　　　Z_7——变换齿轮 7 的齿数;

　　　a——织物下机缩率。

由上式可知,织物的下机纬密与变换齿轮 7 的齿数 Z_7 成正比,与变换齿轮 6(也可称标准齿轮)的齿数 Z_6 成反比;而下机缩率愈大,下机纬密比机上纬密增加愈多。改变变换齿轮的齿数 Z_6、Z_7,可实现织物纬密的调节。

一般织布厂改变品种时,通常根据类似织物先估计该织物的下机缩率,初步计算和选定变换齿轮的齿数。然后进行试织,若下机纬密超过规定偏差范围时,就应调整初步选定的变换齿轮齿数,直到织物纬密符合设计的规定要求为止。国家标准规定:下机纬密不得低于工艺设计所规定成品纬密的 1%。

为便于查用,把织物的机上纬密和变换齿轮齿数列成对照表见表 7 – 19。

表 7－19　变换齿轮与机上纬密对照表

Z_7 \ Z_6	20	21	22	23	24	25	26	27	28	29	30	31	32	33	34
20	141.3	134.6	128.5	122.9	117.8	113.0	108.7	104.7	100.9	97.4	94.2	91.2	88.3	85.6	83.1
21	148.4	141.3	134.9	129.0	123.6	118.7	114.1	109.9	106.0	102.3	98.9	95.7	92.7	89.9	87.3
22	155.4	148.0	141.3	135.2	129.5	124.3	119.6	115.1	111.0	107.2	103.6	100.3	97.1	94.2	91.4
23	162.5	154.8	147.7	141.3	135.4	130.0	125.0	120.4	116.1	112.1	108.3	104.8	101.6	98.5	95.6
24	169.6	161.5	154.1	147.4	141.3	135.6	130.4	125.6	121.1	116.9	113.0	109.4	106.0	102.8	99.7
25	176.6	168.2	160.6	153.6	147.2	141.3	135.9	130.8	126.2	121.8	117.8	114.0	110.4	107.0	103.9
26	183.7	174.9	167.0	159.7	153.1	147.0	141.3	136.1	131.1	126.7	122.5	118.5	114.8	111.3	108.1
27	190.8	181.7	173.4	165.9	159.0	152.6	146.7	141.3	136.3	131.6	127.2	123.1	119.2	115.6	112.2
28	197.8	188.4	179.8	172.0	164.9	158.3	152.2	146.5	141.3	136.4	131.9	127.6	123.6	119.9	116.4
29	204.9	195.1	186.3	178.2	170.7	163.9	157.6	151.8	146.3	141.3	136.6	132.2	128.1	124.2	120.5
30	212.0	201.9	192.7	184.3	176.6	169.6	163.0	157.0	151.4	146.2	141.3	136.7	132.5	128.5	124.7
31	219.0	208.6	199.1	190.4	182.5	175.2	168.5	162.2	156.4	151.0	146.0	141.3	136.9	132.7	128.8
32	226.1	215.3	205.5	196.6	188.4	180.9	173.9	167.5	161.5	155.9	150.7	145.9	141.3	137.0	133.0
33	233.1	222.0	212.0	202.7	194.3	186.5	179.3	172.7	166.5	160.8	155.4	150.4	145.7	141.3	137.1
34	240.2	228.8	218.4	208.9	200.2	192.2	184.8	177.9	171.6	165.7	160.1	155.0	150.1	145.6	141.3
35	247.3	235.5	224.8	215.0	206.1	197.8	190.2	183.2	176.6	170.5	164.9	159.5	154.6	149.9	145.5
36	254.3	242.2	231.2	221.2	212.0	203.5	195.7	188.4	181.7	175.4	169.6	164.1	159.0	154.1	149.6
37	261.4	248.9	237.6	227.3	217.8	209.1	201.1	193.6	186.7	180.3	174.3	168.6	163.4	158.4	153.6
38	268.5	255.7	244.1	233.4	223.7	214.8	206.5	198.9	191.8	185.1	179.0	173.2	167.8	162.7	157.9
39	275.5	262.4	250.5	239.6	229.6	220.4	212.0	204.1	196.8	190.0	183.7	177.8	172.2	167.0	162.1
40	282.6	269.1	256.9	245.7	235.5	226.1	217.4	209.3	201.8	194.9	188.4	182.3	176.6	171.3	166.2
41	289.7	275.9	263.3	251.9	241.4	231.7	222.8	214.6	206.9	199.8	193.1	186.9	181.0	175.6	170.4
42	296.7	282.6	270.0	258.0	247.3	237.4	228.3	219.8	211.9	204.6	197.8	191.4	185.5	179.8	174.5
43	303.8	289.3	276.2	264.2	253.2	243.0	233.7	225.0	217.0	209.5	202.5	196.0	189.9	184.1	178.7
44	310.9	296.0	282.6	270.3	259.1	248.7	239.1	230.3	222.0	214.4	207.2	200.6	194.3	188.4	182.9
45	317.9	302.8	289.0	276.4	265.0	254.3	244.6	235.5	227.1	219.2	212.0	205.1	198.7	192.7	187.0
46	325.0	309.5	295.5	282.6	270.8	260.0	250.0	240.7	232.1	224.1	216.7	209.7	203.1	197.0	191.2
47	332.1	316.2	301.9	288.7	276.7	265.6	255.4	246.0	237.2	229.0	221.4	214.2	207.5	201.3	195.3
48	339.1	323.0	308.3	294.9	282.6	271.3	260.9	251.2	242.2	233.9	226.1	218.8	212.0	205.5	199.5
49	346.2	329.7	314.7	301.0	288.5	276.9	266.3	256.4	247.3	238.7	230.8	223.3	216.4	209.8	203.6

Z_6 Z_7	20	21	22	23	24	25	26	27	28	29	30	31	32	33	34
50	353.3	336.4	321.1	307.2	294.4	282.6	271.7	261.7	252.3	243.6	235.5	227.9	220.8	214.1	207.8
51	360.3	343.1	327.6	313.3	300.3	288.3	277.2	266.9	257.4	248.5	240.2	232.5	225.2	218.4	212.0
52	367.4	350.0	334.0	319.4	306.2	293.9	282.6	272.1	262.4	253.4	244.9	237.0	229.6	222.7	216.1
53	374.4	356.6	340.4	325.6	312.1	299.6	288.0	277.4	267.4	258.2	249.6	241.6	234.0	226.9	220.3
54	381.5	363.3	346.8	331.7	317.9	305.2	293.5	282.6	272.5	263.1	254.3	246.1	238.5	231.2	224.4
55	388.6	370.1	353.3	337.9	323.8	310.9	298.9	287.8	277.5	268.0	259.1	250.7	242.9	235.5	228.6
56	395.6	376.8	359.7	344.0	329.7	316.5	304.4	293.1	282.6	272.8	263.8	255.2	247.3	239.8	232.7
57	402.7	383.5	366.1	350.2	335.6	322.2	309.8	298.3	287.6	277.7	268.5	259.8	251.7	244.1	236.9
58	409.8	390.2	372.5	356.3	341.5	327.8	315.2	303.5	292.7	282.6	273.2	264.4	256.1	248.4	241.0
59	416.8	397.0	379.0	362.4	347.4	333.5	320.7	308.8	297.7	287.5	277.9	268.9	260.5	252.6	245.2
60	423.9	403.7	385.4	368.6	353.3	339.1	326.1	314.0	302.8	292.3	282.6	273.5	265.0	256.9	249.4
61	431.0	410.4	391.8	374.7	359.2	344.8	331.5	319.2	307.8	297.2	287.3	278.0	269.4	261.2	253.5
62	438.0	417.1	398.2	380.9	365.0	350.4	337.0	324.5	312.9	302.1	292.0	282.6	273.8	265.5	257.7
63	445.1	423.9	404.6	387.0	370.9	356.1	342.4	329.7	317.9	306.9	296.7	287.2	278.2	269.8	261.8
64	452.2	430.6	411.1	393.2	376.8	361.7	347.8	334.9	323.0	311.8	301.4	291.7	282.6	274.0	266.0
65	459.2	437.3	417.5	399.3	382.7	367.4	353.3	340.2	328.0	316.7	306.2	296.3	287.0	278.3	270.1
66	466.3	444.1	423.9	405.4	388.6	373.0	358.7	345.4	333.0	321.6	310.9	300.8	291.4	282.6	274.3
67	473.4	450.8	430.3	411.6	394.5	378.7	364.1	350.6	338.1	326.4	315.6	305.4	295.9	286.9	278.4
68	480.4	457.5	436.8	417.7	400.4	384.3	369.6	355.9	343.1	331.3	320.3	309.9	300.3	291.2	282.6
69	487.5	464.2	443.2	423.9	406.3	390.0	375.0	361.1	348.2	336.2	325.0	314.5	304.7	295.5	286.8
70	494.6	471.0	450.0	430.0	412.2	395.6	380.4	366.3	353.2	341.0	329.7	319.1	309.1	299.7	290.9
71	501.6	477.7	456.0	436.2	418.0	401.3	385.9	371.5	358.3	345.9	334.4	323.6	313.5	304.0	295.1
72	508.7	484.4	462.5	442.3	423.9	406.9	391.3	376.8	363.3	350.8	339.1	328.2	317.9	308.3	299.2
73	515.7	491.2	468.9	448.4	429.8	412.6	396.7	382.0	368.4	355.7	343.8	332.7	322.4	312.6	303.4
74	522.8	497.9	475.3	454.6	435.7	418.2	402.2	387.2	373.4	360.5	348.5	337.3	326.8	316.9	307.5
75	529.9	504.6	481.7	460.7	441.6	423.9	407.6	392.5	378.5	365.4	353.3	341.9	331.2	321.1	311.7
76	536.9	511.3	488.1	466.9	447.5	429.6	413.1	397.7	383.5	370.3	358.0	346.4	335.6	325.4	315.9
77	544.0	518.1	494.6	473.0	453.4	435.2	418.5	402.9	388.6	375.2	362.7	351.0	340.0	329.7	320.0
78	551.1	524.8	501.0	479.2	459.3	440.9	423.9	408.2	393.6	380.0	367.4	355.5	344.4	334.0	324.2
79	558.1	531.5	507.4	485.3	465.1	446.5	429.4	413.4	398.6	384.9	372.1	360.1	348.9	338.3	328.3
80	565.2	538.3	513.8	491.4	471.0	452.2	434.8	418.6	403.7	389.8	376.8	364.6	353.3	342.6	332.5
81	572.3	545.0	520.3	497.6	476.9	457.8	440.2	423.9	408.7	394.6	381.5	369.2	357.7	346.8	336.6

续表

$\frac{Z_6}{Z_7}$	20	21	22	23	24	25	26	27	28	29	30	31	32	33	34
82	579.3	551.7	526.7	503.7	482.8	463.5	445.7	429.1	413.8	399.5	386.2	373.8	362.1	351.1	340.8
83	586.4	558.4	533.1	509.9	488.7	469.1	451.1	434.3	418.8	404.5	390.9	378.3	366.5	355.4	344.9
84	593.5	565.2	539.5	516.0	494.6	474.8	456.5	439.6	423.9	409.3	395.6	382.9	370.9	359.7	349.1
85	600.5	571.9	545.9	522.2	500.5	480.4	462.0	444.8	428.9	414.1	400.4	387.4	375.4	364.0	353.3
86	607.6	578.6	552.4	528.3	506.4	486.1	467.4	450.0	434.0	419.0	405.1	392.0	379.8	368.2	357.4
87	614.7	585.3	558.8	534.4	512.2	491.7	472.8	455.3	439.0	423.9	409.8	396.5	384.2	372.5	361.6
88	621.7	592.1	565.2	540.6	518.1	497.4	478.3	460.5	444.1	429.7	414.5	401.1	388.6	376.8	365.7
89	628.8	598.8	571.6	546.7	524.0	503.0	483.7	465.7	449.1	433.6	419.2	405.7	393.0	381.1	369.9
90	635.9	605.5	578.1	552.9	529.9	508.7	489.1	471.0	454.1	438.5	423.9	410.2	397.4	385.4	374.0

$\frac{Z_6}{Z_7}$	35	36	37	38	39	40	41	42	43	44	45	46	47	48	49
20	80.7	78.5	76.4	74.4	72.5	70.7	68.9	67.3	65.7	64.2	62.8	61.4	60.1	58.9	57.7
21	84.8	82.4	80.2	78.1	76.1	74.2	72.4	70.6	69.0	67.4	65.9	64.5	63.1	61.8	60.6
22	88.8	86.4	84.0	81.8	79.7	77.7	75.8	74.0	72.3	70.6	69.1	67.6	66.1	64.8	63.4
23	92.9	90.3	87.8	85.5	83.3	81.2	79.3	77.4	75.6	73.9	72.2	70.7	69.1	67.7	66.3
24	96.9	94.2	91.7	89.2	87.0	84.8	82.7	80.7	78.9	77.1	75.4	73.7	72.2	70.7	69.2
25	100.9	98.1	95.5	93.0	90.6	88.3	86.2	84.1	82.2	80.3	78.5	76.8	75.2	73.6	72.1
26	105.0	102.1	99.3	96.7	94.2	91.8	89.6	87.5	85.4	83.5	81.6	79.9	78.2	76.5	75.0
27	109.0	106.0	103.1	100.4	97.8	95.4	93.0	90.8	88.7	86.7	84.8	82.9	81.2	79.5	77.9
28	113.0	109.9	106.9	104.1	101.4	98.9	96.5	94.2	92.0	89.9	87.9	86.0	84.2	82.4	80.7
29	117.1	113.8	110.7	107.8	105.1	102.4	99.9	97.6	95.3	93.1	91.1	89.1	87.2	85.4	83.6
30	121.1	117.8	114.6	111.5	108.7	106.0	103.4	100.9	98.6	96.3	94.2	92.2	90.2	88.3	86.5
31	125.1	121.7	118.4	115.3	112.3	109.5	106.8	104.3	101.9	99.5	97.3	95.2	93.2	91.3	89.4
32	129.2	125.6	122.2	119.0	115.9	113.0	110.3	107.7	105.2	102.8	100.5	98.3	96.2	94.2	92.3
33	133.2	129.6	126.0	122.7	119.6	116.6	113.7	111.0	108.4	106.0	103.6	101.4	99.2	97.1	95.2
34	137.3	133.5	129.8	126.4	123.2	120.1	117.2	114.4	111.7	109.2	106.8	104.4	102.2	100.1	98.0
35	141.3	137.4	133.7	130.1	126.8	123.6	120.6	117.7	115.0	112.4	109.9	107.5	105.2	103.0	100.9
36	145.3	141.3	137.5	133.9	130.4	127.2	124.1	121.1	118.3	115.6	113.0	110.6	108.2	106.0	103.8
37	149.4	145.2	141.3	137.6	134.1	130.7	127.5	124.5	121.6	118.8	116.2	113.7	111.2	108.9	106.7
38	153.4	149.2	145.1	141.3	137.7	134.2	131.0	127.8	124.9	122.0	119.3	116.7	114.2	111.9	109.6
39	157.4	153.1	148.9	145.0	141.3	137.8	134.4	131.2	128.2	125.2	122.5	119.8	117.2	114.8	112.5
40	161.5	157.0	152.8	148.7	144.9	141.3	137.8	134.6	131.4	128.4	125.6	122.9	120.2	117.8	115.4

续表

Z_7 \ Z_6	35	36	37	38	39	40	41	42	43	44	45	46	47	48	49
41	165.5	160.9	156.6	152.4	148.5	144.8	141.3	137.9	134.7	131.7	128.7	125.9	123.3	120.7	118.2
42	169.6	164.9	160.4	156.2	152.2	148.4	144.7	141.3	138.0	134.9	131.9	129.0	126.3	123.6	121.1
43	173.6	168.8	164.2	159.9	155.8	151.9	148.2	144.7	141.3	138.1	135.0	132.1	129.3	126.6	124.0
44	177.6	172.7	168.0	163.6	159.4	155.4	151.6	148.0	144.6	141.3	138.2	135.2	132.3	129.5	126.9
45	181.7	176.6	171.9	167.3	163.0	159.0	155.1	151.4	147.9	144.5	141.3	138.2	135.3	132.5	129.8
46	185.7	180.6	175.7	171.0	166.7	162.5	158.5	154.7	151.2	147.7	144.4	141.3	138.3	135.4	132.7
47	189.7	184.5	179.5	174.8	170.3	166.0	162.0	158.1	154.4	150.9	147.6	144.4	141.3	138.4	135.5
48	193.8	188.4	183.3	178.5	173.9	169.5	165.4	161.5	157.7	154.1	150.7	147.5	144.3	141.3	138.4
49	197.8	192.3	187.1	182.2	177.5	173.1	168.9	164.8	161.0	157.3	153.9	150.5	147.3	144.3	141.3
50	201.9	196.3	190.9	185.9	181.2	176.6	172.3	168.2	164.3	160.6	157.0	153.6	150.3	147.2	144.2
51	205.9	200.2	194.8	189.6	184.8	180.1	175.8	171.6	167.6	163.8	160.1	156.7	153.3	150.1	147.1
52	209.9	204.1	198.6	193.3	188.4	183.7	179.2	174.9	170.9	167.0	163.3	159.7	156.3	153.1	150.0
53	214.0	208.0	202.4	197.1	192.0	187.2	182.6	178.3	174.2	170.2	166.4	162.8	159.3	156.0	152.8
54	218.0	212.0	206.2	200.8	195.6	190.7	186.1	181.7	177.4	173.4	169.6	165.9	162.3	159.0	155.7
55	222.0	215.9	210.0	204.5	199.3	194.3	189.5	185.0	180.7	176.6	172.7	169.0	165.3	161.9	158.6
56	226.1	219.8	213.9	208.2	202.9	197.8	193.0	188.4	184.0	179.8	175.8	172.0	168.3	164.9	161.5
57	230.1	223.7	217.7	211.9	206.5	201.3	196.4	191.8	187.3	183.0	179.0	175.1	171.3	167.8	164.4
58	234.1	227.7	221.5	215.7	210.1	204.9	199.9	195.1	190.6	186.2	182.1	178.2	174.4	170.7	167.3
59	238.2	231.6	225.3	219.4	213.8	208.4	203.3	198.5	193.9	189.5	185.3	181.2	177.4	173.7	170.1
60	242.2	235.5	229.1	223.1	217.4	211.9	206.8	201.8	197.2	192.7	188.4	184.3	180.4	176.6	173.0
61	246.3	239.4	233.0	226.8	221.0	215.5	210.2	205.2	200.4	195.9	191.5	187.4	183.4	179.6	175.9
62	250.3	243.4	236.8	230.5	224.6	219.0	213.7	208.6	203.7	199.1	194.7	190.5	186.4	182.5	178.8
63	254.3	247.3	240.6	234.2	228.2	222.5	217.1	211.9	207.0	202.3	197.8	193.5	189.4	185.5	181.7
64	258.4	251.2	244.4	238.0	231.9	226.1	220.6	215.3	210.3	205.5	201.0	196.6	192.4	188.4	184.6
65	262.4	255.1	248.2	241.7	235.5	229.6	224.0	218.7	213.6	208.7	204.1	199.7	195.4	191.4	187.5
66	266.4	259.1	252.1	245.4	239.1	233.1	227.4	222.0	216.9	211.9	207.2	202.7	198.4	194.3	190.3
67	270.5	263.0	255.9	249.1	242.7	236.7	230.9	225.4	220.2	215.1	210.4	205.8	201.4	197.2	193.2
68	274.5	266.9	259.7	252.8	246.4	240.2	234.3	228.8	223.4	218.4	213.5	208.9	204.4	200.2	196.1
69	278.6	270.8	263.5	256.6	250.0	243.7	237.8	232.1	226.7	221.6	216.7	212.0	207.4	203.1	199.0
70	282.6	274.8	267.3	260.3	253.6	247.3	241.2	235.5	230.0	224.8	219.8	215.0	210.4	206.1	201.9
71	286.6	278.7	271.1	264.0	257.2	250.8	244.7	238.8	233.3	228.0	222.9	218.1	213.4	209.0	204.8
72	290.7	282.6	275.0	267.7	260.9	254.3	248.1	242.2	236.6	231.2	226.1	221.2	216.4	212.0	207.6

Z_7＼Z_6	35	36	37	38	39	40	41	42	43	44	45	46	47	48	49
73	294.7	286.5	278.8	271.4	264.5	257.8	251.6	245.6	239.9	234.4	229.2	224.3	219.4	214.9	210.5
74	298.7	290.5	282.6	275.1	268.1	261.4	255.0	248.9	243.2	237.6	232.4	227.3	222.5	217.9	213.4
75	302.8	294.4	286.4	278.9	271.7	264.9	258.5	252.3	246.5	240.8	235.5	230.4	225.5	220.8	216.3
76	306.8	298.3	290.2	282.6	275.3	268.4	261.9	255.7	249.7	244.0	238.6	233.5	228.5	223.7	219.2
77	310.9	302.2	294.1	286.3	279.0	272.0	265.3	259.0	253.0	247.3	241.8	236.5	231.5	226.7	222.1
78	314.9	306.2	297.9	290.0	282.6	275.5	268.8	262.4	256.3	250.5	244.9	239.6	234.5	229.6	224.9
79	318.9	310.1	301.7	293.7	286.2	279.0	272.2	265.8	259.6	253.7	248.1	242.7	237.5	232.6	227.8
80	323.0	314.0	305.5	297.4	289.8	282.6	275.7	269.1	262.9	256.9	251.2	245.8	240.5	235.5	230.7
81	327.0	317.9	309.3	301.2	293.5	286.1	279.1	272.5	266.2	260.1	254.3	248.8	243.5	238.5	233.6
82	331.0	321.9	313.2	304.9	297.1	289.6	282.6	275.9	269.5	263.3	257.5	251.9	246.5	241.4	236.5
83	335.1	325.8	317.0	308.6	300.7	293.2	286.0	279.2	272.7	266.5	260.6	255.0	249.5	244.3	239.4
84	339.1	329.7	320.8	312.3	304.3	296.7	289.5	282.6	276.0	269.7	263.8	258.0	252.5	247.3	242.2
85	343.1	333.6	324.6	316.0	308.0	300.2	292.9	285.9	279.3	272.9	266.9	261.1	255.5	250.2	245.1
86	347.2	337.6	328.4	319.8	311.6	303.8	296.4	289.3	282.6	276.2	270.0	264.2	258.5	253.2	248.0
87	351.2	341.5	332.3	323.5	315.2	307.3	299.8	292.7	285.9	279.4	273.2	267.3	261.5	256.1	250.9
88	355.3	345.4	336.1	327.2	318.8	310.8	303.3	296.0	289.2	282.6	276.3	270.3	264.5	259.1	253.8
89	359.3	349.3	339.9	330.9	322.4	314.4	306.7	299.4	292.5	285.8	279.5	273.4	267.5	262.0	256.7
90	363.3	353.3	343.7	334.6	326.1	317.9	310.1	302.8	295.7	289.0	282.6	276.5	270.5	265.0	259.0

例 7 - 1　织造 96.5cm、16tex×19tex、482 根/10cm×275.5 根/10cm(38 英寸、36 英支× 31 英支、122 根/英寸×70 根/英寸)府绸,织物下机缩率为 3%,如标准齿轮 6 为 37^T,问变换齿轮 7 的齿数 Z_7 应为多少?

解:
$$P_w = \frac{141.3}{1-a} \cdot \frac{Z_7}{Z_6}$$

将上述各值代入后求得:

$$Z_7 = Z_6 \cdot P_w = \frac{1-a}{141.3} = 37 \times 275.5 \frac{1-3\%}{141.3} = 70^T$$

或
$$P_{we} = \frac{35.89}{1-a\%} \cdot \frac{Z_7}{Z_6}$$

$$Z_7 = Z_6 \cdot P_{we} = \frac{1-a}{35.89} = 37 \times P_{we} \frac{1-3\%}{35.89} = P_{we} = 70^T$$

由上述计算可以看出,如果织物的下机缩率为 3%,标准齿轮 6 为 37^T,则变换齿轮的齿数正好等于下机织物的英制纬密,可免去计算之烦。

在选 Z_6、Z_7 时应注意:

(1) $Z_6 + Z_7 \geqslant 57^{\mathrm{T}}$(因为织机机件的相对位置决定了 Z_6 和 Z_7 的中心距不能小于 51mm)。

(2) $Z_6 \leqslant 64^{\mathrm{T}}$,否则变换齿轮6碰开关杠杆。

例7-2 织造 91.5cm、25tex × 28tex、254 根/10cm × 248 根/10cm(36 英寸、23 英支 × 21 英支、64.5 根/英寸 × 63 根/英寸)中平布,织物下机缩率为3%,如变换齿轮6为 37^{T},求变换齿轮7的齿数 Z_7。

解:
$$P_{\mathrm{w}} = \frac{141.3}{1-a} \cdot \frac{Z_7}{Z_6}$$

将上述各值代入后求得:

$$Z_7 = Z_6 \cdot P_{\mathrm{w}} \cdot \frac{1-a}{141.3} = 37 \times 248 \frac{1-3\%}{141.3} = 63^{\mathrm{T}}$$

或
$$Z_7 = P_{\mathrm{we}} = 63^{\mathrm{T}}$$

例7-3 织造 97.7cm、J9.5tex × J9.5tex、354 根/10cm × 346 根/10cm(38.5 英寸,J60 英支 × J60 英支,90 根/英寸 × 88 根/英寸)细纺织物,下机缩率为1%,问变换齿轮6和7的齿数 Z_6、Z_7 应为多少?

解: $P'_{\mathrm{w}} = P_{\mathrm{w}}(1-a) = 346 \times (1-1\%) = 342.54$(根/10cm)

查纬密与变换齿轮对照表7-19,选择 $\dfrac{Z_7}{Z_6}$ 为 $\dfrac{80^{\mathrm{T}}}{33^{\mathrm{T}}}$、$\dfrac{63^{\mathrm{T}}}{26^{\mathrm{T}}}$、$\dfrac{75^{\mathrm{T}}}{31^{\mathrm{T}}}$、$\dfrac{68^{\mathrm{T}}}{28^{\mathrm{T}}}$ 或 $\dfrac{51^{\mathrm{T}}}{21^{\mathrm{T}}}$,可根据工厂齿轮备用情况任选其中一组。

如选用 $= \dfrac{Z_7}{Z_6} = \dfrac{75^{\mathrm{T}}}{31^{\mathrm{T}}}$;验算:

$$P_{\mathrm{w}} = \frac{141.3}{1-a} \cdot \frac{Z_7}{Z_6} = \frac{141.3}{1-1\%} \cdot \frac{75}{31} = 345.3(\text{根}/10cm)$$

因为 346 - 345.3 = 0.7 < 346 × 1% = 3.46,所以符合国家标准要求。

2. 蜗轮蜗杆间歇式卷取机构 该机构用于 1511S 型和 1511T 型织机。这种卷取机构也属于积极间歇式卷取机构,在缎条手帕等织物生产时,为产生一段纬密较大的织物,要求卷取量可变。在织机上,通过杠杆、吊链等有关的机构,使棘爪抬起,可实现停卷。

公制纬密计算公式:

$$P_{\mathrm{w}} = \frac{11.78}{1-a} \cdot \frac{Z_3}{m}$$

英制纬密计算公式:

$$P_{we} = \frac{3}{1-a} \cdot \frac{Z_3}{m}$$

式中:P_w——织物下机纬密,根/10cm;

P_{we}——织物下机纬密,根/英寸;

Z_3——变换锯齿轮 3 的齿数;

m——主轴一转撑动锯齿轮转过的齿数;

a——织物下机缩率。

蜗轮蜗杆间歇式卷取机构机上纬密和变换棘轮齿数对照表见表 7 – 20。

例 7 – 4 织造 111.7cm、28tex × 28tex、259.5 根/10cm × 236 根/10cm(44 英寸、21 英支 × 21 英支、66 根/英寸 × 60 根/英寸)维棉被单布,织物的下机缩率为 2.3%,如每一纬变换棘轮转过 3 齿,问变换棘轮 3 的齿数 Z_3 为多少?

解:

$$P_w = \frac{11.78}{1-a} \cdot \frac{Z_3}{m}$$

将上述各值代入后得:

$$Z_3 = m \cdot P_w \times \frac{1-a}{11.78} = 3 \times 236 \times \frac{1-2.3\%}{11.78} = 58.6^{\text{T}} \quad \text{取 59 齿}$$

例 7 – 5 织造 119.3cm、13tex × 13tex、433 根/10cm × 275.5 根/10cm(47 英寸、45 英支 × 45 英支、110 根/英寸 × 70 根/英寸)涤棉条格府绸,问变换棘轮的齿数和每一纬变换棘轮被撑动的齿数应各为多少?

解:根据织物品种选 $a = 3\%$,则:

$$P'_w = P_w \times (1-a) = 275.5 \times (1-3\%) = 267.2(\text{根}/10\text{cm})$$

从表 7 – 20 中查纬密 267 根/10cm 一档可得,$m = 3$ 齿,$Z_3 = 68$ 齿;或查纬密 270.9 根/10cm 一档可得,$m = 3$ 齿,$Z_3 = 69$ 齿;或查纬密 270.9 根/10cm 一档可得,$m = 2$ 齿,$Z_3 = 46$ 齿。

可根据工厂中变换棘轮的备用情况,选择其中之一,并验算。

如选 $m = 2$ 齿,$Z_3 = 46$ 齿,则:

$$P_w = \frac{11.78}{1-a} \times \frac{Z_3}{m} = \frac{11.78}{1-3\%} \times \frac{46}{2} = 279(\text{根}/10\text{cm})$$

因为 279 > 275.5,所以符合国家标准要求。

如选 $m = 3$ 齿,$Z_3 = 68$ 齿,则:

$$P_w = \frac{11.78}{1-a} \times \frac{Z_3}{m} = \frac{11.78}{1-3\%} \times \frac{68}{3} = 275.27(\text{根}/10\text{cm})$$

因为 275.5 – 275.27 = 0.23 < 275.5 × 1%,所以符合国家标准要求。

在工厂中,一般织物确定变换棘轮齿数和每一纬变换棘轮被撑动的齿数时,可根据织物规格要求的纬密减去 4~8 根/10cm 后查表 7-20 中机上纬密最接近的一档而得。如本例中织物的纬密为 275.5 根/10cm,减去 4 根/10cm 为 271.5 根/10cm,减去 8 根/10cm 为 267.5 根/10cm,减去根数的多少是根据对织物下机缩率而估计的。

从表 7-20 中查纬密 270.9 根/10cm 一档可得,变换棘轮的齿数为 69 齿,每一纬变换棘轮被撑动的齿数为 3 齿,或变换棘轮的齿数为 46 齿,每一纬变换棘轮被撑动的齿数为 2 齿。

表 7-20 蜗轮蜗杆间歇式卷取机构纬密与变换棘轮对照表

变换棘轮齿数	机上纬密(根/10cm)			变换棘轮齿数	机上纬密(根/10cm)		
	每一纬变换棘轮转过3齿	每一纬变换棘轮转过2齿	每一纬变换棘轮转过1齿		每一纬变换棘轮转过3齿	每一纬变换棘轮转过2齿	每一纬变换棘轮转过1齿
36	141.4	212.0	424.1	54	212.0	318.1	
37	145.3	217.9	435.9	55	216.0	324.0	
38	149.2	223.8	447.6	56	219.9	329.8	
39	153.1	229.7	459.4	57	223.8	335.7	
40	157.1	235.6	471.2	58	227.7	341.6	
41	161	241.5		59	231.7	347.5	
42	164.9	247.4		60	235.6	353.4	
43	168.8	253.3		61	239.5	359.3	
44	172.8	259.2		62	243.5	365.2	
45	176.7	265.0		63	247.4	371.1	
46	180.6	270.9		64	251.3	377.0	
47	184.6	276.8		65	255.2	382.9	
48	188.5	282.7		66	259.2	388.7	
49	192.4	288.6		67	263.1	394.6	
50	196.3	294.5		68	267.0	400.6	
51	200.3	300.4		69	270.9	406.4	
52	204.2	306.3		70	274.9	412.3	
53	208.1	312.2					

(九)织机主要运动时间配合及车速选择

有梭织机上各机构的时间配合,主要指开口、引纬、打纬、卷取、送经和诱导补纬等各个运动的时间安排及其相互配合关系。开口和引纬的时间因织物品种和类型而不同。卷取、送经、补纬等时间,一般在织机设计时已经确定。

1. 对织机主要机构运动配合的要求

（1）打纬必须在梭口开放的过程中进行，以利于打紧纬纱。

（2）梭口开放、静止、闭合的起止时间，必须能满足梭子顺利通过梭口的要求。

（3）梭子进出梭口时，挤压度不能过大。以减少经纱与梭子之间的摩擦，降低经纱断头，减少"三跳"织疵，有利于梭子顺利飞行。

（4）卷取运动应安排在筘座向前摆动时期，送经运动应安排在筘座向后摆动时期，以利于均匀经纱张力。

2. 织机主要机构运动时间配合实例　在 GA611 型织机上织造细平布时的织机工作圆图如图 7 – 4 所示。

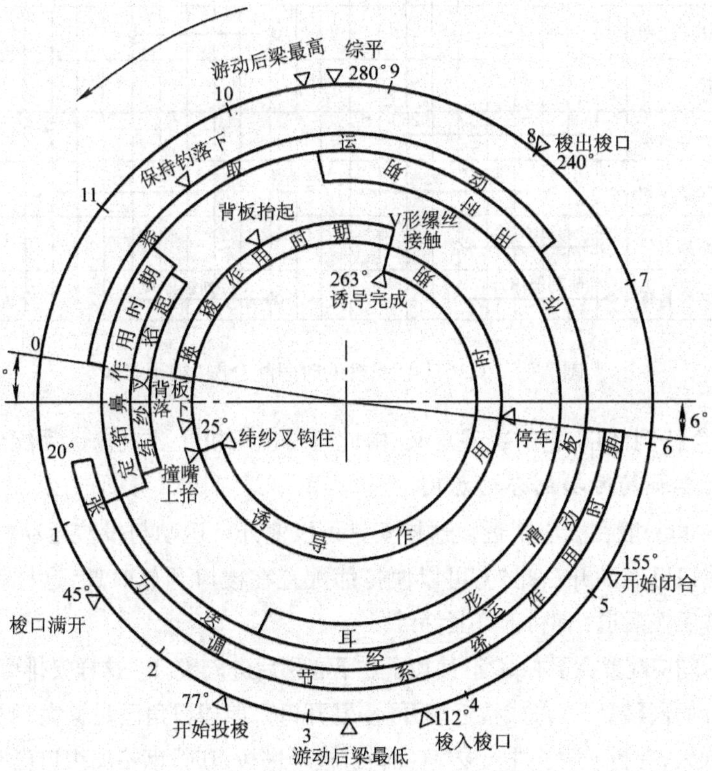

图 7 – 4　GA611 型织机工作圆图（细平布）

（1）综平时间为 280°（255.5mm），梭口满开时间为 45°，开口角 = 闭合角 = 125°，静止角 = 110°，梭口开始闭合时间为 155°。

（2）投梭时间为 77°（222mm），梭子入梭口时间为 112°，梭子出梭口时间为 240°。

（3）打纬在综平之后某一时刻打纬开始，到前止点打纬结束。

（4）卷取运动时间为 225° ~ 0°（前止点）。

（5）送经运动时间为 20°至 30° ~ 182°（后止点），张力调节系统开放时间为 20° ~ 182°。

（6）断纬自停机构运动时间：25°时纬纱叉被纬纱锤钩住，至 182°关车。

（7）自动换梭机构运动时间：263°诱导完成，263°~0°自动换梭，305°扬起背板抬起。

上面的时间配合也可以用长图表示，如图7-5所示。这种表示方法可以表达的内容较多，而且不会重复，比较清楚。

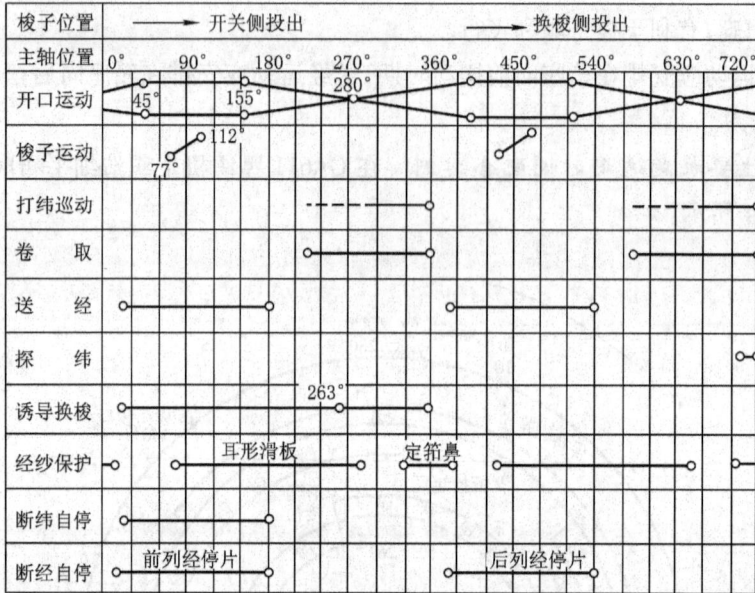

梭子位置	← 开关侧投出			→ 换梭侧投出					
主轴位置	0°	90°	180°	270°	360°	450°	540°	630°	720°
开口运动	45°	155°		280°					
梭子运动		77° 112°							
打纬巡动									
卷 取									
送 经									
探 纬									
诱导换梭				263°					
经纱保护		耳形滑板		定筘鼻					
断纬自停									
断经自停	前列经停片			后列经停片					

图7-5 GA611型织机的时间配合图（细平布）

这虽是一个特例，但有它的普遍意义，由此可得出织机主要机构运动配合的原则。

3. 织机主要机构运动配合的原则

（1）开口时间一般在上心附近。这样安排可以使开口运动与投梭运动配合较合理，当梭子进梭口时，梭口已经满开。此外，可以使打纬配置在梭口开放时期，这样钢筘在打纬后回退时，纬纱不易反拨后退，有利于打紧纬纱。

（2）投梭时间应配置在下心偏前，使梭子在下心稍后进入梭口。这样安排可以保证梭子进梭口时，梭口已经满开（踏盘开口）或接近满开（多臂开口），前梭口角已足够大，下层经纱离走梭板的距离已经不太大，有利于梭子进入梭口。而且，梭子进梭口时，钢筘离织口已有一定的距离，梭口的工作部分已允许梭子进入梭口。此外，可以使梭子飞行在筘座运动的负加速度时期，在飞行时期梭子产生指向钢筘的惯性力，使梭子紧靠钢筘飞行，有利于梭子飞行的稳定。

（3）梭子应在梭口闭合到一定程度时出梭口。如果要求梭子在梭口开始闭合之前出梭口，允许梭子在梭口中飞行的时间就短，要使梭子按时通过梭口只有加大投梭力，但增大投梭力将增加织机的震动、噪声、机物料消耗和动力消耗。在梭口刚开始闭合时，经纱运动缓慢，位移不大，梭口高度降低不多，让梭子在梭口闭合到一定程度时出梭口，只要梭子飞行正常，又不产生边跳纱及断边织疵的前提下，能充分利用可供梭子飞行的时间，为采用较小的投梭力创造条件。

（4）卷取时间安排在筘座由后向前摆动时期。当筘座向前摆动时，正处于综平或梭口半开,梭口高度较小,织物和经纱比较松弛,此时卷取,有利于稳定经纱张力,有利于打紧纬纱。当筘座后退时,正处于梭口满开,经纱和织物的张力较大,此时卷取,易造成经纱断头。

(5)送经时间安排在筘座由前向后摆动时期。此时梭口即将满开,经纱张力较大,使经纱送出与经纱张力相适应,有利于减少经纱断头。

以上运动配合原则,对所有织机都适用,但具体参数的大小,要根据织机的构造特征、织物品种、织机速度等不同条件而有所不同,要根据具体情况调整。

4. 织机速度的选择　织机速度以主轴转速(r/min)来表示。在确定织机速度时应考虑织机速度与时间效率、织机产量、织物质量、机物料消耗、动力消耗、工艺参数、挡车工看台定额和工人劳动强度等之间的关系。

在机械条件方面,织机速度主要取决于开口机构的类型及织机筘幅。一般提花织机的速度低于多臂织机,多臂织机的速度低于踏盘织机;多梭箱织机的速度低于单梭箱织机的速度;阔幅织机的速度低于狭幅织机。在工艺方面,织机速度取决于织物品种及半制品质量。低特高密织物的车速低于高特低密织物;简单组织织物的速度高于复杂组织织物;涤棉织物的车速应低于同品种的纯棉织物。

常见有梭棉织机的车速见表7-21。

表7-21　有梭棉织机的车速

机　　　型	筘幅[cm(英寸)]	车速(r/min)	备　　注
GA611型(或1511M型)	112(44)	180~220	
	127(50)	170~210	
GA615型(或1515型)	142(56)	160~180	踏盘开口
		155~175	多臂开口
	160(63)	155~175	踏盘开口
		150~170	多臂开口
	190(75)	145~165	踏盘开口
		140~160	多臂开口
1511S型(1×4)	112(44)、127(50)、132(52)	130~150	多梭多臂织机
1511A型(1×4)	160(63)、170(67)、190(75)	125~140	多梭多臂织机

(十)多梭箱织机梭箱链的编制

在色织生产中,很多织物在织造过程中需要同时使用两种或两种以上不同品种(如不同颜色、特数、捻向、捻度等)的纬纱,以达到设计要求的效果,因此,必须使用多梭箱织机织造。棉织生产中常用的多梭箱织机有1511S型(1×4)、1511A型(1×4)及1511T型(1×4)单侧多梭箱织机,前两种用于棉色织生产中,后一种用于手帕生产中。现以1511S型(1×4)单侧多梭箱织机为例,介绍梭箱链的编制。

1. 钢板结构　在单侧多梭箱织机上每块钢板控制两根纬纱,若干块钢板串联成梭箱链,控制一个纬纱配色循环。钢板的结构如图 7-6 所示,每块钢板上共有 6 个孔位。为便于说明,将钢板上的孔位自内向外顺序编号为 1、2、3、…、6。其中 1 和 5 两个小孔是由花筒上的凸头传动钢板之用。孔位 2 是停卷停送信号孔位。孔位 6 是节约钢板信号孔位。3 和 4 是梭箱变换信号孔位,孔位 3 控制内侧偏心盘,孔位 4 控制外侧偏心盘。

由于梭箱变换信号孔位只是指令偏心盘转半转或不转,因此钢板的样式和梭箱的位置并无一定的关系。图 7-7 为梭箱链钢板的种类。

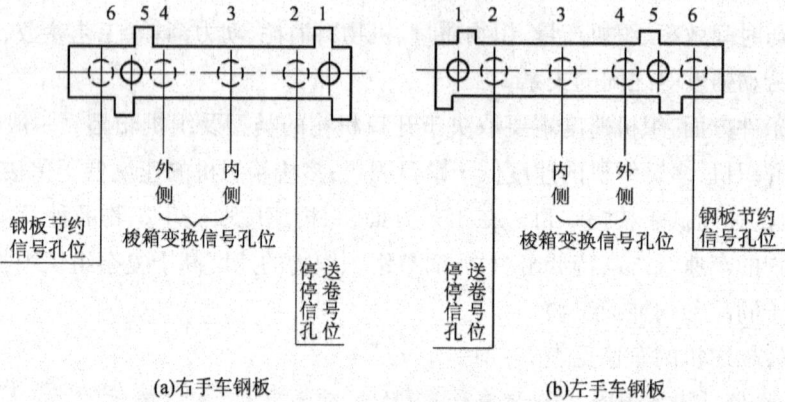

图 7-6　钢板结构

图 7-7　梭箱链钢板的种类

如果梭箱变换信号孔位 3 和 4 均无孔,则梭箱变换 1 ⇌ 4,2 ⇌ 3;如果梭箱变换信号孔位 3 和 4 均有孔,则梭箱不变换位置;如果梭箱变换信号孔位 3 有孔,孔位 4 无孔,则梭箱变换 1 ⇌ 3,2 ⇌ 4;如果梭箱变换信号孔位 3 无孔,孔位 4 有孔,则梭箱变换 1 ⇌ 2,3 ⇌ 4。

钢板节约信号孔位 6 使用于同一梭箱连续使用 16 纬以上或两个梭箱连续交替位置在 8 次以上(如 2a、2b、2a、2b…)。钢板节约信号孔位 6 有孔是节约钢板,无孔是普通钢板。使用节约钢板可以缩短梭箱链的长度,减轻花筒的负担,并减少钢板的储备量。节约钢板代替普通钢板的数目取决于节约盘上缺口的多少,如图 7-8 所示。节约盘上 4 个缺口全部空缺,每块节约钢板代替 8 块普通钢板,相当于 16 根纬纱,如图 7-8(a)所示。节约盘上只保留相对的两个缺口,另两个缺口用镶块填平,每块节约钢板代替 16 块普通钢板,相当于 32 根纬纱,如图 7-8(b)所示。节约盘上只保留 1 个缺口,其余 3 个缺口都用镶块填平,每块节约钢板代替 32 块普通钢板,相当于 64 根纬纱,如图 7-8(c)所示。当使用钢板节约装置编制梭箱链时,需先用一块普通钢板将该种纬纱所用的梭箱调到与走梭板平齐的位置,然后再用节约钢板。因此,根据选用倍数的不同,使用节约钢板的纬纱投纬数分别不能少于 18 根,34 根或 66 根。不足之数以普通钢板补足。

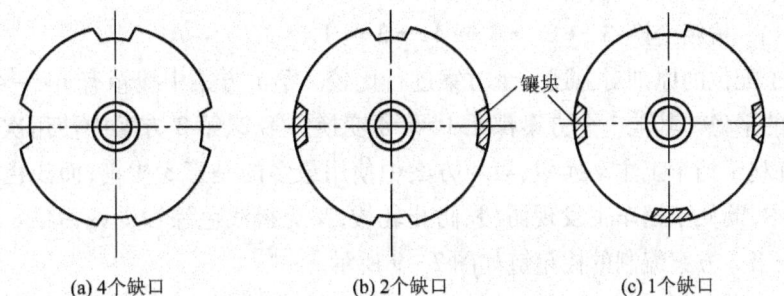

图 7-8　节约盘的用法

停卷停送信号孔位 2 有孔时,送经、卷取工作正常进行;孔位 2 上第一次出现无孔时,送经、卷取停止工作;第二次出现无孔时,恢复正常的送经和卷取运动。

2. 梭子的调配　在编制梭箱链之前,应先进行梭子调配,但单侧多梭箱织机上,梭子调配比较简单,只要进行梭子配位即可。在进行梭子配位时应遵循下列原则。

(1)投纬次数多的梭子应尽量放在上面的梭箱,以使筘座重心下降,织机运转比较平稳,而且便于挡车工操作。当使用的梭子数较少时,也应尽量使用上边的梭箱。

(2)应尽可能采用相邻梭箱的顺序变换,少用间隔变换,尽量不用 1 ⇌ 4 变换。这样可以使梭座运动平稳,减少织机振动,有利于车速的提高。

(3)为了防止污染纬纱,应尽量把浅色纬纱的梭子放在上面的梭箱,而深色纬纱的梭子放在下边的梭箱。

(4)强捻纬纱或结子纬纱,最好配置在第 2 或第 3 梭箱;如有两种结子纱,则宜相间地配置在梭箱中,以减少纬纱扭结或相互纠缠而形成纬缩或将不应织入的纬纱带入梭口。

3. 梭箱链的编制　在单侧多梭箱织机上织造多种纬纱的织物时,每种纬纱的连续引纬数必须是偶数,即位于任何梭箱的梭子必须投回原梭箱后,梭箱才能变换位置。因此,梭子与梭箱成固定的关系,梭箱链的编制也较简单,可根据纬纱配色循环和梭子配位直接编制梭箱链。下面举例说明梭箱链的编制方法。

例 7-6　在 1511S 型织机上织造纬纱配色循环为蓝色 64 根,绿色 6 根,蓝色 64 根,红色6根,蓝色6根,黄色6根的织物,试选择合适的梭子配位并编制梭箱链。

现将4色纬纱所用的4把梭子在梭座中的配位方案加以比较,以括号中1、2、3、4表示所在梭箱的序号。

第1方案　梭子配位:蓝(1),绿(2),红(3),黄(4)。

梭箱变换:1→2→1→3→1→4→1。

第2方案　梭子配位:绿(1),蓝(2),黄(3),红(4)。

梭箱变换:2→1→2→4→2→3→2。

第3方案　梭子配位:绿(1),蓝(2),红(3),黄(4)。

梭箱变换:2→1→2→3→2→4→2。

第4方案　梭子配位:黄(1),绿(2),蓝(3),红(4)。

梭箱变换:3→2→3→4→3→1→3。

根据梭子配位的原则对上述4个方案进行比较。第1方案中梭箱有1⇌4变换,不利于梭座运动的平稳。其他3个方案都无1⇌4变换。第2、第3方案中使用次数最多的是第2梭箱,有利于挡车工主动换梭;第4方案中使用最多的是第3梭箱,而浅色纬纱的梭子在第1梭箱中,既便于挡车工发现游梭,防止轧梭,又免得浅色纬纱受到污染。这3个方案各有优点,按第2方案编制的梭箱链如图7-9所示。

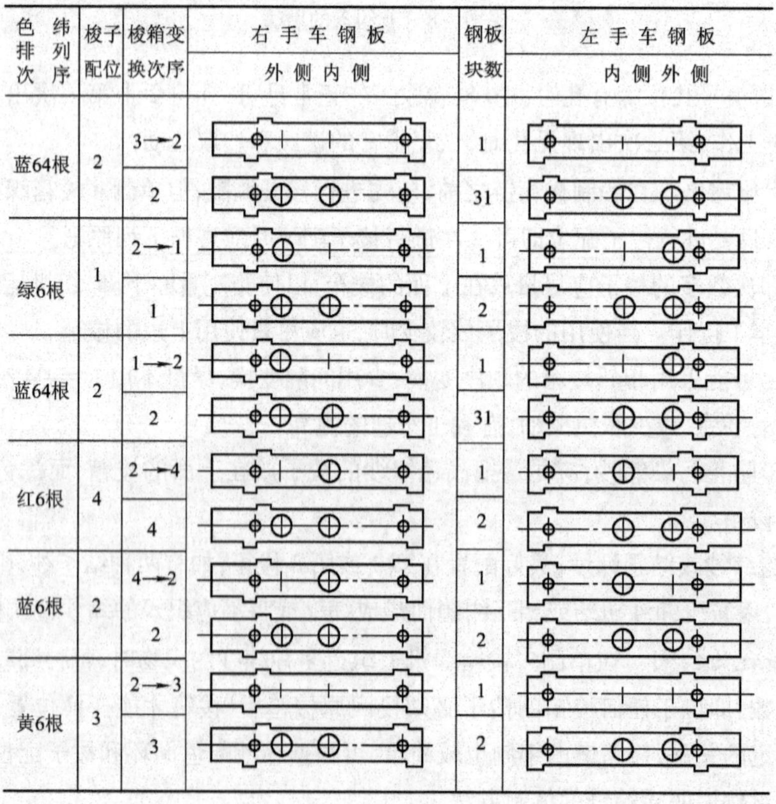

色纬排列次序	梭子配位	梭箱变换次序	右手车钢板 外侧 内侧	钢板块数	左手车钢板 内侧 外侧
蓝64根	2	3→2		1	
		2		31	
绿6根	1	2→1		1	
		1		2	
蓝64根	2	1→2		1	
		2		31	
红6根	4	2→4		1	
		4		2	
蓝6根	2	4→2		1	
		2		2	
黄6根	3	2→3		1	
		3		2	

图7-9　梭箱链(普通钢板)

在例7-6中梭箱链用的都是普通钢板,整个梭箱链共有76块钢板。

例7-7 仍用例7-6中的纬纱配色循环,只是6根红色纬纱织缎纹,要求纬纱密度大些,其他纬纱织平纹,纬密较小。试编制梭箱链。

根据要求,因缎纹部分要求纬密大,故采用停卷停送装置;蓝色纬纱一次投纬量大,采用节约钢板装置,以缩短梭箱链的长度,减轻花筒的负担,并减少钢板的储备量。仍选第2方案编制梭箱链如图7-10所示。

色纬排列次序	梭子配位	梭箱变换次序	右手车钢板				钢板块数	备 注
			钢板节约信号孔位	外侧	内侧	停送停卷信号孔位		
蓝64根	2	3→2					1	节约盘全部不加镶块
		2					3	
		2					7	
绿6根	1	2→1					1	
		1					2	
蓝64根	2	1→2					1	停送停卷钢板
		2					3	
		2					6	
		2					1	
红6根	4	2→4					1	恢复送卷钢板
		4					1	
		4					1	
蓝64根	2	4→2					1	
		2					2	
黄6根	3	2→3					1	
		3					2	

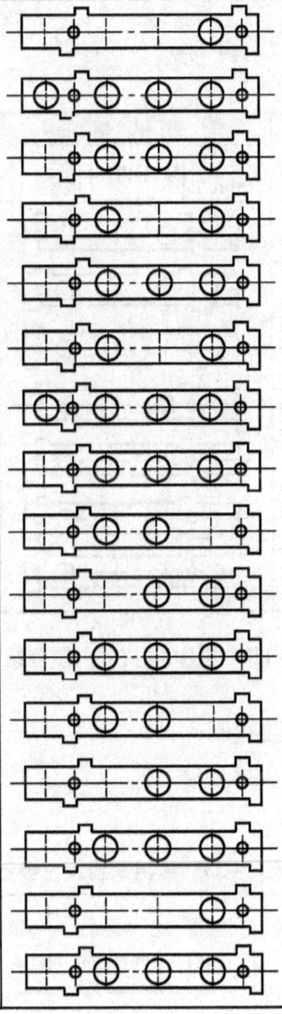

图7-10 梭箱链(停卷、停送与连续引纬节约钢板)

例7-8 在1511S型织机上,利用钢板节约装置织造纬纱配色循环为2a、2b、2c、2d、2c、2b、2c、2b、2c、2b、2c、2b、2c、2b的织物,试编制梭箱链。

为了便于编制梭箱链，将梭子配位和纬纱配色循环列成表（表7－22）。

表7－22　梭子配位和纬纱配色循环

梭箱次序	纬纱种类	连续引纬数和引纬顺序													
1	a	2													
2	b		2				2		2		2		2		2
3	c			2		2		2		2		2		2	
4	d				2										
纬纱配色循环		28根													

根据上表编制的梭箱链如图7－11所示。

色纬排列次序	梭子配位	梭箱变换次序	右手车钢板：钢板节约信号孔位	右手车钢板：外侧	右手车钢板：内侧	右手车钢板：停送停卷信号孔位	钢板块数	备注
2*a*	1	2→1					1	节约盘不加镶块控制16根纬纱
2*b*	2	1→2					1	
2*c*	3	2→3					1	
2*d*	4	3→4					1	
2*c*	3	4→3					1	
2*b*	2	3→2					1	
2*c*⇌2*b*		2⇌3					1	

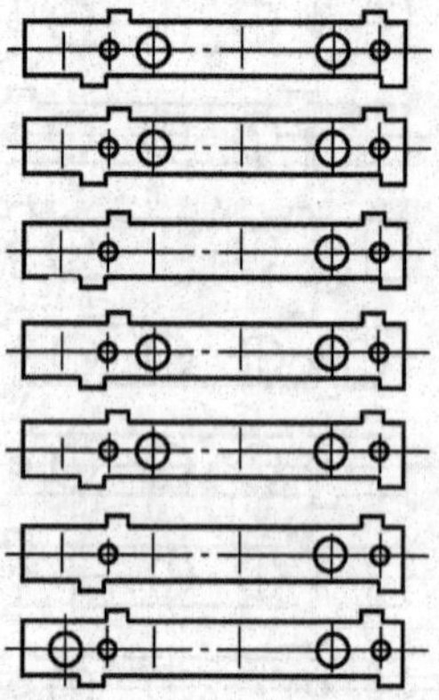

图7－11　梭箱链（交替引纬节约钢板）

（十一）各类织物织机工艺参数实例

1. 纯棉织物工艺参数（表7－23）

表7－23　纯棉织物工艺参数

织物种类	织物组织	经纬密度（根/10cm）	幅宽（cm）	车速（r/min）	开口时间（mm）	投梭时间（mm）	后梁高低（mm）	张力重锤（kg）
25tex×28tex 中平布	$\frac{1}{1}$	254×248	91.5	210	229	216	70	14
19.5tex×19.5tex 细平布	$\frac{1}{1}$	295×295	98	200	230	222	70	12

织物种类	织物组织	经纬密度（根/10cm）	幅宽（cm）	车速（r/min）	开口时间（mm）	投梭时间（mm）	后梁高低（mm）	张力重锤（kg）
14.5tex×14.5tex 府绸	$\frac{1}{1}$	523.5×283	96.5	200	1、2页241 3、4页216	229	79	14
29tex×29tex 哗叽	$\frac{2}{2}$	314.5×251.5	86.5	220	203	216	113	8
（14tex×2）×28tex 华达呢	$\frac{2}{2}$	456.5×251.5	81.5	200	222	216	107	14
29tex×29tex 卡其	$\frac{3}{1}$	425×228	99	200	216	216	101	14
29tex×29tex 直贡	经面缎纹	354×240	86.5	200	210	222	113	14

2. 化纤混纺织物工艺参数（表7-24）

表7-24 化纤混纺织物工艺参数

织物种类	织物组织	经纬密度（根/10cm）	幅宽（cm）	车速（r/min）	开口时间（mm）	投梭时间（mm）	后梁高低（mm）	张力重锤（kg）
涤/棉65/35 21tex×21tex 中平布	$\frac{1}{1}$	311×299	96.5	200	229	229	73	14
涤/棉65/35 14.5tex×14.5tex 细平布	$\frac{1}{1}$	393.5×342.5	98	200	229	229	73	12
涤/棉65/35 13tex×13tex 府绸	$\frac{1}{1}$	523.5×283	119.5	185	1、2页222 3、4页241	222	83	14
涤/棉65/35 （14tex×2）×28tex 卡其	$\frac{2}{2}$	511.5×275.5	96.5	200	222	216	101	18
涤/棉65/35 13tex×13tex 麻纱	$\frac{2}{1}$ 纬重平	401.5×338.5	96.5	200	216	206	89	12
涤/粘65/35 13tex×13tex 细平布	$\frac{1}{1}$	342.5×354	99	190	229	222	73	12

织物种类	织物组织	经纬密度（根/10cm）	幅宽（cm）	车速（r/min）	开口时间（mm）	投梭时间（mm）	后梁高低（mm）	张力重锤（kg）
涤/粘 65/35（16tex×2）×（16tex×2）华达呢	$\frac{2}{2}$	425×228	96.5	185	216	222	113	12
棉/维 50/50 18tex×18tex 细平布	$\frac{1}{1}$	311×307	96.5	210	229	216	70	12
棉/维 50/50 18tex×18tex 府绸	$\frac{1}{1}$	448.5×275.5	98	205	1、2 页 216 3、4 页 241	222	79	14
丙/棉 50/50 18tex×18tex 细平布	$\frac{1}{1}$	287×271.5	96.5	190	232	222	73	10

二、有梭织机主要织疵形成原因及其预防

在自动换梭织机上的织造过程中，由于原料、半制品、生产设备以及日常运转管理等因素的影响，布面上会产生边不良、边撑疵、烂边、毛边、纬缩、轻浆、棉球、跳花、跳纱、星形跳花、断疵、断经、沉纱、筘路、穿错、经缩（吊经）、脱纬、双纬、百脚、稀纬、密路（歇梭、稀弄）、段织和云织、油疵、浆黄斑、狭幅与长短码、方眼、轧梭与飞梭等各种各样的疵点，这些疵点通常称为常见织疵。下面就这些常见疵点的表现形式、形成原因进行介绍。

（一）边部疵点

对于有梭织机，是靠梭子连续引纬的，形成的布边是光边。由于纬纱的屈曲和布幅的收缩作用，使布边处的纬纱张力较大，纬纱屈曲较小，边部经纱的密度增加，导致边经经织缩率大于地经，从而易造成紧边；布幅的收缩、边纱向布身方向的移动，必然使边纱较多地受到筘齿的摩擦，增加边纱的伸长和断头；梭子进出梭口时会受到一定的挤压，对边部经纱造成摩擦。因此，边部极易产生疵点，使产品质量和织造效率下降。边部疵点主要有边不良、边撑疵、烂边、毛边等。主要边疵及其形成原因介绍如下。

1. 边不良 织造过程中，边部经纱张力和退绕时的纬纱张力相互配合失调，即产生边不良疵点。如紧边、荷叶边、边纬缩、边穿错、豁边以及布边两侧带有规律性不平整的形态。其表现形式与形成原因如下。

（1）紧边。由于纬纱的屈曲和布幅的收缩作用，使布边处的纬纱张力较大，纬纱屈曲较小，边部经纱的密度增加，导致边经经织缩率大于地经，从而易造成紧边。

①布边组织设计不合适，造成边经纱织缩率过大，形成紧边。

②边经纱结构不合适。边经纱过细、过软、密度过大，造成边经纱屈曲过大，形成紧边。

③粘胶纤维织物的纬纱张力大、经纱张力小，织造时，边经纱受力不同，塑性变形也不同，使边组织的经纱缩率大，地组织的经纱缩率小，呈现出明显的紧边现象。一般经密小、布

幅宽的细特薄型织物,紧边现象最为严重,反之,则稍轻。

④ 织轴轴幅与筘幅差异过大,或综框左右位置不良,经纱在布边形成一个较大的角度,增加边纱与筘片间的摩擦,造成一边或两边紧边。

(2)荷叶边或规律性布边凹凸不直。当纬纱张力小于经纱张力时,或纬纱张力时松时紧,布边不平直,会出现荷叶边和凹凸边。

① 纬纱张力变化。

a. 满管纬纱时,纬纱引出张力较小,布边较松较宽;纬纱将织完时,引出张力增大,布边被拉紧拉窄,造成在每一只纡子的织造范围内布边先松后紧的规律性凹凸边现象。纬纱保险纱不良,在退绕终了时,纬纱张力增大,也易造成凹凸边或荷叶边。

b. 当纬纱较湿时,张力变大,布边就紧;纬纱较干时,张力变小,布边较松。纬纱给湿不匀,或同一只纡子内外层纬纱吸湿不匀时,容易产生荷叶边或规律性布边凹凸不直。

c. 因引纱瓷眼固定于梭子一端,使两侧布边纬纱张力差异大。开关侧纬纱拉得紧,换梭侧的纬纱松,造成两边松紧不一。

d. 梭芯歪斜、松动或梭眼毛糙,或纬管与梭芯不配套,太松、左右摇动,使纬纱引出时张力不稳定,造成荷叶边或紧边和凹凸不平。

② 经纱张力不良。

a. 边经纱张力调节过大,产生松边;边经纱张力过小,产生荷叶边。

b. 整经轴或浆轴的纱线排列不匀、整经轴或浆轴在卷绕时轴心歪斜、两边加压不一致、轴幅与伸缩筘排纱幅宽设置不合适或左右不对称,产生整经轴或浆轴软硬边、嵌边及绞头。边经纱张力不匀,在织造时易造成松紧边或荷叶边。

c. 吊综不良,综框有高低,开口时经纱一紧一松,造成布边凹凸不平。

③ 边撑不良。边撑刺辊针尖磨灭,刺辊左右手装反,边撑盒盖中筋磨灭或边撑盒间隙过大,造成边撑盒伸幅作用差,经纱被纬纱张力拉向内部,形成荷叶边。

(3)边纬缩。纬纱未能伸直或脱圈,直接织入织物边部而形成的疵点。纬纱退绕张力小,引出不畅,开口投梭工艺时间配合不当,梭子通道部分不光滑,或者是纬纱在退绕时,受到布边经纱毛羽影响,使纬纱不能拉直,布边较松,因而产生纬纱气圈或边纬缩疵点。

(4)边穿错。边纱未按组织要求穿综和穿筘。边纱穿法不统一或穿错,处理浆纱多头、少头、错头时,缺乏一套完整的操作规程。在织机故障较多,织轴断边时,最易产生边纱穿错。

(5)豁边。有梭织造时在布边组织内有 3 根及以上经纬纱共断或单断经纱形成布边豁开称豁边。造成豁边的主要原因有以下几种。

①梭芯位置不正,纬纱退解时被拉断。

②吊综歪斜或过高、过低,使边纱断头。

③边部筘齿损坏,使边经纱被磨断。

④边撑伸幅作用不良。

⑤开口时间不当,使边经纱受梭子摩擦过多而断头。

2. 边撑疵　织造中,边部经纱通过边撑时,布边部分经纬纱被轧断或拉伤起毛称边撑疵(图7－12)。形成边撑疵的原因很多,主要有下列几方面。

(1)边撑盒位置过高或过低,织物的全幅织口不在同一水平线上。打纬时,布身受打纬力的影响,产生跳动,而边撑盒内的成布由于刺辊的握持和伸幅不能活动,从而产生相对扭力,容易造成大量边撑疵。

(2)布面张力过大,经纱紧贴边撑刺辊,致使刺尖切割经纬纱而产生的边撑疵,大都是有规律的通匹疵布。

(3)当织物两侧布面离开边撑刺辊后,由于失掉边撑刺辊的撑幅,即向布身中央收缩,而边撑刺辊刺尖对成布组织有横向的抗张力,因而造成割断经纱的机会。布幅愈阔或纬缩率愈大的织物,愈易产生边撑疵。

(4)边撑刺辊使用不当,发生刺尖部分迟钝,或刺尖虽锋利但呈弯钩形状,将经纱或纬纱钩起拉断。

(5)边撑盒内刺辊有短回丝、落浆、落物等阻塞,使刺辊回转不灵活,造成刺辊与布面速度不一致,使刺尖割断纬纱,产生边撑疵。

(6)边撑盒配套不良及边撑盒盖、边撑盒座的合缝大小不合适或歪斜。

(7)织造车间温湿度调节不当,影响布幅和码长、影响边撑的撑幅作用,进而产生大面积边撑疵,特别在织造粘胶纤维织物时,更为敏感,影响较大。

(8)送经装置不良,经纱张力忽紧忽松,易产生有规律的边撑疵。

(9)平车或拆坏布后,用手将布边拉入边撑盒的操作不当。

3. 烂边 在织物边部一定范围内只断纬纱,使其边部经纱不能与纬纱进行正常交织称之为烂边,如图7－13所示。

图7－12 边撑疵

图7－13 烂边

烂边分大烂边和小烂边两类。由于经纬纱张力配合不良,纬纱因张力过大而中断,如中断的区域在边纱之内的地经纱处产生的烂边,俗称大烂边;纬纱中断在边经纱处产生的烂边称小烂边。

(1)大烂边。纬纱自梭子中的纱管上引出时,受到意外阻力,致使张力过大而在两侧布边处中断。其形成原因有如下几点。

①纬纱上的棉结杂质,特别是中细特纱上的大杂质,以及细纱纺制时飞花、回丝附入而产生的纱节,与纬纱退绕气圈相碰,造成意外阻力。

②梭腔内积有回丝或导纱瓷眼内有飞花落入,阻塞梭子骑马钢丝或瓷眼通道,致使纬纱引出不畅,张力增加。

③引纬时梭心位置不正或纬纱碰擦梭子内壁引起纬纱张力过大。

(2)小烂边。小烂边的规律一般是间断、分散的,纬纱退绕到小纱时,产生的机会较大纱为多。小烂边的形成往往是随着织机断边的出现而增加,与经纱断头高低有密切联系。其形成原因有如下几点。

①边撑伸幅作用不够,打纬时边纱呈现小三角形的屈曲,边部箅齿将织口边部的纬纱撑断,容易造成断边、小烂边。

②经纬纱缩率高的中特平纹织物上,边纱配置太少,或边纱本身穿错,承受不起打纬时钢箅的剧烈摩擦,会产生断边、小烂边。

③经纱张力过大或纬纱强度较低,在打纬时强度较低的纬纱会被张力大的边经纱随边箅齿向外拉伸而崩断,造成小烂边。

4.毛边 自动换梭织机上,换梭时的纱尾随梭子运动带入织口,并露出布边外面成须状或圈状的疵点,如图 7 - 14 所示。造成毛边的原因主要有两点。

(1)边撑位置不当,使边剪未能及时剪断纬纱,或边撑剪刀磨损、失效,纱尾未剪断而带入织口。特别是空梭换出的纱尾,经常挂在落梭箱及扬起背板之间,或残留在走梭板上,因受箅座前后摆动产生的气流影响,每隔数梭带入织口,形成须状或圈状断续的毛边。

(2)梭库、落梭箱上回丝未清除干净,带入梭口,形成毛边。

(二)纬缩

纬缩是纬纱扭结织入布内,或者起圈呈现于布面上的一种密集性疵点。如图 7 - 15 所示。

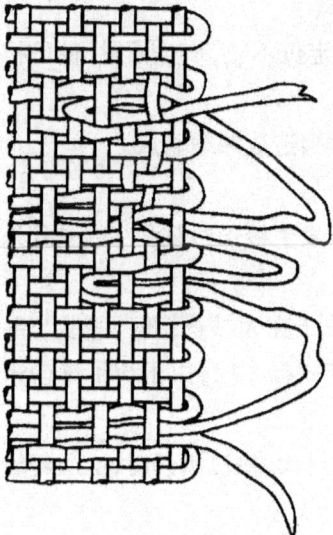

图 7 - 14 毛边

图 7 - 15 纬缩

纬缩疵点在细特高密织物上是主要织疵,尤其在涤棉织物上更为突出。

在纯棉细特高密织物上,由于经纱的开口不清,容易在织造中产生气圈纬缩。在涤棉织物上,为了充分发挥挺、滑、爽的优良服用性能,以及防止穿着后起毛、起球的弊病,经纬纱的捻度配置,一般都大于同特(支)纯棉纱。此外,涤纶具有弹性好、成纱抗捻性强等特性,因此,织造时,纬纱稍有松弛就会产生扭结纬缩。

纬缩产生的主要原因有以下几点。

1. 原纱质量不良 织造细特高密府绸、斜卡、贡缎类织物时,当纬纱导入梭口后,其长度一般在综平时已被固定。随着钢筘的推动,纬纱从原来处于较长的位置而移到较短的织口位置上,纬纱张力处于逐渐变化的过程中。与此同时,上下层经纱亦在移动,如果经纱上附着毛茸、竹节、棉结杂质较多或综框位置不正、综框跳动等都会影响纬纱的顺利滑行,使其屈曲而扭捻,造成一处或经向一直条的纬缩疵点。

上述情况在粗经细纬或上下层经纱根数差异悬殊的缎纹织物上,产生的机会更多。

2. 纬纱的捻度过高、不匀或定捻不良 纬纱是由纤维加捻而形成的。纬纱加捻的目的是为了增加纤维间的抱合度而使纱线获得较好的强力。然而,加捻作用使纬纱获得潜在的反捻扭转力,此力随纱线捻度的增加而增大。在织造过程中,纬纱的捻度过高、不匀或定捻不良,纬纱内在的反捻扭转力,就有可能造成纬纱扭曲起圈,产生纬缩。因此,纬纱的捻度愈大,出现纬缩疵点的机会就愈多。涤棉织物的纬纱捻度一般大于纯棉织物,故纬缩的产生就更为突出。绉纱织物由于纱特细、捻度高,若织造时张力不足、开口不清,则纬纱扭结成小辫子或扭结起圈,呈现于布面上,形成纬缩,它是绉织物常见的织疵之一。

3. 纬纱的回潮率过低 纬纱内在的反捻扭转力与纬纱回潮率的大小有密切关系。纬纱的回潮率过低,纤维间的扭转内应力较强,摩擦力减小,促使反捻扭转力增加,同时纱管上卷绕的纱圈就较松。当织造时,纬纱在梭子瓷眼引出处的摩擦因数亦随着减小。由于张力不足,纬纱易于退绕,起圈的可能性就增大,因此布面容易产生纬缩。

4. 投梭作用不良

(1)投梭机构不良,如投梭力过大,梭子进入对侧梭箱定位不正,产生回跳,使已拉出的纬纱松弛而扭曲,造成纬缩。

(2)梭箱过松,制梭力不足,梭子进梭箱产生回跳,同样会造成纬缩疵点。

5. 梭子状态不良、纬纱退绕张力过小

(1)梭子磨灭过多、与皮结眼子未对准、飞行不稳,都会发生梭子回跳和纬纱受到外力而松弛,造成纬缩。

(2)纬纱退绕张力过小,容易产生卷缩现象。特别是梭子在大纱退绕时,纬纱与纬管表面的阻力较小,最易造成纬缩疵点。其次,当阔幅织机织造狭幅布时,由于梭子进梭箱后留在梭外一段纬纱较长,纬纱张力过小,极易扭曲。

6. 梭口不清晰 梭口不清,或上下两层经纱张力差异过大,梭口满开时,上层经纱有荡纱现象,都会引起纬纱飞行不畅,产生纬缩。

综上所述,减少纬缩需要改善原纱质量,稳定纬纱捻度,加强织机维修保养,适当增大纬纱张力。

（三）轻浆、棉球

经纱在上浆过程中，由于上浆工艺不良而产生轻浆。轻浆的纱线在织造时受到经停片、综丝特别是钢筘筘齿的剧烈摩擦，以致纤维擦伤、落花、成圈，聚集于织物的织口处，成为密集性的棉球疵点，如图 7 - 16 所示。

图 7 - 16　棉球

合成纤维是疏水性的纤维，吸湿性能低，经纱上浆时吸浆差，如上浆率不稳定，很容易引起轻浆起毛。

轻浆、棉球不仅会造成断经停台多，增加织造困难，使生产效率降低，由此而产生的如跳纱、断疵等疵布，也严重影响坯布质量。而且因布面毛茸较多，严重的会使印染加工色泽不匀。纤维受伤后成品耐磨牢度下降，也会影响织物内在质量。

轻浆、棉球的形成原因主要有如下几点。

（1）浆液配方选择不当，或对浆料性能不熟悉，上浆率定得过低。

（2）调浆浓度过低，或煮浆时蒸汽带水过多，造成浆液太稀，黏度过低。

（3）浆液调制不充分。淀粉未完全糊化、化学浆未充分溶解等。或调浆设备状态不良，如阀门漏水、漏汽等，造成浆液黏度过低。

（4）浆纱工艺不合理。浆槽液面过低，车速太快，经纱浸浆时间太短，压浆力太大，造成上浆率偏低。打慢车时压浆辊太重也会出现轻浆。

（5）浆槽温度低，使浆液黏度高而不易渗透纱内，造成表面上浆；浆纱压浆辊压力太轻或两端加压不匀，浆液不易渗透或渗透不匀造成表面上浆。这样就使纱线经不起分绞及织造摩擦，浆膜破裂，落浆多。

（6）回浆使用过多，浆槽内任意掺水、掺生浆，开慢车时间过长等使浆液黏度下降。

（四）跳花、跳纱、星形跳花

织物在织造过程中，由于受到各种因素的影响，使开口不清晰，以致有少数经纱没按组织要求沉浮，经纬纱脱离组织，呈现一根或数根经、纬纱线不规则地浮在织物表面。根据疵点形态和轻重程度，可划分为跳花、跳纱和星形跳花（简称星跳）三种。

跳花、跳纱、星跳通常称为"三跳"。该类疵点在织物表面分布的部位不一，有的在布的中间，有的在布边或接近布边处，有的在某个特定部位连续发生，有的则很分散。

"三跳"是织物中常见的疵点，特别在细特高密织物上，如府绸、卡其以及化纤织物类，更为突出。它不仅影响织物的外观，而且使织物内在质量下降，影响成品坚牢度。

1."三跳"的表现形式

（1）跳花。三根及以上的经纱或纬纱相互脱离组织，并列跳过多根纬纱或经纱而呈"井"字形状浮于织物表面的称跳花。如形成块状，而经纬纱浮起又有规则的，一般又称"蛛网"疵点，如图 7 - 17 所示。

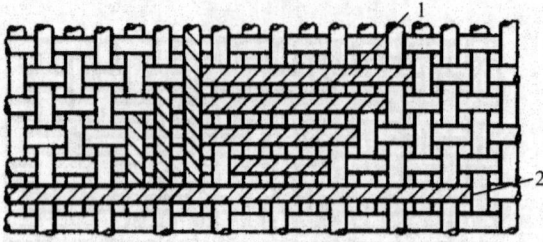

图 7 - 17　跳花、跳纱疵点
1—跳花　2—跳纱

（2）跳纱。一到三根经纱或纬纱跳过五根及其以上的纬纱或经纱，在织物表面呈线状分布的疵点称跳纱。跳纱有经向跳纱和纬向跳纱之分，如图7-17所示。

（3）星跳。一根经纱或纬纱跳过两到四根纬纱或经纱，形成一直条或分散星点状的疵点称星跳。

2."三跳"疵点产生的原因　"三跳"疵点产生的原因有很多，与原纱、半制品质量，吊综不良，织机开口、投梭、送经机械状态，时间配合不当，梭子状态不良，经位置线失调和织造挡车操作等因素有关。现将主要原因简述如下。

（1）原纱及半制品质量不良。

①原经纱上有弱捻、竹节、飞花、回丝、小辫子、杂物等疵点没有彻底清除，以及经纱准备各工序接头不良（大结头）等。这些有害疵点，在织机开口时往往和邻纱相互缠绕，使部分经纱开口不清，造成跳花、跳纱疵点。

②经纱上附有活络棉球，织造时易产生"三跳"疵点，特别是在化纤纱线上更为突出。活络棉球的形成原因有：纺纱、络筒、整经各工序的经纱通道处，短纤维积聚在一起，有时被带入纱线或落下附在经纱上，经浆纱压扁形成棉球；织造时，经纱受经停片、综丝、钢筘锋利边缘的磨刮，使纤维粘集在一起成松软棉球。

③络筒、整经、浆纱各工序，由于工艺配置不当，运转操作不良以及机械状态不正常等因素，使经纱张力不一，织造开口不清，而产生跳花或经向跳纱。

④上浆质量不良，上浆率低，纱线承受不起摩擦，毛茸增多，影响开口清晰；尤其是疏水性化学纤维（涤纶）纱受到摩擦容易产生静电，毛羽增多并相互纠缠，造成开口不清；织轴上并头、绞头、倒断头多，造成开口不清，特别是布面张力松弛时更为严重；织轴回潮过高，织造时经停片间易积飞花，使断经关车失灵，织机继续运转，断经的纱尾缠绕邻纱，引起开口不清，均会造成"三跳"疵点。

（2）吊综不良。

①吊综不合规格。吊综过高，使下层经纱离走梭板较高，梭子进入梭道时梭尖上跷，穿越上层几根较为松弛的经纱而产生跳花、跳纱。吊综过低，上层经纱松弛，开口不清，易使梭子穿越松弛的经纱而造成全幅性的细小跳花、跳纱。吊综不平，在综平时数页综框高低不一，或两端高低不平，使全幅经纱张力不匀，张力松弛部分的经纱易使梭子穿越而产生纬向跳花或跳纱。

②吊综部件松动或磨损，综夹脱落，影响梭口高度，或综夹间隙过大，造成部分经纱松弛下垂，产生跳花、跳纱。

③吊综安装歪斜，与筘帽不平行，织造时综框跳动，使两侧开口不一，经纱伸长发生差异，造成开口不清，产生跳花、跳纱。

（3）织机开口、投梭、送经部分机构状态不良，时间配合不当。

①开口过早，梭子出梭口时，梭子受到梭口挤压度过大，穿越边部上层较松的经纱，产生跳花。开口过迟，梭子进梭口时会挤压度过大，产生跳纱。

②投梭机构安装不良，梭子飞行不正常，容易在投梭侧的对面产生跳花、跳纱。投梭力过大，易在进梭口侧及中部产生跳花、跳纱；投梭力过小，出梭口迟，易在出梭口侧产生跳花、跳纱。

③投梭时间过迟，使梭子不能及时飞出梭口到达对侧梭箱，产生出梭口星跳。

④梭口高度过小，梭口不清晰。

⑤送经机构加油不良或飞花、回丝附着，使送经不灵活，或送经机构校装不正确，送经量不均匀，经纱张力忽大忽小，产生跳花。

（4）梭子状态不良。同台梭子大小不一，影响梭子定位；梭子磨灭过多，重心倾角偏前；角度不正或梭子底部不平，磨损成弧形，均会使梭子运动不稳，而产生跳花、跳纱。

（5）经位置线失调。

①后梁与经停架抬得过高，开口时上层经纱松弛，易产生跳花。

②经停架两端位置高低不一，造成边跳花、跳纱。

③边撑位置太高，布面中央易产生细小跳花；边撑位置太低，布面两边易产生细小跳花。

（6）织机挡车操作不良。经纱上的飞花、小辫子、回丝等杂物和并头、绞头等疵点，在巡回中未及时清除或处理，造成经纱之间相互缠绕，开口不清，产生跳花、跳纱。

（五）断疵、断经

断疵与断经属同一类型的疵点。织物中缺少一根或几根经纱称断经。经纱断头后，其纱尾织入布内的称断疵，如图7-18。在织物边部产生的断经或断疵，又叫断边。

细特高密的织物，经纱断头率高于一般织物。如细特高密府绸，特数小，经密高；灯芯绒、横贡缎织物纬密高，经纱所承受的摩擦大；粘胶纤维、化纤强力低，弹性差，塑性变形大；涤棉细特高密织物易产生静电作用等。这些织物由于经纱断头率较高，容易产生断疵和断经。

断疵、断经的形成原因主要有以下两类。

1. 织造时经纱断头 造成经纱断头的原因很多，大致有原纱质量不良、准备工序半制品质量不良，特别是浆纱质量不良、综筘保养工作不良、织造工艺参数选择不当以及织造车间空调不符合生产要求等。

2. 断经自停装置不良

（1）经纱断头后，经停片不能及时下落，造成断经不停车。主要原因是：经停架不清洁，飞花堆积；上轴时，经停架中部夹板左右两侧经纱分纱不匀，使部分经纱密集，断经后经停片不易下落，影响关车；经纱断头后（一般是指断在经停片前的经纱）与邻

图 7-18 断疵

纱缠住,经停片不能立即下落而起关车作用。

(2)经纱断头,经停片下落后,织机不停车。主要原因是断经自停装置各部件安置调节不正确,运动不灵活,不能及时有效的发动关车。

(六)筘路、穿错

织物内经纱排列呈明显的长条线状不匀。由于筘齿所引起的经纱排列不匀称筘路,由于每筘经纱穿入数或多或少以及不按组织图穿综而造成的经纱排列不匀与组织错误称穿错,如图7-19所示。

点啄式纬停装置(鸡啄米、防百脚装置)所引起的针路,类似筘路。但针路位置固定,并有起毛现象,斜纹、卡其织物还呈现纹路歪斜的特征,与正常的筘路有所区别。在斜纹、卡其织物上筘路和穿错,反应并不明显,斜纹纹路也不错乱,只是在通过下灯光验布时,才易暴露。缎纹织物上的筘路和穿错,则会影响布面纹路。细特高密府绸织物,由于采用的钢筘号数高,筘齿密度大,很容易产生筘路和穿错疵点。织造灯芯绒等比较复杂的织物组织,稍一不慎,也易产生穿错疵点。

筘路和穿错疵点,在印染加工后,会出现各种轻重不同的经向色档,影响印染成品质量。筘路和穿错疵点的形成原因有如下几点。

1. 筘路

图7-19 穿错

(1)钢筘不良。打纬时筘片承受不起挤压而产生变形移位,造成筘路;筘齿表面不平,其凸出部位在打纬时,会使两筘齿间的经纱距离较大,而产生明显的筘路;筘齿排列稀密不匀,或部分筘齿松动,均会影响部分经纱密集或稀疏,排列不均匀,造成筘路;钢筘受损伤,使筘齿变形、筘齿不匀,产生筘路。

(2)织轴质量不良。织轴上有严重绞头,造成经纱张力增大,对钢筘挤压而产生筘路。

(3)织机综框状态不良。综框变成拱形,综夹过紧,影响综丝游动,经纱排列不匀,造成布面稀密不匀。

(4)挡车、上轴操作不当。

①织造时遇到少头而借用距离较远的边纱,对经停片产生过大的横向拉力;或织机断头后,挡车工处理断头时,经纱穿错筘齿,均易产生筘路。

②挡车工处理停台后,纳梭不慎,筘片被梭尖撞坏。

③上轴时,经停托架处分纱不匀,使部分经纱拥挤密集,综框内综夹位置上下不对齐,几页综框间综夹位置不成一直线,造成综夹周围的经纱经过几页综框时曲折过大,均易产生筘路。

2. 穿错　主要是由于挡车工操作不慎而造成。

(1)穿经操作不慎,未按工艺要求穿综、穿筘,破坏了织物原有的组织规格。

(2)织机处理经向断头不慎,筘综误穿。

（七）经缩、吊经

经纱张力调节不当，部分经纱在松弛状态下织入布内，经向屈曲波很高，布面形成起楞状或形成小纱圈，像波浪状的起伏不平，称为经缩疵点，如图 7-20 所示。经缩程度轻的称为经缩波纹，严重的称为经缩浪纹。如部分经纱在织物内张力过紧，接近无屈曲状态，则称为吊经。

该类疵点大体上有两种形态。经向成条状或块状，是由于部分经纱互相纠缠，引起后梭口开口不清，出现少数经纱呈过紧或过松的状态。过松的经纱呈现在布面上，屈曲波较高，称为经缩，过紧的经纱屈曲波很小，则称为吊经。纬向一直条的包括 1~2 楞和 3 楞及以上（仅有一楞的称歇梭），是由于成片经纱张力不匀或伸长不匀所致。纬向一直条的经缩，多数是通幅的，但也有半幅呈浪纹，半幅呈波纹的。

图 7-20　经缩（波浪纹）

1. 经向成条、块状的经缩、吊经的形成原因

（1）运转操作不良。

①经纱扭缩（俗称小辫子），使开口时纠缠邻纱，产生经缩或吊经疵点。经纱扭缩形成的主要原因如下：络纱接头操作拉纱过长，接头后纱未拉直即放下，或放纱过快，纱线松弛打扭而产生小辫子；定捻不好的涤纶混纺纱，如在整经时因故突然停车，纱线则因惯性作用仍有少量退绕，使筒子与张力盘之间产生小辫子；断头后接头以及预备筒子接头后纱线未拉直也会产生小辫子。

②络纱、整经造成的大结头、脱结、活络球、飞花、回丝附入，结头纱尾过长等经纱上的疵点，在织造开口时，会纠缠邻纱，造成经缩或吊经疵点。

③浆纱质量差，纱身毛羽长，相邻经纱粘连，织造开口不清。

④整经、浆纱过程中经纱张力不匀，或整经、浆纱断头后，寻头不清、补头不良，增加倒断头和绞头，使经纱张力呈现松紧差异。浆纱分纱不彻底，存在并头现象，或浆纱回潮率过大，造成织轴经纱粘并现象。

⑤织机经停片、综丝内飞花、回丝未及时清除，增加飞花吊经机会，如巡回时间过长，则造成长吊经疵点。

（2）机械状态不良。

①整经轴压力过轻，或经轴两端加压不一致，以及经轴跳动等，造成经轴卷绕不平整，致使浆纱时产生大量浪头、绞头和倒断头。

②热风浆纱机风量过大，经纱片（特别是边纱）被吹乱而造成大量绞头，增加吊经、经缩的机会。

2. 纬向一直条的经缩波纹、浪纹的形成原因

（1）运转操作不良。

①织机停车后,综框未放平,使经纱长时间内所受的张力不一,开车时造成经缩。

②织机运转中产生轧梭,经纱意外伸长较大,开车前未做好经纱的处理工作。

③上轴吊综不良,吊综高度不合适或一页综一边偏高,使经纱张力不匀,偏高部分易产生经缩波浪纹。

(2)工艺配置不当。织机经位置线配置不当,如后梁位置过高,上下层经纱张力差异太大,容易造成开车歇梭或波浪纹经缩。

(3)机械状态不良。

①送经机构自锁作用不良,经纱张力感应机构调节不当,使经纱张力忽松忽紧。

②卷取与送经机构工作不协调,造成织口位置和布面张力的变化,影响经纱屈曲波的正常成形。

③织机的经纱保护装置作用不良,打纬时钢筘松动。

④在处理织机断纬关车后产生回退,因防退钩、棘轮磨灭打滑,不起控制防退作用而造成松布,如果开车未注意,布面会造成开车浪纹。

⑤打纬机构状态不良,有磨灭和间隙,影响打纬力,造成开车波纹或歇梭。

(八)双纬与百脚

当纬纱用完或断头时,织机仍继续运转而未将纬纱引入,会造成缺纬(或稀纬)织疵。平纹织物的纬向组织中,如缺少一纬或半纬,而使两根纬纱并合在一起,称为双纬,如图7-21所示。斜纹织物中如缺少纬纱,会使纹路不连续,经纱浮长线发生变化,形成的疵点叫百脚(缺一纬的叫单百脚,缺两纬的叫双百脚),如图7-22所示。双纬与百脚又统称为稀双纬。

图7-21 双纬

图7-22 百脚

1. 断纬产生的原因

(1)原纱质量不良。纬纱卷装成形不良,使纬纱退绕时易产生断纬;纬纱外观质量不良,有害疵点如棉杂、飞花、弱捻、细节等都会引起纬纱断头。

（2）梭子不良。梭眼内有飞花、回丝嵌入，或梭芯弯曲，纬纱退绕受到阻力，造成引纱困难而断纬，梭子带纱尾飞行（粗特纬纱比细特纱发生疵点多）；梭子内外壁木质受伤起毛，梭子飞行时纬纱易被拉断；

（3）投梭机构、梭子通道不良。纬纱易被安装不正确的机件碰断；梭子进出梭箱时，纬纱被擦伤，被擦伤的纬纱在布幅内断头而呈现稀双纬。

2. 双纬与百脚疵点产生的原因　双纬与百脚疵点产生的主要原因有机械的和人为的两种。

（1）属于机械因素的主要是由于纬纱在织造过程中断纬，而织机不发生关车作用，梭子继续飞行，因此一个梭口内形成缺一纬、半纬或缺一纬以上。主要是因为诱导装置不良，探针戳断纬纱，或断纬不能立即关车。

（2）属于人为因素的主要是织机挡车工操作不注意，在断纬开车时，未找准织口而草率开车。

（九）脱纬

织物表面局部有三根及以上的纬纱，同处在一个梭口的称脱纬，如图7－23所示。常规的脱纬多数是纬纱退绕气圈连同两根或四根的脱圈纱一同带入梭口的纬向疵点。其形成原因主要有以下几种。

1. 纬纱成形不良　细纱的毛头纱、压钢领板纱、葫芦纱、保险纱不符合规格都会引起脱纬。纬纱卷绕层纱圈过密、纬纱重叠卷绕、卷绕张力不一等都会造成纬纱脱圈。

2. 纬纱状态不良　纬纱堆放不良或随意在纬纱包上坐躺，造成纬纱表面纱层松弛。

图7－23　脱纬

3. 织机机械状态不良　织机投梭力过大，梭箱内制梭力过小，皮圈及三轮缓冲作用失调，均会使梭子的冲击力和振动剧烈，易使纬纱脱出而造成脱纬。

4. 纬管规格不当及梭管配套不良　纬管安装不牢，纬纱管有窜动引起脱纬。梭芯不灵活，织机运转时，梭芯自行抬起，造成纬纱擦上层经纱或梭箱盖板而脱纬。

5. 纬纱回潮过小　特别在冬季细纱开冷车时，第一落纱的脱纬较多。

（十）稀纬、密路

织物的纬密低于标准纬密，在布面上形成薄段称稀纬。织物纬密超过标准，在布面上形成厚段称密路。稀纬、密路疵点统称稀密路。这类疵点在处理时必须剪除。稀纬、密路疵点在布面上十分明显，经印染加工后，因吸色性能不同，形成染色横档，影响成品质量。

稀纬、密路疵点在纬密较低的织物上容易产生，特别在薄型织物上，反应更为明显。因薄型织物的纬纱细、根数少，缺少1/2根或1根表现也比较明显。因此，在织造薄型织物时，应特别注意。

稀纬、密路疵点的产生,大多是在织机停车后开出或运转中自动换梭时,由于打纬机构、换梭诱导和送经卷取等机构不正常所造成的。此外,织机停台开车的操作不当,也易产生稀纬、密路。其具体形成原因有如下几点。

1. 打纬机构的间隙过大 停台开车的第 1～2 梭由于尚未达到正常车速,打纬力较弱,加上打纬机构的部件间隙较大,就会产生稀纬。

2. 送经与卷取机构不良

(1)在处理停台后,卷取齿轮退卷不足或卷取辊打滑和卷取机构零部件松动等造成稀纬。

(2)卷取和送经机构发生故障及织机停车后开车时退卷过多,会造成密路。

3. 织机上轴、挡车操作不良

(1)织机上轴不符合要求,如吊综过高、过低或左右高低不一,钢箱前后松动,钢箱与梭箱背板角度不正,送经与卷取各齿轮飞花聚集,运转不灵活等,均会产生稀纬、密路疵点。

(2)运转挡车操作不良,如对织机性能不掌握,停台开车多次打慢车等,均会产生人为的稀纬、密路疵点。

(十一)云织

布面上纬纱密度一段稀一段密称云织,如图 7-24。云织分严重和轻微两种。前者织物各处纬密不一,局部是稀疏方眼状;后者布面上有局部的稀密(云斑)状。其形成原因有如下几点。

图 7-24 云织

1. 送经机构不良 指送经机构或张力调节机构作用不灵活。

由于送经机构失常造成送经不匀,进而形成纬密偏低或布面上出现纬向规律性稀密段。有云织疵点的织机,在运转中可能发生两种现象:一种是张力扇形杆上升、下降不正常,动程时大时小,有时甚至跳动不匀,造成送经量严重不匀;另一种是送经棘轮转动速度无规律,时快时慢,时转时停。

2. 卷取机构不良 由于卷取机构失常造成卷取量不匀。

(1)刺毛辊的刺毛铁皮磨灭打滑,卷布辊支撑杆弹簧的弹力过小,落布或停台开车时布面向后滑移,开车后会产生厚段。刺毛辊齿轮松动,卷取作用失灵,布面时松时紧、时稀时密而形成云织。

(2)卷取机构各齿轮啮合不良(太浅或太紧),齿轮有破损或飞花塞住,运转中容易打滑产生云织。卷取时间不对,也会产生云织。

(3)卷取钩、防退钩、卷取棘轮、卷取保持钩等磨灭,或卷取棘轮螺钉松动等,都会产生云织。

3. 其他原因 织机运转时钢箱跳动,打纬不紧;经停架及综框上经纱分纱不匀,部分经纱张力过大;边撑位置偏高;综框晃动等都会产生不同程度的云织。

（十二）油疵

在纺织生产过程中,原料、半成品和成品(纤维、纱线、织物)沾上油污即产生油疵。通常细特高密织物的织造时间较长,产生油污的机会较多,油污的显现也突出。粘胶纤维类织物,由于纤维素分子的聚合度低,整齐度差,分子中含有大量羟基,对水的亲和力很强,吸收和扩散的性能也较强,故最易产生油疵。

油疵由于形成原因的不同,可分为以下几种类型。

1. 油经　有单根或并列的油经,也有一处或半幅、全幅性的。主要形成原因:准备及织造各工序的接头、加油、挡车、修机和上轴等操作不良,管纱、筒子纱及准备工序的半制品运输和储存不良等,均会造成经纱油污。

2. 油纬　油纬有长条形的、断续性较短的、不规则分散的和有规律集中在一处的等各种形式。采用间接纬纱时,油疵相应增加,表现为不规则的形状,分布于布面。主要形成原因:纬纱中途运输不善,容器不洁,织造车间保管、使用不良等,均会使纬纱表面油污,造成无规律、分散性的油纬。织机纬纱通道有油污,造成经向一直条有规律的连续性油纬。

3. 油污渍　黄油渍俗称"吃饱油",色泽较淡,一般呈淡黄色。蝌蚪状黑油污为布面上呈现蝌蚪状有尾巴的黑黄褐色油污,该类油疵有时有规律性,有时无规律。布面污渍则绝大部分是人为造成的。主要形成原因:织机加油不慎,黄油滴污经纱或布面造成黄油渍。织机上有油污,造成蝌蚪状黑油污。上轴、落布、挡车、修机、揩车和加油等工种人为造成上轴、落布时的布头油污以及布面油污。

4. 散油　一般为浅色小油滴,分布在布边两侧或布幅中部。主要形成原因:织机加油过多、加油不当,使油飞溅或滴落在布面上。

（十三）浆斑

经纱上浆过程中,纱线表面沾上浆皮、浆块,经烘干后成为浆斑。该类疵点的表现形式及主要成因如下所述。

1. 长条形浆斑　布面上呈规律性的条弧形状,全幅性,其纵向长度一般在75mm左右,手感粗糙,色泽较正常浆纱为深,织造时困难较小。

长条形浆斑绝大部分是由于浆纱机因上落轴、放绞线、处理故障等停车时间过长所引起的。停车时间过长,使紧贴在上浆辊表面的浆纱与被压出的浆液,经高热的上浆辊烘干而成浆皮,并粘附在经纱上,形成横向一直条全幅浆斑。根据测定,浆纱落轴产生的浆斑占70%左右,而其中浆纱每缸了机后第一轴产生的浆斑又占30%左右。

2. 块浆斑　形状、大小、色泽均不一致,无规则地分布在织物表面,色泽为深黄色或褐棕色,手感粗糙。经纱并粘成块,不能顺利通过经停片、综筘,断经增加,织造困难。同时还会导致小跳花、蛛网和破洞疵点产生,严重破坏织物组织。

块浆斑的主要产生原因是浆液内的小颗粒状悬浮物、浆块沉淀物等粘附在纱线上所致。从时间上分析,浆纱了机后第一轴产生的占20%~30%,主要是浆液不均匀;蒸汽压力不稳定和蒸汽阀门急速调整时产生的占70%~80%,原因是突然过高或忽高忽低的蒸汽压力,将浆槽底部聚积的浆块沉淀物冲击浮起,粘附于经纱上,经压浆辊压榨,形成浅色的块浆斑。

3. 分散性浆斑 形状、大小不一,有的在布面上呈纵向连续性条状,有的积聚于布面,影响织物外观和平整。

分散性浆斑的产生主要是浆液表面结皮,被带上经纱所形成。而浆液结皮的原因一般有以下两种。

(1)浆纱了机与慢车运行中,蒸汽关小,浆槽液面静止,当与冷空气接触后,表面凝结成膜。

(2)浆槽内浆液流动性差,慢车运行时,在上浆辊边缘的部分浆液易冷却凝结成薄膜,如开车启动过快,浆膜被上浆辊带入经纱上,经压榨形成浆斑。

(十四)狭幅与长短码

根据织物组织设计,各种坯布都有规定的幅宽、匹长及允许公差。凡不符合布幅宽度公差的称狭幅或阔幅;不符合长度公差的称为长码或短码。

按国家棉布质量标准规定,狭幅作降等布处理。但是,布幅与长短码的关系非常密切,加强幅宽、匹长管理是织厂工艺管理中的一项重要工作。织物出现大量狭幅降等,影响入库一等品率指标的完成。同时长短码增多,成包拼件率升高,出口定长合格率下降,影响企业经济指标的完成。

狭幅和长短码的形成原因有如下几种。

1. 织物工艺设计配置不当

(1)箱号选择不当。在总经根数和每箱穿入数确定后,如果箱号选择不当,会产生大量狭幅降等疵布,或布幅过宽而达不到经密要求。

(2)浆纱墨印长度选择不当。织物的长度一般是由浆纱墨印长度决定的,但它受到经纱织缩率的影响。应根据织物组织、规格结构、纤维原料、纱线特征,正确选择经纱织缩率,以确定合适的浆纱墨印长度,如果选择不当,会造成大量长短码疵布。

2. 温湿度调节不良 织造过程中,布幅对过干或过湿十分敏感。通常湿度过高,经纱易伸长,布的长度长,布幅狭;湿度过低,布幅宽,布的长度短。

3. 浆轴半制品质量不良

(1)整经轴边部出现较多的浪纱,使浆轴边纱产生大量并绞头、松纱断头,织机无法织造,拉去大量边纱,形成狭幅。

(2)浆纱漏印、错印、重印、无印。

(3)浆纱伸长、回潮及上浆率差异过大,影响经纱缩率。

①浆纱伸长过大,成布后的回缩能力小,易产生狭幅或短码。

②浆纱回潮率如小于或接近棉布能保持的回潮率范围,则棉布长度随着浆纱回潮率的增加而变长,布幅变狭。如浆纱回潮率超过棉布能保持的回潮率范围较多,则浆纱回潮率增加,反而会使棉布产生短码和狭幅。浆纱上浆率过大,经纱直径大,与纬纱交织后,经纱屈曲波增加,易产生短码;反之,上浆率低,经缩小,易产生长码。

4. 织机部分机构和部件作用不良 边撑伸幅作用不良,会产生狭幅布。送经装置机械状态不正常,经纱张力过大,布面太紧,都会产生狭幅、长码。

5. 纬纱张力过大或回潮率低 纬纱张力大,造成布幅趋狭。纬纱回潮低,捻度不稳,纬纱捻缩大,织造后布幅会变狭;纬纱回潮高,捻度稳定,布幅要阔。

(十五)方眼

平纹织物布面呈现网状针孔的现象称为方眼,如图7-25所示。它是由于上下两层经纱的张力接近相等,织物在打纬后筘齿空隙得不到弥补而形成的。方眼有损坏布外观质量,不能达到布面丰满平整的要求。一般方眼经过印染加工整理,经纬向均受到收缩和伸张,可以得到补救而消失。但是严重的方眼,仍要暴露出来。因此,除了少数低特高捻薄型织物因有特殊风格要求外,应当避免方眼产生。

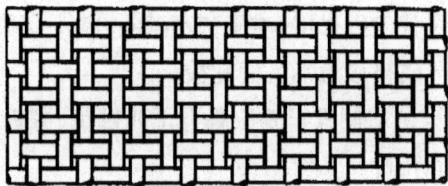

图7-25　方眼

方眼的形成原因有如下几点。

1. 后梁位置太低　开口以后上下层经纱的张力差异过小,当纬纱收缩时,经纱不易随纬纱作横向移动,故在打纬后的筘齿空隙不能弥补,形成布面方眼。

2. 后梁左右不水平　两边经纱产生张力差异,张力大的一边布面丰满受到影响,致使产生方眼。

3. 经纱张力过大　相当于减少了上下两层经纱的张力差异,影响经纱游动移位而产生方眼。

4. 吊综不正确　吊综太高会减少上下两层经纱的张力差异;吊综太紧,在打纬时造成经纱在综丝综眼中游动困难,而织物表面呈现稀疏不丰满现象,严重的便形成方眼。

5. 开口时间配置不当　开口时间迟,打纬时上下两层经纱张力差异小,上层经纱不易作侧向移动,因而布面上会出现方眼。

(十六)轧梭

轧梭是织机上常见的机械故障,梭子没能顺利通过梭口而被轧在梭道中即产生轧梭疵点。轧梭会造成大量经纱断头,成为破损性的轧梭织疵,在布面上必然造成大量结头。因此,轧梭也叫"结头"织疵,既影响产质量,又造成浪费。

1. 轧梭故障的基本类型　轧梭故障通常有下列三种类型。

(1)人为轧梭。主要是由于挡车工未按操作规程开车,梭子轧在梭道中。

(2)断经轧梭。主要是梭子在飞行途中,被梭口中经纱断头纠缠阻挡,梭子轧在梭道中。

(3)机械轧梭。主要是由于织机投梭机构、自动换梭机构不良,造成轧梭与飞梭。另外,运动配合不协调、梭子质量以及织造车间温湿度管理等不善也会造成轧梭与飞梭。

2. 轧梭的形成原因　轧梭的形成原因主要包括如下几个方面。

(1)梭子定位不准。织机在运转中,由于投梭机构、缓冲装置、两侧梭箱安装以及梭子状态等不良,造成梭子在梭箱中定位不准,而产生梭道轧梭与飞梭。

①投梭机构不良。

a. 投梭机构中的主要螺栓松动:如投梭鼻、侧板帽、侧板挂脚和投梭转子等螺栓受投梭冲击而松动,使投梭动程变小,影响投梭力不足,梭子减慢不能及时进入对侧梭箱,使下一次投梭时产生轧梭。

b. 投梭机构中部件安装不良或磨损:投梭棒安装不正,致使皮结眼孔歪斜,不与梭尖成一直线影响梭子飞行方向;或投梭棒安装不正,与梭箱内壁相碰,使投梭结束后投梭棒不能轻快地退回原位,造成投梭力不足;弹簧弹力过大、过小,使投梭棒后退不足,缓冲装置不能充分发挥作用,梭子打不到头,减小了下一次投梭力而造成轧梭;投梭棒变形或磨损等都会造成投梭力不足而轧梭。

c. 侧板安装位置不正或松脱,侧板磨损较多,侧板质量不良、太软等都会影响投梭力,造成轧梭与飞梭。

d. 投梭鼻和投梭转子安装不良,左右不平齐,相互不密接、投梭盘断裂等均会导致投梭力不足而造成轧梭。

②缓冲装置作用不良。皮圈状态不良或三轮缓冲装置安装规格不正,都会引起梭子定位不正,投梭力起变化,造成轧梭。

③梭箱安装不良。梭箱过松,梭子回跳;梭箱过紧,梭子打不到尽头。

④摇轴、踏盘轴及传动齿轮不良,也会影响投梭力的变化,造成轧梭与飞梭。

⑤ 梭子质量不良。梭子的规格、梭子重心和角度不正造成梭子不能稳定飞行,造成轧梭。

(2)开口与投梭运动配合不当。织机在运转中由于开口、投梭时间的变化,配合不当,会产生轧梭与飞梭。

①开口时间的变化。主要是开口踏盘螺栓松动,踏盘和踏综杆转子间有空隙,使开口时间过早或过迟。过早则梭口闭合也早,梭子出梭口时,受经纱过大的挤压,导致梭速下降;过迟则梭子在梭口尚未完全清晰时进入梭口,梭子运动受阻。两者都可能造成轧梭与飞梭。

②投梭时间的变化。弯轴齿轮和踏盘轴齿轮松动、投梭转子或投梭盘松动等会造成投梭时间的变化。在开口时间不变的情况下,如投梭过早,下层经纱尚未贴近走梭板,梭子易产生向上飘浮的趋势,使飞行不稳;如投梭过迟,则梭子在出梭口时,梭口已渐闭合,梭子不能平稳地进入对侧梭箱,造成轧梭与飞梭。

(3)梭子飞行不稳。梭子在梭道中飞行时,由于边撑、吊综的位置不当,钢筘、走梭板的弧度不正,梭箱安装不良等均会产生轧梭与飞梭。

①边撑位置安装不良。边撑位置过高,经纱离走梭板间距太大,梭子被经纱托起飘浮不稳,容易翻身,造成轧梭与飞梭。

②吊综不良。吊综过高,下层经纱离走梭板太高,梭子飘浮易翻身;吊综过低,梭口变小,开口不清,梭子运动受阻;吊综不平,综框倾斜,使两端经纱张力、高低位置不一,均会造成轧梭与飞梭。吊综轴安装位置不正,使综框运动不稳和经纱跳动,造成轧梭与飞梭。吊综皮带过紧,经纱张力太大,使梭口变小,梭子不能顺利通过,造成轧梭与飞梭。

③开口、送经、卷取部分机件松动磨损,均会导致布面不卷取,梭口高度变小,梭子不能顺利通过梭道。另外,送经与卷取配合不好,造成布面张力过大,易产生轧梭与飞梭。

④梭箱背板安装不良。梭箱背板安装位置不正,梭子飞行不稳,造成轧梭与飞梭。

⑤钢筘安装和状态不良。钢筘安装的高低位置不正或筘齿损坏,梭子飞行时钢筘跳动

或梭子飞行不稳,造成梭子翻身以及轧梭、飞梭。

⑥经纱断头、绞头、脱结、扭缩或飞花、回丝落入,使上下层经纱缠结,梭口不清晰,梭子运动受阻,造成轧梭与飞梭。

⑦梭芯歪斜、纡管发毛或纬纱大结头,使纬纱引出不畅,梭子受纬纱拉力的影响而偏离钢筘飞行,造成轧梭与飞梭。

(4)经纱保护装置作用不良。梭道轧梭停车装置安装不当,作用不灵敏,不轻快,造成轧梭后不关车或关车时钢筘未充分松开,增加经纱断头。

第二节 剑杆织机织造工艺与质量控制

剑杆引纬以剑杆头作为引纬器夹持纬纱,利用剑杆的往复运动将纬纱引入并使之穿越梭口,使经纬纱交织成织物。剑杆引纬的特点是:不仅纬纱在引纬中受到剑杆的积极控制,而且携带纬纱的剑杆的运动亦受到引纬机构的积极控制。因此,剑杆织机引纬稳定可靠,并能减少织物纬缩疵点和引纬过程中的纬纱退捻现象。该引纬方式对纬纱的要求较低,不仅能用于各种常规纱线的引纬,也能应用于一些线密度小、强度小的纱线和弱捻纱线以及强捻纱线的引纬,还能应用于花式纱线的引纬,并且剑杆引纬具有较强的纬纱选色功能。此外,双层剑杆织机适用于二重织物及双层织物的生产。

一、剑杆织机织造工艺

剑杆织机织造工艺参变数很多,可调整的工艺参数主要有开口时间、经纱上机张力、经位置线、引纬工艺参数等,其中需要调整的引纬参数主要有剑头初始位置、剑杆动程、储纬量的调节、纬纱张力、选纬指调整、剑头进出梭口及交接纬纱时间、剪纬时间、接纬剑开夹时间等。

剑杆织机的速度远高于有梭织机,因此,对各机构运动时间的协调配合、上机张力和后梁位置等的要求,较有梭织机更为严格,否则易产生各种故障并增加织疵,从而影响产品质量。

开口时间、上机张力、经位置线等工艺参数对织造过程及织物质量的影响同有梭织机,这里不再赘述,仅对这些参数的确定与调整进行介绍,并重点分析剑杆织机特有的引纬参数。

(一)上机张力的确定与调整

对于织造宽幅织物的剑杆织机宜采用较大上机张力,这是由于经纱张力中央大两侧小,若过于降低上机张力,织机两侧经纱必然开口不清。

此外,经纱上机张力还应随打纬机构的形式不同而改变。如非分离筘座的连杆打纬机构,因连杆打纬动程大,前方梭口长,因此配置"大梭口,较小张力"的工艺,这与采用分离筘座的共轭凸轮打纬机构,采用"小梭口,大张力"的工艺不同,应引起注意。

剑杆织机剑头截面尺寸很小,同时为了适应织机高速而形成快开梭口,梭口高度因此而减小。然而采用小梭口和减少梭口形成时间往往需要较大的上机张力,以确保梭口的清晰。但过大的上机张力,会使经纱断头率增加,也会因张力过大造成织物经向撕裂。

选择多大的上机张力,应视具体情况而定,综合考虑织物的形成、织物的外观质量及织物的物理性能等。经纬密较大的织物,为开清梭口和打紧纬纱,上机张力应适当加大。织造粘胶纤维织物或稀薄织物时,上机张力不宜过大。织造平纹织物时,在其他条件相同的情况下,应采用较大的上机张力。而织造斜纹、缎纹类织物时,由于实物的外观要求,应选用较小的上机张力。

大多数剑杆织机采用弹簧张力系统调节张力,如 SM92/93 系列、GTM 型、C401S 型剑杆织机等。有些剑杆织机,如 TP500 型剑杆织机采用弹簧和重锤的复合系统,只有少数低档织机仍采用重锤式张力系统。由于弹簧张力系统具有调节简便、附加张力较为稳定、适应高速等特点,所以被普遍采用。弹簧张力系统的可调参数主要有弹簧刚度、弹簧初始伸长量和弹簧悬挂位置等,在调整上机张力时,必须使织机两侧弹簧参数调整一致。不同机型的上机张力调节方法不同,简述如下。

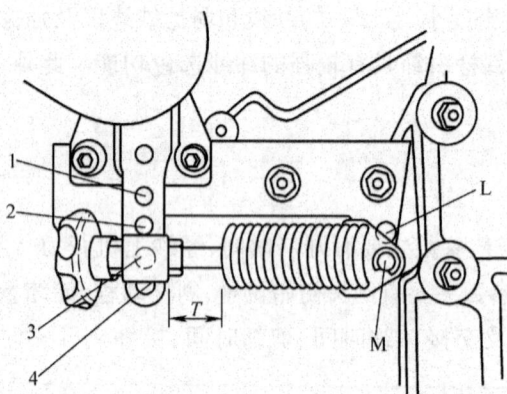

图 7-26 SM93 型剑杆织机张力调节装置

1. SM92/93 系列剑杆织机上机张力的调节 该机上机张力由弹簧产生,如图 7-26 所示。上机张力的调节方法有以下三种。

(1)改变弹簧悬挂位置。织造窄幅轻薄织物时,弹簧置于位置 1、2 与 L,作用力臂较短,获得的上机张力小;织造宽幅轻薄织物或窄幅厚重织物时,弹簧置于位置 3、4 与 M,作用力臂较长,可获得较大的上机张力。

(2)改变弹簧初始伸长量。织造宽幅厚重织物时,通过调节图中距离 T 的大小,可获得不同的上机张力。随着 T 由大变小,弹簧的初始伸长量由小变大,上机张力逐渐增大。对于轻型织物,初变形小,T 取 5cm;对于中厚织物,初变形中等,T 取 4cm;对于厚重织物,初变形大,T 取 3cm。

(3)改变弹簧刚度。织造宽幅特别厚重的织物,还可更换刚度较大的弹簧来增大上机张力。

2. GTM 型剑杆织机上机张力的调节 GTM 型剑杆织机的上机张力是利用弹簧调节摆动后梁的摆幅来控制,上机张力的大小取决于弹簧弹力,而弹簧直径的粗细决定弹簧刚度,可直接影响经纱张力的大小。该机提供以颜色区别的 8 种不同直径的张力弹簧(表 7-25)。根据单纱张力大小和经纱根数,按图 7-27、图 7-28 引水平和垂直线,两线相交点附近的斜线,便是应选的弹簧。合适的弹簧,其后梁振幅约 5mm,织机两侧弹簧力必须调整一致。

表 7-25　张力弹簧种类

弹簧直径(mm)	3	3.6	4	4.8	5.5	6.5	7.25	8
弹簧颜色	铅灰色	紫色	粉红色	米色	黑色	黄色	桔黄色	红色

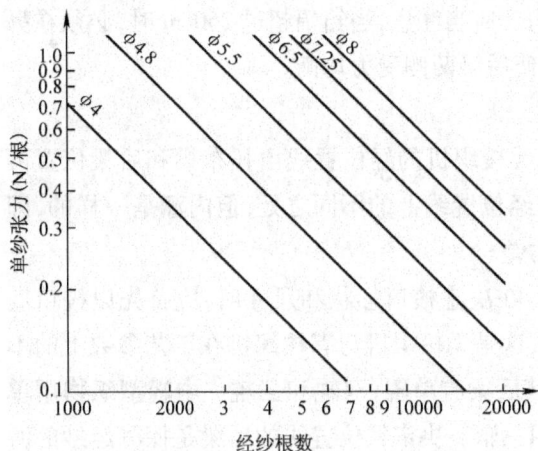

图 7-27　GTM 型剑杆织机张力弹簧的选用　　图 7-28　GTM 型剑杆织机张力弹簧的选用

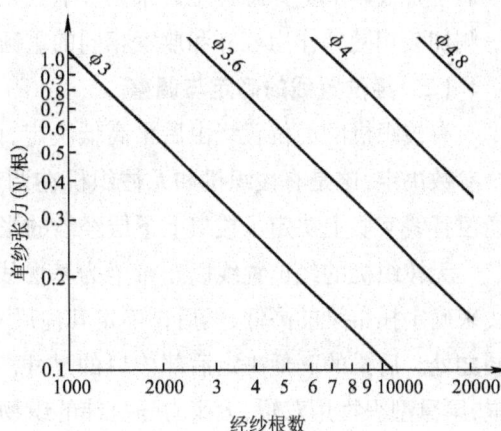

该型织机织造各类织物的上机张力配置见表 7-26。

表 7-26　GTM 型剑杆织机上机张力的弹簧直径参数

织物类别	经向紧度(%)	经纱特数(tex)(英支)	弹簧直径(mm)		备　注
			参数值	允许限度	
平布	37~55	58~24(10~24)	7.2~4.0	+<1	
斜卡	55~90	42~24(10~24)	1.5~4.0	+0.5 以上	包括左、右斜向的斜卡织物
贡缎	44~80	28~14.5(21~40)	4.8~3.6	+0.5 以上	包括直贡织物与横贡织物
麻纱(纬重平)	43~45	18(32)	3.6	+0.4	不包括各种花式麻纱织物
小花纹	55~75	42~24(14~24)	1.5~4.0	+0.5 以上	组织循环为 16 根以下小花纹织物
大花纹	55~80	42~24(14~24)	6.5~4.0	+0.5 以上	包括各种花型的纹织物

从表 7-26 可知,对纱线较粗,经纬纱强力较高的织物,宜采用直径较粗的弹簧;反之,宜采用直径较细的弹簧。

3. C401S 型织机上机张力的调节　该机上机张力由弹簧的初变形大小来调节,上下移动弹簧的吊装点可以改变初变形的大小。处于高位时,弹簧初变形大,张力大;处于低位时,弹簧初变形小,张力小。

4. TP500 系列剑杆织机上机张力的调节　该机采用弹簧和重锤复合系统调节上机张力,经纱的上机张力取决于加压弹簧的作用力、弹簧连杆在张力杆上的位置、重锤重量及重锤在重锤杆上的位置。可根据织物品种选用不同刚度的弹簧和改变调节螺母的初始位置来调节加压弹簧的作用力,弹簧连杆在张力杆上有两个支点可选用,重锤在重锤杆上也有两个悬挂位置可选用,重锤重量分4种,所以有16种不同的上机张力。当加工细特(高支)织物要求经纱张力很小时,甚至可以不挂重锤。在织造生产中,主要通过改变弹簧连杆在张力杆上的位置或调节重锤悬挂位置来调节上机张力。应当注意,当筘幅超过260cm时,必须在另一侧加装相同的作用杠杆和放置相同的重锤,使后梁两侧受力均衡。

(二)经位置线的确定与调整

有梭织机的经位置线由后梁高低决定,而无梭织机的经位置线由托布梁和后梁位置两个参数决定,这是有梭织机和无梭织机在调节经位置线上的不同之处,但内涵是一样的,即经位置线实质上决定了梭口上下层经纱的张力差。

无梭织机的经位置线以托布梁为基准线。在决定梭口形状和尺寸时,应首先以梭口底线来确定托布梁的高低,然后再确定其他尺寸,这是无梭织机与有梭织机在工艺参数上的不同之处。后梁的高低决定后部梭口的尺寸。其后梁有单辊、双辊和三辊。中轻型织物用单辊,厚重型织物用双辊,大张力强打纬的织物用三辊。决定经位置线的后梁是探测经纱的游动辊,其前后和高低位置都可调节,经纱强力低的细特织物,后梁应向后移,经密和纬向紧度高的织物,为了开清梭口和减少织口游动,应将后梁向前移,以期获得强打纬的效应。

无梭织机速度高,张力大,布幅宽,若采用等张力梭口,则布面较有梭更容易出现筘路和条影,影响实物质量;当后梁高于托布梁时,则上层经纱张力小,下层经纱张力大,形成不等张力梭口,布面比较丰满。

一般,棉、毛平纹织物和常见的轻型、中厚型织物的后梁高度应适中。丝织物或装饰织物如巴厘纱、纱罗织物等应取较低的后梁。各类高密重型织物,如牛仔布、帆布、府绸、防羽绒布等应采用高后梁。

1. TP500 系列剑杆织机经位置线的调节　该机上后梁的高低和前后位置均可调节。高低刻度尺的0位表示开口时上下层经纱张力相等,抬高、降低的调整范围分别为 +11cm 和 -5cm;前后刻度尺的0位表示后梁常处的位置,向前、向后调整范围分别为 -11cm 和 +5cm。后梁向前,梭口长度缩短,可以增加经纱张力;后梁向后,梭口长度增大,可以减小经纱张力。同时,后梁可自由转动,也可由螺钉予以固定,以增加经纱张力。当经纱需要特别大的张力时,还可在后梁与经停架区域内选用三夹辊装置,如图 7-29 所示。选用该装置时,在经纱张力不变的前提下,可使纬密增加 10% 以上,而通常改变后梁高低、前后位置,仅使纬密增加 3% ~5%。

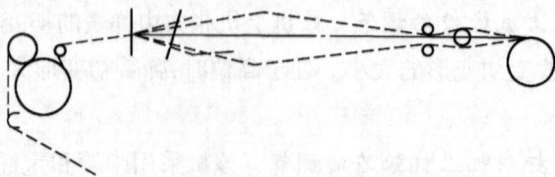

图 7-29　三夹辊装置

2. SM92/93 系列剑杆织机经位置线的调节　在该织机上,后梁前后方向有 3 个位置可供选择。

(1)靠近机前的位置用于织造经纱张力大的厚重织物,综框页数最多为 6～8 页。

(2)中间位置适合加工棉、毛、丝、麻织物。可配置凸轮开口或多臂开口机构,综框页数最多为 12 页。

(3)离机前最远的位置用来织造经纱强度差、弹性小的织物,综框页数在 12 页以上,也可配用提花开口机构。

在 SM92/93 系列剑杆织机上,后梁高度以后梁顶点到地面的距离表示。不同品种的织物的后梁位置见表 7－27。

表 7－27　不同品种织物的后梁位置

开口机构类型	织 物 品 种	后梁顶点离地距离(mm)
凸轮或多臂	棉、麻织物	970
	毛或合纤织物	960
提花机	装饰织物	950
	丝织物	930

3. GTM 型剑杆织机经位置线的调节　该机的后梁装置视加工织物而异。当织造轻薄织物和整片经纱上机张力在 2500N 以下时,采用单后梁。当织造比较紧密厚实织物和整片经纱上机张力大于上述数值时,宜选用双后梁,并装上阻尼器。后梁亦可用固定不转的。对厚重紧密织物还可在上述双后梁基础上,加装一根制动张力辊,其转动方向与经纱前进方向相反。后梁可以在高低和前后方向移动,前后方向移动范围可达 22mm。

4. C401S 型织机经位置线的调节　后梁高低位置可按刻度尺调整。0 值位置形成上下层经纱张力相同的等张力梭口;向上调后梁,上层经纱张力减小,下层经纱张力增大。后梁位置在水平方向分 3 档。调节时,摆动杆的回转支点也要作相应调整。

各种剑杆织机与有梭织机相同,为减少边经纱断头,在梭口后部,要求边经纱与地组织经纱伸长尽可能接近,要求两侧边经纱和中间地经纱应基本保持平行,因此织轴两盘片间距应等于或略大于筘幅,且织轴两盘片间距中心应和筘幅中心重合,这样可减小经纱在筘齿中的摩擦,以减少断边纱和松边现象。

至于梭口前部,剑杆织机与有梭织机一样,以下层经纱作为参照基准。而下层经纱的位置是这样确定的:当筘在前止点时,织口托板头端离钢筘 1.5～2mm,并在后止点时,在走剑板表面切线的延长线上;同时,第一页综框向下开足时,综眼位置应低于上述延长线1.5～2mm。

(三)开口时间的确定与调整

在无梭织机上,采用较小的梭口变为可能。该种情况下,为保证梭口的清晰度,一般采用较大上机张力。织机高速运转,经纱必然受到较大拉伸作用,同时梭口形成时间缩短,也会引起较大的经纱张力。

1. 剑杆织机开口时间的确定原则 开口时间(综平时间)的确定取决于织机的车速、开口机构、织机类型以及织物品种风格和所用纱线的品质等条件。确定的原则与有梭织机相一致。但与有梭织机不同,剑杆织机在一个开口循环中,下层经纱要受到剑杆往复的两次摩擦。开口过早,剑头退出梭口时将造成经纱对剑杆的摩擦;同时,由于下层经纱的上抬,使剑带与导轨摩擦加剧,这是剑带磨损的主要根源。开口过迟,剑头进梭口时,梭口尚未完全开清,这样就容易擦断边经纱。由于送纬剑头的截面尺寸较大,这种边经断头现象,特别容易发生在送纬侧;同时,在接纬侧近布边处还易造成纬缩,这对阔幅织机更为敏感。权衡两者的利弊,应从综合经济效益出发,采用适当的开口时间,同时,从减小剑头、剑带磨损的角度出发,应采用不对称梭口,使下层经纱尽可能延长保持时间,以避免闭口时下层经纱过早地将剑头剑带抬起。为此,选择梭口高度时,以剑头出布边不碰断经纱为宜,可适当加大梭口高度。剑杆织机综平时间较有梭织机迟,一般在300°~325°之间,纬纱出梭口侧的废边纱综平时间应比地经提早25°左右,这样出口侧可获得良好的绞边。

2. 剑杆织机开口时间的调整 开口时间以筘座在前止点为零度作参考标准,以主轴回转角表示。开口时间取决于剑杆头进出梭口时挤压程度,并与开口凸轮的静止角、开口角的大小以及织物种类、打纬机构等有关,并且结合地经与纬纱出口侧废边纱的综平时间分别考虑。各种剑杆织机开口时间的迟早,一般可在20°范围内调整。虽说剑杆织机的梭口高度较小,仅26~40mm,不到有梭织机梭口高度的一半,但因上机张力较大,所以开口时间的迟早对织物质量及其生产的影响,同有梭织机一样不能忽视。其具体调整方法有如下几种。

(1)剑杆织机开口时间一般采用300°~325°,制织细特高密平纹织物,可适当提早开口时间,一般控制在305°~315°为宜。这样当送纬剑进梭口时,梭口有效高度大,梭口清晰度好。

(2)绞边纱综平时间迟,绞边纱闭合也迟,当纬纱引入时,绞边纱对纬纱的抱合力小。应使绞边纱开口时间早于布身经纱开口时间15°~25°,这样纬纱引入后,由于绞边纱闭合早,有利于夹住织口处纬纱,减少纬缩。由于过早的开口时间,造成剑头对经纱的极大摩擦,为此,对假边经纱的强度要求很高,常用14.6tex双股棉线或16.5dtex(15旦)涤纶长丝作假边经纱。

(3)采用分离筘座打纬机构比非分离筘座打纬机构采用的开口时间要迟。

采用不同类型打纬机构的剑杆织机织造不同品种织物的开口时间见表7-28。

表7-28 不同打纬机构织机织造不同织物的开口时间

织物种类	开口时间(°)	
	非分离式筘座	分离式筘座
一般棉型织物,粗厚织物	295~305	310~335
轻薄型织物,真丝织物	310~320	330~335
粗厚织物,牛仔布织物及高密织物	295~300	310~320

（四）剑杆织机引纬参数的确定与调整

剑杆织机主要引纬参数有剑头初始位置、剑杆动程、储纬量的调节、纬纱张力、选纬指调整、剑头进出梭口及交接纬纱时间、剪纬时间、接纬剑开夹时间等。

1. 剑头初始位置和剑杆动程　为了达到规定的布幅,保证剑杆正常的引纬和纬纱交接,剑杆必须有一定的动程。送纬剑与接纬剑的动程之和为:

$$S = B + a + b + c$$

式中: S——两剑总动程;

　　　B——穿经筘幅;

　　　a——接纬剑退足时剑头离边纱第一筘的距离(空程);

　　　b——送纬剑退足时剑头离边纱第一筘的距离(空程);

　　　c——两剑接纬冲程。

空程是剑杆织机必不可少的,恰当的空程有利于送纬剑在进梭口前正确地握持纬纱,有利于接纬剑出梭口后适当握持纬纱和释放纬纱。但空程过大,必然增加剑杆动程,这样会增加织机占地面积和剑杆运动速度与加速度,从而增加机构的负荷和磨损。一般而言,在满足剑杆正确握持和释放纬纱、顺利形成布边的前提下,空程以小为宜。

剑头初始位置的调节一般通过改变剑带和剑轮的啮合位置来实现。剑杆动程的调整,一般可通过调整导剑轮直径或引剑机构中曲柄、连杆长度,以改变导剑轮角来实现,后者一般适合于微量调节。

2. 储纬量的调节　储纬器上有卷绕速度和储纬量两个调节键。绕纱鼓上的储纬量一般储存 2 ~ 3 纬长度。储纬量控制器有光电式或机械电气式。如 AT1200 型储纬器只需调节发光管聚焦点的位置就可调节储纬量的多少。调节卷绕速度与储纬量时,应使储纬量保持在 2 ~ 3 纬,使绕纱鼓连续回转。卷绕速度过高会使绕纱鼓间歇回转,易造成电动机因启动电流大而烧坏。

3. 纬纱张力　在纬纱通道上,储纬器与纬停装置间有双层簧片张力装置,纬纱张力的大小可用单纱动态张力仪测定,但生产中都是观察纬向疵点出现情况进行调整。双簧片过松,会在出口侧布边上出现长纬,过紧则出现短纬。用两只储纬器混纬交织时,若其中一只过松,往往出现间歇性"双边尾"疵点;一只过紧,会形成间歇性"双边纬";若一只过紧一只过松,则会同时出现"双边纬"和"双边尾"疵点;如果两只都过松,则出现两条长尾,形成密集型"双边尾"疵点;两只均过紧,出现两条短纬,形成剑杆织机特有的"边空网"疵点。

剑杆织机纬纱出口侧布边容易产生边不良疵点,调整纬纱张力可消除边不良。但必须调整纬停装置(纬纱检测器)同步信号发送铁片的发送时间。在织机刻度盘上装有许多凸轮形状的铁片,每片对应着一只传感器,例如 SM93 型剑杆织机靠轴端的一片是纬纱检测区的信号发送器。按织机幅宽不同,检测区可提前或延后。当接纬剑夹纱器接住纬纱引向出口侧到达最末一根边经纱时,铁片对准的传感器红色信号灯亮,即还在检测区内,之后灯熄灭,检测范围是合适的。若检测区太早而布边上出现短纬时,纬纱检测器测不到,则织机不能自停而产生疵点。所以布边出现疵点时,既要调节纬纱张力装置,又要检查纬纱检测区同步信号发送的时间是否合适。

4. 选纬指调整 在送纬侧剑杆导板上方,剑杆通道的机前和机后各有一根搁纱棒。当筘座从前止点开始向机后摆动时,选纬指把交织的纬纱向下压,使其搁在前后搁纱棒上,剑头夹纱器从机外伸向机内,纬纱就能正确地进入夹纱器钳口而夹牢。选纬指有两个可调参数:一是始动时间,当织机刻度盘在5°时,选纬指始动下降1mm;二是高低位置,当选纬指下降到最低时(刻度盘45°~55°),纬纱轻靠在前后两根搁纱棒上。

5. 剑头进出梭口及交接纬纱时间 剑头在梭口内停留时间较长,占主轴转角200°~240°,甚至更长些;剑头进出梭口时间的可调范围小,剑头进入梭口约在60°~90°之间,出梭口约在280°~310°之间,空程使剑头迟进、早出梭口。不同剑杆织机的传动机构不同,但调整原理和要领是基本相同的。

(1)剑头进出梭口时间的调整。送纬剑头进梭口时间以剑头端到达钢筘边铁条的时间为准。SM93型剑杆织机的调整方法是:将剑带置于剑带轮上,松开带轮与轴的紧固螺钉,织机主轴转到(64±1)°,转动带轮使剑头进到钢筘边铁条处,然后紧固带轮与轴的紧定螺钉。同样,将接纬剑调到(63±1)°,剑头到达第一只筘齿位置,再固紧接剑带轮与轴的紧定螺钉。

(2)交接纬纱的位置和时间的调整。在筘座的筘幅中央位置有标记,借此标记调整夹纱器在梭口中央交接纬纱的时间。当刻度盘180°时是交接纬纱的时间,送纬剑头应进到筘幅标记的某一位置。SM93型剑杆织机规定剑头端应处于标记线上,GTM型剑杆织机规定剑头应处于超过标记(50±6)mm处,C401S型织机规定剑头应超过标记38~40mm。调整方法是调节传剑机构往复运动的动程,点动或慢速转动织机,观察剑头深入梭口是否符合上述要求。若伸进的动程达不到规定位置,则放大往复动程;超过规定位置,则减小往复动程。可参照不同机型传剑机构的操作说明书进行。送纬剑调整好之后再调整接纬剑,把纬纱引入送剑夹纱器并使之拉紧,点动或转动织机使接纬剑头伸入送纬剑夹纱器,接纬剑退回时剑头钩子刚好能接住拉紧的纬纱。若伸入夹纱器的深度不够而接不到纬纱,则放大接纬剑动程;反之,则减小接纬动程。

6. 剪纬时间 剑杆织机剪纬时间一般是指送纬剑从选纬指上握持待引纬纱后,剪纬装置将待引纬纱另一端剪断的时间。显然,对双纬叉入式无此参数。当送纬剑头伸进梭口时,选纬指已将纬纱下压并轻搁在前后搁纱棒上,纬纱即喂入剑头夹纬器,喂入的深度取决于纱的粗细和剪纬时间。

剪纬时间根据纬纱粗细而延迟或提早。当夹纱器有效地夹住纬纱后立即剪断纬纱。如C401S型剑杆织机的剪纬时间为(66±1)°,SM93型剑杆织机的剪纬时间为(69±1)°。

7. 接纬剑开夹时间 当纬纱由接纬剑引出梭口后,接纬剑的夹纱器应及时打开以释放纬纱。接纬剑退出梭口时,夹纱器碰到开夹器即失去夹持力而将纬纱释放掉,开夹时间迟则出梭口侧纱尾长,反之则短。开夹时间应以纱尾长短合适为宜。

(五)典型剑杆织机上机工艺参数实例

近年来,各地在探索剑杆织机的品种适应性及选择其合理的工艺参数方面做了大量的工作。许多地区结合本单位生产条件,对牛仔布、高密府绸、丝绸及麻织物等进行了试验研究,为产品质量和生产效率的提高提供了许多宝贵经验。以下略举几例,供读者参考。

1. 用 GTM 型织机织造牛仔布　河北省的一些纺织厂用 GTM 型织机织造 467 ~ 492g/m² 重型牛仔布时,采用迟开口时间,降低后梁和经停架高度,并使梭口满开时下层经纱低于走梭板表面切线,即下层经纱在托纱板头端处形成倾角较大的折线,梭口各点除织口外均向下移;同时经停架后移 50 ~ 60mm 以增加梭口后部长度。因此,下层经纱在走剑板表面切线位置时的主轴角度从原工艺的 235° 调到新工艺的 260°,延迟了 25°,这就改善了剑头、剑带磨损状况,使用寿命平均延长半年;同时,纬缩疵点由 2.3% 降低至 0.26%。至于双跳疵点,由 0.76% 变成 0.78%,虽有增长,但并不显著。

2. 用 SM 型系列织机织造低特高密织物　SM 型系列织机引纬、开口配合紧凑,调节范围小,约 ±10°。在织造低特高密织物时,普遍存在断头率高,三跳疵点多,剑带磨损严重等情况。这是因为开口小而不清,断经后相邻经纱纠缠,使经停片下落不及时所致,同时在织造平纹织物时,布面丰满度较差,容易产生筘路疵点。为此陕西、江苏、湖北等省的一些纺织厂采取如下一些有成效的措施。

(1)开口时间由 320° 改为 325°,高度由 28mm 改为 32mm,以开清梭口及减少挤压度。高密织物,则使用 6 页综框,构成三层梭口,如图 7-30 所示,以此来减少经纱间摩擦和各片经纱之间的张力差异,降低经纱断头,提高织造效率,减少织疵。

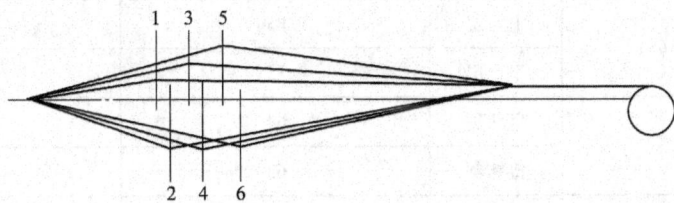

图 7-30　6 页综三层梭口示意图

(2)同时,向机前移动经停架和后梁,使最后一页综至第一列经停片的距离由 450mm 改为 340mm。后梁由中间位置调到前档位置,以增加张力,并使后部梭口较为清晰,减少断头后的相邻经纱的纠缠。经停片的跳动亦可较为灵活,并且提高经停架和后梁的高度,使经停架由 930mm 改为 980mm,后梁由 950mm 改为 990mm,以增加下层经纱张力,减少进剑时剑头易碰断经纱的现象。适当扩大上下两层经纱的张力差异,也有利于打紧纬纱,消除筘路。

有的工厂认为推迟开口能缓解退剑时的挤压度,但进剑时开口不清,将造成三跳疵点,并碰断经纱;而提前开口,虽可减少三跳疵点,但退剑时剑杆对经纱挤压度却增大。为此,除采用加大开口、增大张力以开清梭口外,还降低了所有的综框,安装了托纱板,如图 7-31 所示,使下层经纱在托纱板处形成较大的倾角($\Delta + \beta$),其大小随织物而定。这样可以推迟梭口闭合时下层经纱上抬时间,以改善挤压度,延长剑带寿命。同时,适当降低后梁高度,可使上下层经纱张力差不致过大,以减少三跳。

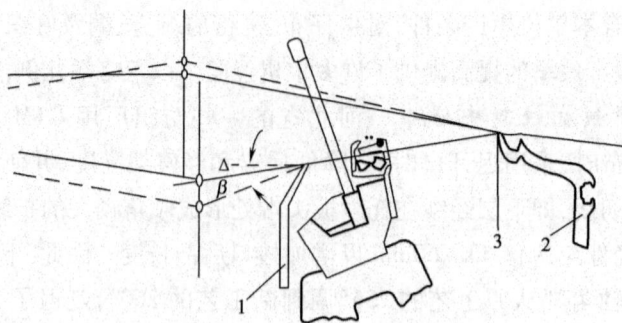

图 7 - 31　托纱板的安装位置
1—托纱板　2—托板　3—织口

有关工艺参数改变前后的数据见表 7 - 29。

表 7 - 29　SM 系列织机制织低特高密织物的新旧工艺参数比较

项　　目		原工艺参数	新工艺参数
开口时间(°)		320	315
β(°)		0	15
后梁高度(mm)		1000	970
梭口清晰时间(°)	上　层	85	85
	下　层	85	20
进剑时间(°)	送纬剑	64	64
	接纬剑	63	63
剑头入梭口时其尖部与上层经纱的距离(mm)	送纬剑	13	15
	接纬剑	15	17
下层经纱梭口清晰时剑头伸入梭口的长度(mm)	送纬剑	410	尚在边外侧 190
	接纬剑	450	尚在边外侧 150
下层经纱始离走剑板时剑头留在梭口的长度(mm)	送纬剑	1660	620
	接纬剑	1700	660
综框开始闭合时间(°)		185	185
下层经纱始离走剑板时间(°)		185	260
剑头出梭口时下层经纱离走剑板后侧高度(mm)		7.5	4
接剑头出梭口时间(°)		295	295

　　陕西省某纺织厂以上述改进工艺加工 13tex × 13tex、523.5 根/10cm × 283.5 根/10cm、160cm 的涤棉府绸时,三跳疵点下降了 64.95%,断经由 1.85 根/(台·h)降为 1.54 根/(台·h),出口合格率由 72.16% 提高到 84.39%,剑带寿命平均延长 5 个月。

3. 用 TP500 型织机织造真丝类织物　TP500 型织机织造以 22.2/24.4dtex(20/22 旦) 蚕丝为原料的 11216 电力纺、12107 双绉等真丝类产品时,出现了经丝极易断头、严重影响织机效率的现象。考虑到该机左侧送纬剑头的外形尺寸较大,因此,把左侧剑头进梭口时间由推荐的真丝类产品 77°推迟至 82°。另外,使固定后梁改为转动后梁,其结果减少了织物在左侧边撑处的经丝断头。该机最大特点是剑头越迟进梭口,它也越早出梭口,这种特性对减少剑头与经丝摩擦有利。同时,生产中常从纬缩和经丝断头情况来确定开口时间。

当以 22.2/24.4dtex×2 蚕丝并捻 2~3 捻/cm,或采用 44.4/48.4dtex(40/44 旦)蚕丝替代 22.2/24.4dtex 蚕丝时,可大大提高织造效率。另外,绞边经丝原料应与地组织经丝一致。假边经丝则选用不易起毛的 16.5dtex(15 旦)涤纶 DTY 丝。

4. 用 TP500 型织机织造麻类织物　在织造苎麻、亚麻及其交织物时,应加大梭口高度,用较大的上机张力织造,并注意车间温湿度。

根据纱线多毛羽的特点,要调整储纬量传感器的位置,按纬纱断头率控制张力毛刷的阻力、夹持弹簧的夹持力以及压电陶瓷压纱辊的位置。注意剑头夹持器的清洁工作,适当减少送纬剑头弹簧夹持力,减少毛羽堆积。同时采用上下两层经纱张力接近的工艺配置。

二、剑杆织机主要织疵形成原因及其预防

(一)烂边

在边组织内只断纬纱,使其边部经纱不与纬纱交织;或者绞边经纱未按组织要求与纬纱交织,使得边经纱脱出毛边之外,从而形成烂边。

1. 形成原因

(1)剑头夹持器磨灭,对纬纱夹持力减小,纬纱未拉出布边,就脱离剑头。

(2)边部筘齿将织口边部的纬纱撑断。

(3)绞边纱传感器不灵,边纱用完或断头时不停车。

(4)开车时,绞边纱开口不清。

(5)废边平综时间太迟,使得刚释放的纬纱,还没能与废边经纱交织即缩回地组织内,从而形成烂边。

(6)右剑头夹持器与开口器接触时间过早,纬纱将提早脱离剑头而没能拉出布边。

2. 消除方法

(1)检查夹持器是否磨灭,以及夹持器与开口器接触时间是否过早,并及时进行调整。

(2)检查边部筘齿是否磨损;绞边传感器是否灵活;废边纱平综时间是否太迟;检查弹力罩位置与储纬器头部是否接触过紧;纬纱张力是否过大,并进行适当调整。

(二)豁边

在无梭织机织造时,豁边表现为边经纱与纬纱交织不紧或未交织,严重影响织物布边的牢度。

1. 形成原因

(1)绞边异形综丝损坏或脱落,异形综丝连杆弹簧弹力太弱,异形综丝连杆位置不正,夹

块受阻。

(2)绞边筒子架张力盘张力过小,或者其中一根绞经的张力盘积聚飞花或回转不灵活,使两根绞边经纱张力不一致,导致废边交织不良。

(3)绞边纱穿错或被毛球缠绕。

2. 消除方法

(1)调换或者安装好异形综丝,加大综丝连杆弹簧力,调整绞边纱托杆高度。

(2)适当加大绞边筒子架张力盘张力,并检查张力盘有否飞花堵塞,回转是否灵活,并予以排除和清理。

(3)纠正穿错的绞边纱,清除毛球。

(三)纬纱尾的织入

在靠近布面右边侧的正常组织中多出一段纬纱,即引出的纬纱长度超出正常的设定长度,使右侧布边外的纬纱尾过长,当接纬剑下次接纬时将此纱尾带进梭口而形成。

1. 形成原因

(1)引纬张力过小,使设定长度过长。

(2)接纬剑前钩与纬纱夹持器配合过紧,使纬纱释放受阻。

(3)张开器磨损起槽,使纬纱夹持器张开的程度过小,让纱纱不能顺利释放。

(4)右侧张开器安装位置过于偏外,使纬纱释放时间推迟。

(5)引出纬纱时,剪刀剪切时间过迟。

(6)剪刀不锋利,不是正常的剪断而是拉断。

2. 消除方法

(1)应适当调节储纬器夹纬纱板的张力。

(2)应调节纬纱夹持器,直到和接纬剑前钩配合适宜。

(3)调节张开器位置,若磨损起槽应予以更换。

(4)调节剪刀剪纬的时间,若剪刀不锋利应更换。

(四)纬缩

纬缩是纬纱扭结织入布内或起圈呈现于布面。SM93 型剑杆织机纬缩疵点多数出现在右侧布边附近,有时亦分散在全匹织物中。其原因和消除方法如下。

1. 形成原因

(1)织机上机张力偏小,绞边经纱松弛,或者经纱入筘数不当,造成开口不清,阻止纬纱充分拉伸。

(2)平综太迟,接纬剑释放纬纱后,纬纱向内纬侧收缩。

(3)接纬剑释放纬纱过早,或右剑头出梭口时间过早,此时梭口尚未闭合,纬纱在梭口内收缩,形成纬缩。

(4)上下层经纱张力差异过大,打纬时迫使纬纱收缩。

(5)纬纱张力过大,释放后纬纱回弹收缩力较大。

(6)纬纱捻度较大并且定捻不良,车间相对湿度过低,使纬纱以小辫子状织入。

（7）积极式剪刀故障,导向刀片位置高低不正,导向刀片与从动刀片间隙过大等原因,妨碍纬纱的正常剪切,会在织物左侧布边形成圈状纬缩。

2. 消除方法

（1）稳定纬纱捻度。稳定纬纱捻度是解决纯棉、化纤织物纬缩疵点的最根本方法。一般在不影响原纱单纱强力的条件下,尽可能选择较小的捻系数,以减弱织造中纬纱退绕时的扭结趋势。如果纬纱扭结趋势较强,可以对纬纱进行低温蒸汽定型,定型温度为 60~70℃,定型时间取决于纬纱卷装尺寸,一般为 90~120min,真空状态或适当抽空。同时应提高经纱质量,减少纱疵。织造车间相对湿度,一般控制在 65%~75% 左右。

（2）剑杆织机右边装有独立废边器,它是防止出现纬缩的重要装置。在织造时,要细心调试独立废边器的综平时间。天马机剑杆织机在 260°~290° 之间,一般比综平早些,基本都在 280° 左右,同时废边的穿综要正确,有些品种废边穿得不好,也会产生纬缩。

（3）在织物工艺设计时,应选择适当的筘号和入筘数,在不显著增加经纱断头及布面疵点的情况下,宜适当减少每筘穿经根数。

（4）剑头的动程。正常情况下,接纬剑 60° 入梭口,送纬剑较迟点 64° 左右,180° 为两剑交接度数。即织机转到 60° 时,接纬剑进入到钢筘边缘 1cm 左右,不适宜过早进入（小于60°）,否则会与钢筘相碰损坏剑头。64° 时,送纬剑应与钢筘边平齐。

（5）适当放松从筒子架上引出的纬纱张力,使纬纱在释放后,被钢筘打入织口的时间内,既能充分伸直,又不过于反弹扭缩。

（6）调整织机开口时间。TP 系列剑杆织机一般为 305° 左右;SM 系列织机平纹织物控制在 310°~315°,斜纹织物控制在 320°~325° 范围内为宜。

（7）调整纬纱释放时间,适当地将放纱板向右调整,一般掌握在右边以外的回丝长度不大于 5cm,弹力纬纱的一般不大于 3.5cm。如果短于这个长度,布面易产生缺纬;如果大于这个长度,则浪费原料。

（8）由于剑杆织机开口高度较小,为了开清梭口,上机张力可适当加大些。否则梭口内个别松弛经纱将被剑杆撞断,增加断经或粘连纬纱,造成纬缩。实际生产中通过调整经位置线、开口大小及吊综高低来实现。

（9）对积极式剪刀,应结合上轴进行检查、校正,日常应保证安装规格正确,刀片锋利。

（10）在安装剑道部分时,剑带导轨和剑带导钩要成一条直线,且两者之间的间隙要符合要求,减少剑带选纬时的晃动。剑带磨损超过一定程度时,就要更换,以避免剑带和导钩之间的间隙过大而造成剑带运动过程晃动。剑带轮安装要符合要求,剑带轮的齿要对正导轨中间,让剑带在导轨运动时顺畅。剑带轮的齿磨损到一定程度时就要调换一定角度用或更换,以免影响剑带运动的稳定性。剑带导钩如有磨损、变形就要更换或减少剑带和导钩的间隙。

（11）夹纱器的螺丝松动,夹纱器的弹簧变形,导致弹性下降,夹纱器的夹纱力降低,夹纱器的夹纱部位使用时间过长,产生磨损,导致夹纱器夹纱部位有轻微间隙,使纬纱出梭口前容易脱落。

（五）双纬（百脚）

1. 形成原因

（1）送纬剑夹纱力过大，纬纱在右侧布边外释放后，弹性回复过大，则织物右侧布边会造成因纬纱短缺一段，而形成边双纬织疵。

（2）剑带经长期使用后磨损严重，剑带松动太大，以致剑头运动失去正确性。

（3）剑带和传动轮磨损或螺栓松动，造成剑头定位不准，交接时间变动。导致引纬交接失败，当纬纱引到中央后，会被左剑头带回，布面上出现1/4幅双纬（百脚）。

（4）接纬剑纬纱夹持杆与右侧释放开口器接触过小，或开口器磨灭起槽，接纬剑在接纬退回时，纬纱释放受阻，在织物左侧布边外的纱尾过长。如接纬剑纬纱夹持杆与右侧开口器接触过大，纬纱尚未引出布边，就提前释放，则织物右侧布边会产生纬纱短缺双纬。

（5）筒纱未经定捻，在高速运转情况下停车时纬纱惯性退出，构成扭结的纱条，被送纬剑引入梭口，形成三根纱的"双纬"。

（6）当选纬装置纹纸损坏或破裂时，选纬杆误动，以致两根选纬杆同时作用，供给两根纬纱。

（7）操作不慎，错误地选择了探纬控制程序，也会造成双纬引入。

（8）边剪不锋利，纬纱剪不断，同时引入双根纬纱，形成全幅或半幅双纬。

（9）规律性双纬主要是送纬机构及开口部件故障引起的。

2. 消除方法

（1）检查纬停，检查剑头夹纱弹簧压力，检查剑带磨损情况。当剑带横向移动量超过4～5mm时应予更换，剑带更换应两侧同时进行。

（2）正确校调两剑交接尺寸，当主轴在175°时，接纬剑剑钩应超过送纬剑夹持纬纱6mm左右。检查剑带传动轮前后位置，在主轴65°时，手测传动轮前后移动量，如超过6mm时，应重新校正或予以更换。同时检查剑带螺钉有无松动。

（3）筒子架上引出的纬纱张力要适中，同时使用正反捻纬纱时，必须要进行蒸纱定捻处理。自然定捻可延长定捻时间，并且一定要经过定捻效果测试，以保证捻度的稳定。

（4）正常引纬边剪的定期维修工作。轴颈磨灭、刀片不够锋利，要结合上轴检修进行调换。

（5）发现规律性双纬，应将选纬纹纸粘牢，利用相似工艺的纹纸时应将多余的选纬孔堵塞掉。对磨损的工艺纸带、纹钉及损坏的蓝色光电管，必须随时调换；上轴时，对起综臂螺钉要进行检查、拧紧。

（六）断纬、缺纬

1. 形成原因

（1）纬纱张力过大，接纬剑在右侧布边外释放纬纱后，纬纱在弹性恢复力作用下回弹，使纬纱短缺一段，如交替供纬的纬纱张力均较大，所有纬纱都短缺一段则形成边缺纬。

（2）送纬剑剑头夹纱弹簧片校得太紧，张力过大，送纬剑在夹持纬纱时，将纬纱拉断。纬纱或夹在弹簧片最里端，至中央交接时，同样会被拉断。接纬剑前钩与纬纱夹持器配合过松,使纬纱在引出布边前过早松脱。

(3)夹纱弹簧片使用过久产生磨灭,压纱不均,造成夹纱不良而交接失误。当夹纱弹簧片内积有杂物如飞花、棉杂、粒屑等,弹簧片弹力迅速减小,夹纱作用降低,纬纱夹不牢,也会造成送纬或接纬失败。

(4)当接纬剑夹持器与右侧张开器接触过大,纬纱尚未完全引出布边即释放。

(5)右侧张开器的安装过于偏内,使纬纱释放时间过早,当释放纬纱时,尚未平综,纬纱收缩反弹,造成右侧布边缺纬甚至产生纬缩。

(6)剪刀剪切时间过早,纬纱还没有被接纬剑接住,造成引纬动作失败,右侧布边会产生缺纬;剪刀剪纱时间太迟,纬纱被送纬剑剑头夹得太里太紧,接纬时纬纱被拉断;剪刀刀口磨灭不锋利,纬纱被拉断。

(7)接纬剑、送纬剑的剑带与导轨钩磨灭、松动在 2mm 以上,开车时,引纬振动大,交接会失误,严重时,会打坏剑头或磨损钢箱。

(8)开口时间调节不当,综平太迟,纬纱收缩反弹,造成右侧布边缺纬甚至产生纬缩;综平太早,纬纱在梭口闭合中,强行引出拉断,造成右侧布幅缺纬。

2. 消除方法

(1)通过调节弹簧片压力调节纬纱张力,使纬纱张力不能过大或过小。

(2)适当调节送纬剑剑头夹纱弹簧片弹力。一般先将纬纱用手卡入弹簧片内,手感张力松紧适当为宜。开车后,观察布面是否造成断纬、缺纬。如此反复调节,直至开车正常,无疵点为止。同时在织机运转中,应经常检查弹簧片有无杂物、棉屑附着,并及时清除。对于已磨损的弹簧片应及时更换。

(3)剑带与导轨钩磨损松动超过 1mm 时应取下修理,最好调头使用或更换新剑带;剑带导轨钩磨损者亦应更换。

(4)接纬剑剑头楔面夹纱部分磨灭,夹纱不牢,应取下修理或更换剑头。

(5)开口器释放时间,应掌握右侧绞边纱纱尾露出布边约 10～15mm。

(6)适当调节剪刀剪切时间。

(七)开车稀密路

织物的一段纬密偏小者称为稀纬,偏大者称为密路。稀纬严重形成空档者称为稀弄。在织造薄型织物时更加容易产生这种织疵。织物纬密虽比正常差 1～2 根,坯布虽不明显,但经印染加工后,由于吸色不同,会形成明显的横档。尤其是对色经白纬的色织物,如牛仔布、青年布更是如此。这是有梭织机的主要织疵。但这种织疵在剑杆织机上也经常出现。

1. 形成原因

(1)半制品质量差,造成断经、断纬率高,织机停台次数增加,挡车工未能及时处理,引起停台时间过长,受到较大张力的下层经纱产生过大的塑性变形而引起波浪纹疵点。

(2)机械保养不良,打纬机构间隙过大或电磁离合器摩擦面有油污打滑,影响第一纬的打纬力,而产生开车痕疵点。

(3)操作不良,断经、断纬停台处理不当。

(4)纬密调节传动轴磨损。

(5)压布辊与卷取辊接触不够紧密。

(6)卷取链条松弛。

(7)断经停车和断纬倒转的程序不适合机上的品种。

2. 消除方法

(1)加强半制品质量管理,如织轴上经纱的各种性能指标(回潮率、上浆率及弹性等)必须符合质量要求,以保证正常的织造要求。

(2)加强织机维护保养,若打纬力度不够,检查钢箱是否有松动,打纬凸轮与转子之间的间隙是否符合要求及其磨损情况;检查纬密调节传动轴、卷取链条是否松动、磨损,并及时紧固或更换。

(3)根据机上的品种规格,正确选择断经停车和断纬倒转的程序。

(4)断经停台处理时应为一次开车,不开慢车。断纬停台处理时应在剑头夹住纬纱后直接开车。

(八)断经、断疵

织物中缺少一根或几根经纱称断经。经纱断头后,其纱尾织入布内的称断疵。由于剑杆织机车速较有梭机大,经纱张力比有梭织机高,因此对经纱质量要求高在剑杆织机织造中,造成经纱断头的原因较多。

1. 形成原因

(1)原经纱质量差,纱线强力低,条干不匀或捻度不匀。

(2)半制品质量较差,如经纱接头不良,飞花附着,纱线上浆不匀,轻浆或伸长过大等。

(3)漏穿经停片或者经停机构失灵,感应器时间调节不当,造成停车位置不当,使断经不关车。

(4)钢箱、综丝、经停片磨灭或损坏,剑头、剑带、剑带导轨毛糙或磨损,使经纱在织造中被擦断。

(5)织造工艺参变数调节不当。如经停架、后梁过高,使经纱上机张力过大,经纱承受不了织造摩擦的拉伸而形成断经。开口与引纬时间配合不当,剑杆动程调节不当,剑杆进出梭口时,两侧边纱挤压摩擦而造成经纱断头。

(6)吊综高低位置校正不良。吊综太低,上层经纱松弛,增加上层经纱与剑杆摩擦,反之增加下层经纱的摩擦。

2. 消除方法

(1)保证原纱和半制品纱线的质量,纱线强力要高,条干要均匀,粗细节纱要少,接头要小而牢。

(2)检查电气经停装置作用以及关车的灵敏度。上轴开车时,检查是否有漏穿经停片。

(3)定期检查钢箱、综丝、经停片、剑头、剑带、剑带导轨的磨损情况,并及时予以更换或修正。

(4)吊综高低,应使剑头、剑带进出两侧梭口时,受上下层经纱挤压度相等为好。

（5）在不增加经纱断头与疵点的前提下,经纱张力以小为宜。并且保证整经经纱张力的均匀。

（6）织轴轴幅应大于或等于经纱穿箱幅宽 10mm 左右。

（九）跳花

剑杆织机所采用的多臂和提花开口机构不同于有梭织机。一般跳花、星跳疵点在剑杆织机织造的织物经向疵点中,所占比重不大。

1. 形成原因　成因多在于开口机构,如纹钉孔打错,纹板胶接不良,安装时纹板孔中心未对准探针,使探针和综框动作错乱等。

2. 消除方法

（1）需要校调花筒在轴上的轴向和径向位置,或调节其蜗轮的径向位置。

（2）检查竖针钩、提刀口、拉钩、拉刀是否磨损而造成滑钩。

（3）检查塑料传动伞轮有无磨损、老化、跳牙。

（4）检查竖针与提刀间隙是否小于 1.4mm,否则提刀钩不到竖针。

（5）检查拉刀上的橡胶块有无松动和脱落。

（6）检查探针与横针有否弯曲而引起动作失常。

（7）检查多余综片的下吊综连接件是否拆下,否则当使用综平装置时,会使连接件轧住并撞坏多臂机零件。

（8）检查轴孔与轴芯磨损情况,若磨损过大,会造成综框动程不足而产生跳花。

第三节　喷气织机织造工艺与质量控制

一、喷气织机织造工艺

喷气织机可调整的工艺参数有经纱上机张力、经位置线、开口时间、引纬参数等,经纱上机张力、经位置线、开口时间等对织造过程和织物质量的影响同有梭织机。纬纱正确地引入梭口是由纬纱供应、引纬、纬纱飞行控制等因素配合形成的,与引纬有关的工艺参数包括纬纱飞行时间、主喷嘴和辅助喷嘴的启闭时间、主喷嘴和辅助喷嘴的供气压力、储纬器释放纬纱时间、辅助喷嘴的间距等。

（一）经纱上机张力

喷气织机大多采用弹簧张力系统。弹簧张力系统调整张力具有调节简便、附加张力较为稳定、适应高速等特点,其可调参数主要有弹簧刚度、弹簧初始伸长量或弹簧悬挂位置等,在调整时必须使织机两侧弹簧参数一致。

在弹簧材料、螺旋圈距一定的条件下,弹簧刚度主要取决于弹簧直径。弹簧直径大,刚度大,上机张力大,梭口易于开清。但经纱张力大,较易断头,布幅也易偏窄,形成狭幅长码布。通常,在织造厚重织物时,宜采用较粗直径的张力弹簧,必要时可采用双辊后梁系统。在确定弹簧刚度（直径）之后,根据织口的游动情况与梭口清晰状态、经纱断头、布幅宽窄调整弹簧悬挂位置,即改变力臂和初始伸长量来进行上机张力的调节。力臂长,初始伸长量大,上机张力大。各类织机对弹簧刚度、弹簧初始位置或初始伸长量有不同的规定,实际运用时应参照该织机操作手册进行。

目前,喷射织机自动化程度已大大提高。如 ZA 喷气织机,不同织物的上机张力的配置可通过触摸屏输入数据设定。推荐的计算公式为:

$$上机张力\ T(\text{N}) = \frac{总经根数}{经纱英制支数} \times K \times 10$$

式中:K——系数,一般取 0.8~1.2。

通常实际采用的上机张力值比计算张力值略低,按确定的上机张力值输入织机,开台调整合理后织造。

(二)经位置线

绝大多数织机的织造平面呈水平式,只有少数型号的喷射织机呈倾斜式织造平面,倾斜角度一般大于30°,个别机型只有10°以下。如 Strojimpor 公司 PN 型喷气织机的织造倾斜36°、Jettis190 型喷气织机的织造面倾斜5°,这样的设计是为了便于人工操作,工人可以很容易将手从机器前方伸到经纱自停装置。

织造平面呈水平式的喷射织机,其经位置线与片梭织机、剑杆织机的经位置线相同。而织造平面呈倾斜式的喷射织机的后梁、经停架、综片综眼、织口等位置逐一降低。但不管是水平式还是倾斜式,后梁(经纱张力探测辊)的位置都是经位置线的主要参数。喷射织机的后梁也有单辊、双辊和三辊之分,中轻型织物用单辊,厚重型织物用双辊,大张力强打纬织物用三辊。

1. 织轴盘片间距、穿筘幅宽及布幅的关系 为了减少经纱与钢筘的摩擦和降低边经断头,轴盘幅、穿筘幅与布幅三者之间的差异要尽可能小。织轴盘片间距(轴盘幅)可稍大于经纱穿筘幅,但需基本接近。

2. 后梁位置的设定 后梁与胸梁等高时,上下层经纱张力一致,形成等张力梭口。喷气织机速度高、张力大、布幅宽,等张力梭口的布面会出现筘路和条影,影响实物质量。

后梁高于胸梁,上层经纱张力小,下层经纱张力大,形成不等张力梭口,布面比较丰满。

后梁低于胸梁,上层经纱张力大,下层经纱张力小,也形成不等张力梭口,适用于斜纹织物,纹路清晰。

新型喷气织机的后梁除可上下移动外,还可以前后移动,以便调整梭口后部经纱长度及调整经纱对后梁的包围角。通常在织造中特纱织物时,后梁居中;织造细特高密织物时后梁前移,有利于开清梭口;织粗特织物时向后移,以增大经纱对后梁的包围角,使张力保持均匀,织物平整挺括,但后梁向后移动太多,挡车工操作不便。

在 ZA 系列喷气织机上,后梁高度可在 30~130mm 范围内调节,后梁前后可在 1~10 格(200mm)范围内调节,以满足不同品种的需要。

3. 经停位置的设定 经停装置不仅是经纱断头自停装置,而且是确定梭口后部位置的部件。经停装置向后移动,梭口后部长度增加,在开口高度不变时,经纱伸长变小,但经纱间的摩擦次数增多。因此,对强力较弱、伸度较低、但上浆质量好的经纱是有利的。反之,对于强力高、条干好的经纱,经停装置前移,梭口后部长度愈接近梭口前部长度,经纱愈不易在升降时受综眼摩擦,这将有利于减少断头,提高织机效率。

经停装置的高低要随后梁的高低而相应调整。要求经停架与经纱间有 1 ~ 2mm 间隙。经停架安装位置高,经纱贴紧架条,花衣不易落下,将造成断经不关车。经停架被经纱磨出沟痕后也会损伤经纱。

4. 织口位置的设定 喷气织机的织口位置受胸梁高低的制约,胸梁前后位置的移动量很小,上下位置用垫铁来确定。

织口上下位置依异形筘而定。打纬时,织口位于筘槽中心线偏上。织口过高,筘槽上唇会碰布面,使织口跳动,出现边撑疵和轧断纱。织口偏低,会使筘槽下唇碰断织口处纬纱,严重时将使织口损伤和破裂。

(三)开口时间

喷气织机上,开口时间在 300° ~ 310° 时,称为中开口;小于 300° 时,称早开口;大于 310° 时,称晚开口。一般早开口不能早于 270°,晚开口不能晚于 340°,这里 270° 与 340° 被称为两个临界点。一般喷气织机综平时间在 270° ~ 320° 之间。

一般平纹织物宜采用早开口,以利于开清梭口,打紧纬纱,布面平整、丰满。高密平纹织物(如府绸、防羽绒布)宜采用小双层梭口,减少经纱的摩擦,有利于开清梭口,因 270° 与 340° 为开口时间的两个临界点,所以前后两次开口的差角(或称相位差角)应在 70° 以内。如 ZA203—Ⅱ 型织机织造中等密度织物时的相位差角以 20° 为宜,织造高密度织物时则以 30° 为佳。

斜纹、缎纹织物宜用迟开口,以使斜纹纹路突出,峰谷分明;但开口过迟,布面不匀整,且易产生纬缩织疵。对于高密斜纹、缎纹织物,为使梭口清晰,应使开口时间提早,不符合平纹早开口、斜纹迟开口原则。

ZA 系列喷气织机织造常规织物的开口时间见表 7 - 30。

表 7 - 30 ZA 系列喷气织机织造常规织物的开口时间

织物种类	平 纹	府 绸	防羽绒布	一般斜纹	细特高密斜纹	高密缎纹
开口时间(°)	310	300/280	300/270	320	290	280
相位差角(°)		20	30			

(四)引纬工艺参数

喷气引纬工艺参数,主要包括气源控制参数(如压力)、喷射气流控制参数(如喷气时间)、纬纱控制参数(如夹纱时间、剪纬时间)等。

1. 始喷角 α_1 指喷嘴开始喷气时间所对应的主轴位置角。单喷嘴引纬的始喷角主要由空气压缩机机械参数决定。以凸轮推动的活塞式空气压缩机为例,出气阀弹簧压力越大,始喷角越大,开始喷气时间越晚,由于弹簧调节比较麻烦,一般通过改变凸轮安装位置来调节,改变始喷角大小。多喷嘴引纬的始喷角由机械阀或电磁阀开启时间决定。

2. 始飞角 α_2 指纬纱开始飞行时间所对应的主轴位置角。由于喷气引纬速度很快,一般情况下,纬纱开始飞行时间由夹纱装置或储纬测长装置的开启时间决定。

正常情况下,$\alpha_2 > \alpha_1$,即喷气在前,纬纱飞行在后;将 $\alpha_2 - \alpha_1$ 称为先导角,先导角大,利于伸直纬纱头端和加速纬纱启动,但纬纱易解捻,耗气量增加。一般先导角以 5°~20° 为宜,当纬纱启动慢(如股线)时,应加大先导角;反之,纬纱易解捻断头(如单纱)时,应减小先导角。

在多喷嘴织机上,辅助喷嘴开始喷气时间也应比纬纱头端到达该组辅助喷嘴位置的时间早,以减小纬纱飞行迎面阻力和稳定纬纱飞行速度。

3. 压纱角 α_3 指纬纱飞越梭口后,夹纱器或储纱销等夹纱装置夹持纬纱的时间所对应的主轴位置角。始飞角一定,压纱角大小决定着纬纱实际飞行时间的长短。将 $\alpha_3 - \alpha_2$ 称为纬纱自由飞行角,纬纱自由飞行角大,有利于降低纬纱飞行速度,降低喷射气流压力,但对开口、打纬的配合不利。

4. 终喷角 α_4 指喷嘴结束喷气的时间所对应的主轴位置角。对多喷嘴接力引纬而言,终喷角是指出梭口侧最后一组辅助喷嘴结束喷气的时间。

一般情况下,$\alpha_4 > \alpha_3$,即压纱在前,结束喷纱在后;将 $\alpha_4 - \alpha_3$ 称为强制飞行角,强制飞行角大,利于握持伸直纬纱头端,获得良好的布边,防止出梭口侧产生纬缩等疵点,但耗气量较大。在满足引纬需要的前提下,强制飞行角以小为宜。

在有的喷气织机上安装延伸喷嘴(也叫拉伸喷嘴或张紧喷嘴)。延伸喷嘴安装在最末一只辅助喷嘴之后,并位于纬纱出口侧边纱的外侧。延伸喷嘴的作用是使纬纱在引纬终了时保持一定的张力和伸展状态,当主喷嘴和辅助喷嘴相继关闭后,可以防止纬纱在综平前回跳而产生的纬缩疵点,并使探纬器正确探纬。延伸喷嘴的开启时间比纬纱的到达时间早 10°~20°,可根据纬纱的波动情况而定,延伸喷嘴的关闭时间应与综平时间相同或略迟些。没有安装延伸喷嘴的织机,可将最后一组辅助喷嘴的关闭时间延迟到综平,以使纬纱在与经纱交织前处于伸直状态。

5. 剪纬时间 α_5 指剪纬装置剪断纬纱的时间所对应的主轴转角。机械凸轮式剪纬装置可通过改变凸轮安装位置来改变剪纬时间。剪纬时间早,纬纱较短;反之则长。一般剪纬时间应选在综平之后、经纬纱交紧之时,以便经纱握持纬纱。

6. 主辅喷嘴供气压力 主辅喷嘴供气压力影响纬纱的飞行速度,决定纬纱出梭口的时间。主辅喷嘴供气压力增加,纬纱飞行速度提高,纬纱出梭口的时间提前。主喷嘴供气压力对纬纱到达时间的影响显著,它决定了纬纱速度的大小,因此,主喷嘴供气压力应根据纬纱出梭口时间设定。若主喷嘴气压太高,气流对纬纱作用力大,易吹断纬纱;若气压太低,纬纱难以顺利通过梭口,且会引起纬纱测长不准,产生短纬、松纬、出梭口侧布边松弛等疵病。主喷嘴压力一般为 $(3~3.5) \times 10^5 Pa$。辅助喷嘴的气流主要起维持纬纱飞行的作用,辅喷压力应略高于主喷压力,以避免飞行的纬纱出现前拥后挤现象,减少纬缩织疵。主辅助喷嘴的供气压力增大,都使耗气量增加,但辅助喷嘴的供气压力增大,将使耗气量显著增加,因此,

在保证纬纱正常飞行前提下,辅喷气压尽量调低,以节约用气。主辅喷压力的关系为:

$$辅助喷嘴供气压力 = 主喷嘴供气压力 + (0.5 \sim 1.0) \times 10^5 Pa$$

当织机车速增加时,纬纱飞行时间减少,出梭口时间推迟,应增大主喷嘴供气压力。织物幅宽大,供气压力要大。设定纬纱总飞行角大,气压可小些。粗特纬纱供气压力应大于细特纬纱。电磁阀灵敏、喷射角适当、喷嘴喷射集束性好、喷嘴间距合理、原纱及织轴质量好、经密小、筘槽质量好,供气气压可小些。当调整主喷嘴供气压力时,必须相应调整辅助喷嘴的供气压力,以调整辅助喷嘴气流速度。一般先调整主喷嘴压力,后调整辅助喷嘴压力。

7. 主喷低压气流 主喷嘴的压缩空气由高压和低压两部分组成。压力较高的压缩空气用于引纬。压力较低的压缩空气持续向主喷嘴供气,即使在高压气流关闭之后,主喷嘴仍然保持着较弱的射流。主喷嘴低压气流的作用有以下几种。

(1)在纬纱从定长储纬器上释放之前,使穿引在主喷嘴内的纬纱头端受到一个预张力作用,让纬纱保持伸展状态,防止卷缩或脱出。

(2)当主喷嘴瞬时产生高压引纬射流时,纬纱受到突然的拉伸冲击力会有所减弱,使纬纱进入风道时,头端跳动程度减小,避免引纬失误。

(3)用于纬纱断头处理的穿引工作。

主喷嘴低压气流的压力太大,纬纱在进梭口前容易断头;压力太小,纬纱头端不能伸直而回缩扭结。主喷低压气流调节以纬纱容易穿入,并在短时间内不产生断纬为原则,一般不大于 $5 \times 10^4 Pa$。

8. 剪切喷压力 在有的喷气织机上,当引纬结束后剪刀在主喷嘴喷口处切断纬纱时,主喷嘴喷射一定压力的气流,以防止纬纱回弹缩回到主喷嘴内或脱离主喷嘴。剪切喷供气时间在剪断纬纱前后,一般为 $350° \sim 40°$,剪切喷气压约为 0.1MPa。织造生产中,可使用光电频闪仪观察纬纱被切断后的松动状态,然后重新设定,增大压力,可减小纬纱的松动现象。

9. 延伸喷嘴喷射压力 延伸喷嘴供气压力应略高于主喷嘴和辅助喷嘴,一般为 $3 \times 10^5 Pa \sim 5 \times 10^5 Pa$。

(五)喷气织机运动配合和工艺参数实例

1. ZA200 型喷气织机织造防羽绒布实例 采用 ZA200 型喷气织机织造 T/C 14.5 tex × 14.5tex,519.5 根/10cm × 393.5 根/10cm,160cm 防羽绒布时,其主要运动配合如图 7 - 32 所示。

(1)夹纱器开启时间。一般情况开启角为 $85° \sim 115°$,闭合时间为 $230° \sim 260°$,在夹纱器开启过程中纬纱实际飞行角为 $130° \sim 170°$。

(2)主喷嘴喷气时间。始喷时间比夹纱器开启早 $0° \sim 10°$,终喷时间比夹纱器闭合早 $5° \sim 10°$。

(3)辅喷喷气时间。第一组首只喷嘴的始喷时间比纬纱头到达时间早 $5° \sim 10°$,末只喷嘴喷完时间比纬纱头到达时间迟 $50° \sim 60°$;最后一组首只喷嘴的始喷时间比纬纱头到达时间早 $15° \sim 20°$,末只喷嘴喷完时间比夹纱器闭合迟 $10° \sim 20°$;中间各组相应调整。

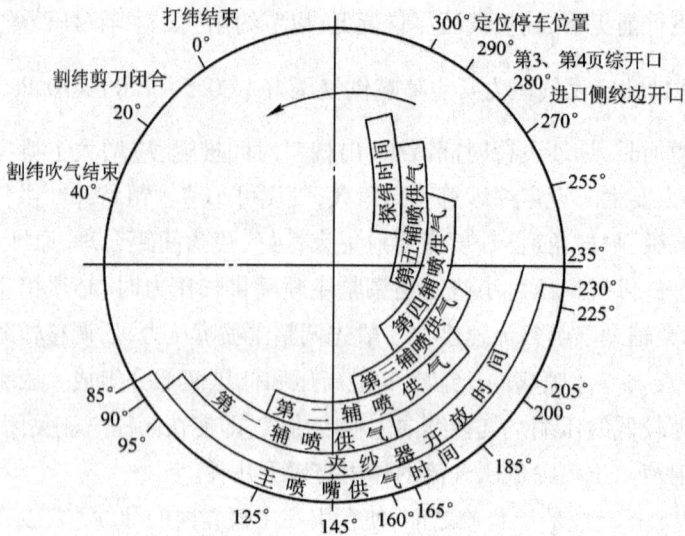

图 7 - 32　ZA200 型喷气织机织造防羽绒布的主要运动配合图

（4）喷射压力。储纱压力调整到卷绕在喂纱辊上的纬纱呈稳定状态为宜；割纱喷气压力调整到割纱时，纬纱穿过主喷嘴不被吹出；主喷压力调整到刚好不发生缺纬、测长不匀、松纬故障时的压力；辅喷压力应略高于主喷压力。

2. PAT 型喷气织机织造压基布实例　采用 PAT 型喷气织机生产 18.5tex×18.5tex，149.5 根/10cm×124 根/10cm，162.5cm 纯涤纶压基布工艺实例，如图 7 - 33 所示。

（1）第 1、第 2 页综框开口时间为 300°，第 3、第 4 页综框开口时间为 290°。

（2）夹纱器开启时间。一般情况开启角为 105°，闭合时间为 210°，在夹纱器开启过程中纬纱实际飞行时为 110°～210°。

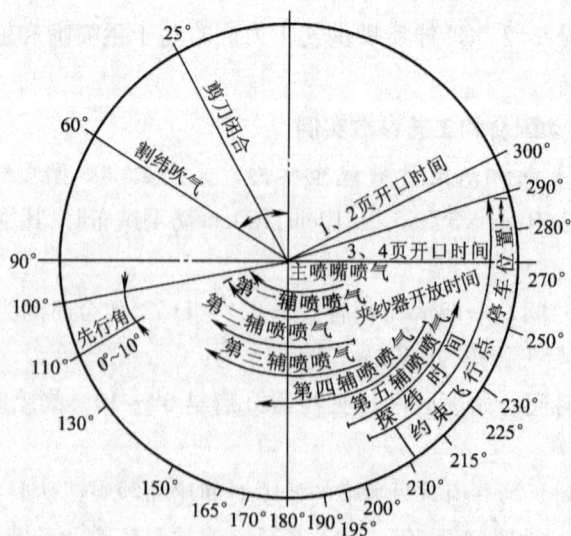

图 7 - 33　PAT 型喷气织机织造涤纶压基布的主要运动配合图

（3）主喷嘴喷气时间。始喷时间比夹纱器开启早0°～10°,主喷嘴始喷时间约100°,主喷完比夹纱器闭合早5°～10°。

（4）辅喷嘴喷气时间。第一组首只辅喷嘴的始喷时间在100°,第五组辅喷嘴始喷时间为195°。最后一组首只喷嘴的始喷时间比纬纱约束飞行点早15°～20°,喷完时间在250°,末只喷嘴喷完时间比夹纱器闭合迟10°～20°;中间各组相应调整。

（5）探纬时间为200°～290°,剪刀闭合时间为25°,割纬吹气时间为60°。停车位置时间安排在280°～290°。

采用ZA203Ⅱ型喷气织机织造T/C 50/50 14.5tex×14.5tex、307根/10cm×256根/10cm、262cm涤棉细布,车速为490r/min。对辅喷嘴工艺水平进行适当调整,节约用气的实例如下。

主喷嘴开启时间:50°;主喷嘴关闭时间:160°;辅喷嘴开关时间见表7－31。

表7－31　辅喷嘴开关时间

序　号	开启（°）	关闭（°）	到达（°）	喷嘴数	间距（mm）
1	50	120	89	5	80
2	70	140	105	5	80
3	90	160	125	5	80
4	110	180	145	5	80
5	130	200	165	5	80
6	140	210	185	4	60
7	160	220	200	4	60
8	170	240	210	3	60

主喷嘴喷气时间为160°－50°＝110°;辅喷嘴每组喷气时间均为70°,8组合计喷气时间为560°。为了节约用气,实验将辅喷嘴开启时间延后5°,关闭时间提前10°。按工艺设定,每个喷嘴减少开启时间15°,1台织机按36个辅喷嘴计,共减少开启时间540°,相当于少7.7个辅喷嘴,每小时可节气8.2m³,约为辅喷嘴用气的21%。

二、喷气织机主要织疵形成原因及其预防

（一）断纬

引纬系统发生故障所产生的纬向疵点和布边疵点几乎占喷气织机全部织疵的70%。现将断纬疵点产生的原因与消除方法介绍如下。

1. 纬纱在主喷嘴一侧断裂

（1）形成原因。

①这种疵点主要由纬纱开始起飞时,主喷嘴剧烈喷射造成。

②主喷嘴的出口或靠主喷嘴附近有磨痕或毛刺,梭口未闭合之前,钢筘在运动中纬纱被毛刺或磨痕割断。

(2)消除方法。

①主喷嘴的气压过高,适当降低主喷嘴的压力。

②主喷嘴的阀门开启过早,应按1ms为一档逐渐推迟主喷嘴的开启时间。

③重新调整主喷嘴的压力,以获得纬纱到达对侧的准确时间。

④更换主喷嘴,或用400号砂纸把毛刺打光。

2. 纬纱在梭口中部断裂

(1)形成原因。

①中间辅喷嘴气压过大。

②纬纱出梭口后吹纱力过强。

③纬纱质量不好;纬纱在梭道中自由飞行,就有解捻过程,所以捻度不高、条干不匀的纬纱进入梭道,在弱捻或细节处容易吹断。

④湿度偏小,产生脆断纱。

(2)消除方法。

①在降低辅喷嘴压力的同时,重新调节主喷嘴的压力。

②如果上述方法不见效,应再缩短辅助阀门的开启时间,重新调节主喷嘴的压力。

③适当减少辅喷嘴的数量。

④提高纬纱的质量,要求纱线均匀,无粗细节,无弱捻,纬纱单强至少在294cN(300gf)以上。

⑤加强温湿度的管理,加大湿度。

3. 纬纱在引纬结束时断裂

(1)形成原因。

①延伸喷嘴吹纱过强。

②由于主喷嘴内有积尘或起刺,导致纬纱断裂。

③由于辅喷嘴过多或压力不当,导致纬纱断裂。

(2)消除方法。

①以5ms为一档推迟张紧喷嘴的喷气时间。

②按手控气阀按钮,清洁主喷嘴。

③重新检查主喷嘴的位置。

④把主喷嘴关闭时间提前(最小时间:最后一纬纱圈的脱出时间)。

⑤减少辅喷嘴的数量。

⑥降低辅喷嘴的压力,重新调节主喷嘴的压力,以便获得正确的纬纱到达对侧的时间。

4. 一般断纬的原因及解决办法

(1)主辅喷嘴压力都过高,吹断纬纱,其解决办法为降低压力。

(2)储纬鼓定纬销定时不合理或内部垫圈磨损,造成断纬,相应的解决办法为调解定时或修复、更换定纬销。

(3)剪刀位置或闭合时间设定不合理或刀刃磨损剪不断纬纱。

（4）辅喷嘴上缘顶住经纱、挂住纬纱,可将辅喷嘴沿横向移动 1～2mm。

（5）主辅喷嘴压力均过小或纬向引纬时间配合不合理,造成纬纱到达时间波动大或纬纱松弛,其解决办法为增加压力。

（二）边部疵点

无梭织机的织物,其布边可分为钩边（光边织入边）和毛边两大类型（纱罗边和热熔边）,其边部疵点有烂边、豁边、松边、毛边、边撑疵等。烂边指绞边经纱未按组织要求与纬纱交织,致使边经纱脱出毛边之外产生的疵点。豁边指边经纱与纬纱交织不紧,致使绞边纱滑脱的疵点。松边指绞边经纱虽与纬纱交织,但交织松散,使边部经纱向外滑移,造成的疵点称松边。毛边指废纬纬纱不剪,或剪纱过长的疵点。边撑疵指布边部分被边撑轧断或拉伤起毛。

1. 烂边、松边、豁边

（1）形成原因。

①津田驹 ZA 系列喷气织机。

a. 绞边纱传感器不灵,边纱断头或用完时,不停车,造成烂边。

b. 清洁或检修用吹风机进行工作后,飞花回丝粘附在边纱上,开车时,开口不清,容易造成烂边。

c. 夹边纱断头,传感器失灵,绞边纱断头后不停车,造成烂边。

d. 夹边纱、绞边纱张力大小不宜,造成烂边或松边。

e. 边剪剪破布边,形成豁边。

f. 边部经纱、夹边纱、绞边纱等穿筘不在位时,也会造成松边。

②毕加诺 PAT 系列喷气织机。PAT 系列喷气织机烂边形成的原因,主要是由于两侧绞边经纱左右交换受阻造成。而交换受阻又来自设备、操作、经纱以及清整洁工作等多方面因素的影响,具体分述如下。

a. 小滑块磁铁磨损。

b. 大滑块托脚磨损。

c. 松紧带套错或断裂。

d. 边杆磨损或弯曲。

e. 导纱针弯曲或安装位置不正。

f. 纱罗综安装位置不正。

g. 绞边筒纱张力不匀。

h. 操作不良。绞边经纱未按规定顺序正确穿入纱罗综内;绞经每组 4 根未穿入同一筘齿中;纱罗组织与地组织之间有空筘。

i. 绞经边纱断头。

j. 机台清洁工作不良。喷气织机气流引纬所产生的飞棉或飞花,如不及时清楚,会附着在绞边经纱上,结成棉球,引起绞边作用失效,造成烂边。

（2）消除方法。

①津田驹 ZA 系列喷气织机。

a. 定期检查绞边纱传感器灵敏度,上轴后应把传感器插销插好,将绞边纱换成满筒。品种翻改时,选用合适规格的绞边纱,提高筒子卷绕质量,以减少断头。

b. 清洁机台或检修时,防止飞花或回丝缠绕在边经纱、夹边纱、绞边经纱上。挡车工要认真检查,及时清除。

c. 做好夹边纱传感器灵敏度的检查和校正。

d. 调整好夹边纱、绞边纱张力和开口时间。

e. 挡车工检查布面时,必须检查剪刀剪纱情况。

f. 更换绞边纱筒时,应细心操作,防止穿错。

②毕加诺 PAT 系列喷气织机。

a. 织机运转中途停车,应经常检查小滑块是否左右窜动,小滑块磁力作用是否衰退,如小滑块已偏于一侧,或磁力消失,应及时更换小滑块。

b. 结合正常检修,应检查大滑块磨损情况,并适时予以调换。边杆宜经常保持平直,发现磨损应及时调换。

c. 检查导纱针针孔是否处于左右移动和上下运动的中心位置;纱罗综应尽量与地经边纱穿入钢筘的对应位置。

d. 检查并调整绞筒退绕时的张力。

e. 挡车工巡回中,应经常注意绞边经纱穿综、穿筘的操作。

f. 保持绞边经纱纱道光滑,消除通道部分由于飞花或浆纱落物引起的经纱断头。

2. 毛边

(1)织机本身产生的毛边(津田驹 ZA 系列喷气织机)。

①形成原因。

a. 右侧(探纬侧)剪刀不剪纱,或剪刀位置调整不当,剪纱后边纱太长。

b. 捕纬纱张力不足,或个别未穿入综丝,对纬纱握持力不够,致使余留纬纱位置失控,形成毛边。

c. 捕纬边纱穿筘位置不当,不能准确捕住纬纱,使个别纬纱漏剪,形成间歇性毛边。

d. 箱型储纬器、夹纱器夹纱不良,左侧余留纬纱较短,捕纬边纱捕捉不到,影响剪断,造成密集形毛边。

e. 箱型储纬器定长皮带松弛,纬纱送出长短不一,部分纬纱捕捉不到而漏剪,造成毛边。

f. 最后一组辅喷嘴角度、时间不准,影响送出纬纱长度,亦会造成毛边。

g. 捕纬边纱太细、太光滑,使捕捉纬纱绞经张力不足,亦会造成毛边。

②消除方法。

a. 加强检查维修,经常保持剪切作用良好。

b. 挡车工接班,应加强检查捕纬边纱张力及穿综、穿筘情况,以保持穿筘正确。

c. 捕纬边纱断裂或用完调换时,应细心操作,正确穿筘位置,一般掌握距探头 3mm 左右。

d. 箱型储纬器应保持夹纱器作用良好。在品种翻改调换纬纱,或进行引纬操作时,应做好预防检修。

e. 定长轮皮带松紧要经常检查并及时调节。

f. 调整好最后一组辅喷嘴喷射角度和时间。

g. 选择比较适宜的捕纬边纱品种和线密度。一般常用价格低、强力高的 29tex × 2 ~ 14.5tex × 2(20/2 ~ 40/2 英支)棉纱6 ~ 8 根。

(2)织边机产生的毛边。带织边机的织机与不带织边机的织机在产生毛边疵点原因更复杂一些。

①形成原因。

a. 废边纱的张力不匀,因时松时紧而不拉紧纬纱,使织边机的纱钩钩不住纬纱而产生毛边。

b. 织边机的钩纱针变形或位置不对,钩纱不准。

c. 压纱指的弹簧弹力减弱,压不住纬纱。

d. 压纱指有磨痕或不平,压不住纬纱。

e. 织机机头的剪刀钝,剪不断纬纱。

②解决办法。

a. 废边纱边纱盘上的皮带与弹簧之间的挂钩孔变大或弹簧疲劳变形,都会影响废边纱的张力,值车工更换废边纱盘时,要调节好边纱张力,检查织边机工作是否正常,以便修机工及时修理。

b. 织边机的钩纱针变形或位置不当,应校正或更换钩纱针。

c. 压纱指的弹簧应更换。

d. 用砂纸打光压纱指上的磨痕,严重时应更换。

e. 用专用的研磨机研磨织边机头的剪刀;做好对整个织边机的维护和保养;每天给织边机头做 2 次清洁工作,加 2 次油,以保证织边机准确无误工作。

3. 边撑疵　先进的织布机把边撑检修列入重点工作项目,它是造成边疵的重要原因。

(1)产生原因。

①因刺环不转而轧断纱。

②因锦纶环磨损或不转,在锦纶环齿环之间的布面上就会产生张力差,严重时会撕破布面。

③上轴工把关不严,把边撑装得过低,致使下边撑盒与齿环接触而轧坏布面。

④边撑的角度不良,使边撑失去撑幅作用,因布面游动而产生边撑疵。

(2)消除方法。

①挡车工处理断经后及时拿走边撑上的回丝,对转动不灵活的齿环应拆下检查,并根据具体情况校正边撑位置。

②应更换磨损的锦纶环。

③上轴工要严格把好边撑关,装边撑时前后居中,高低应与边撑盒有1mm 的间隙。

④校正边撑角度,使其真正起撑幅作用,如果布面游动,要更换整套齿环。

（三）纬缩

喷气引纬的纬纱，在张力较小的情况下，扭结织入布内或起圈现于布内的称纬缩。纬缩按其在布面上的分布可分为左侧布边纬缩、右侧布边纬缩与全幅性纬缩三种类型。

1. 左侧布边纬缩

（1）形成原因。

①主喷嘴电磁阀调节不当。如气压过大，开启时间过长，使纬纱在左侧送入量过多，张力偏小，形成起圈或扭结纬缩。

②剪切时间太早。在纬纱仍承受张力的情况下，剪刀过早剪切，使纬纱弹入梭口，形成纬缩。

③纬纱夹张力太小或磨损，夹不住纬纱尾端，纬纱在气流作用下，张力减小，因而形成纬缩。

（2）消除方法。

①适当调低主喷嘴压力，提前关闭主喷嘴电磁阀。

②适当调整剪切时间，并用纬纱试剪剪纱效果。

③及时检查纬纱夹，校正引纬张力。

2. 右侧布边纬缩

（1）形成原因。

①右侧引纬力不足。随着引入梭口的纬纱长度增加，牵引纬纱的载体气流应随之增强；否则，不能保证纬纱到位和拉直纬纱，会形成纬缩。

②主喷嘴压力太高。纬纱前端到位后，纬纱仍向左侧布边飞行，使右侧张力减小，形成纬缩。

③右侧废边回丝太长，纬纱反弹入梭口。

④引纬时间太早。梭口尚未形成至足够高度，引纬即开始，纬纱头端扭结，飞行至右侧后仍无法拉直。

（2）消除方法。

①检查工艺设定是否符合上述增强右侧气流的原则，如右侧辅喷嘴间隔可小于左部、中部，右侧电磁阀所带辅喷嘴可少于左部、中部，电磁阀开启时间应有足够保证。

②检查辅喷嘴气路是否有泄漏，如气管是否漏气，连接处是否密封。

③检查主喷嘴压力，如压力过大，宜酌情降低。

④针对纬纱反弹入梭口，宜适当减少废边回丝长度及适当降低辅喷嘴压力。

⑤校正开口、引纬时间，须使两者密切配合。

3. 全幅性纬缩

（1）形成原因。

①气流引纬力不足。引纬过程中，除要求纬纱按工艺设定时间到达规定位置外，还要求给纬纱以足够的张力，使其伸直，否则会形成全幅性纬缩。

②纱罗绞边经纱阻挡纬纱正常飞行。纱罗绞边装置工作不正常时，绞边经纱对正常飞行的纬纱予以干扰。

③经纱影响纬纱正常飞行。由于辅喷嘴被擦伤或安装位置不当,致使个别经纱开口不清,阻挡纬纱正常飞行。

④钢筘质量不良或筘片磨损。喷嘴喷出的压缩空气无法在筘片内形成全幅或片段载纬气流,致使开口不清,形成纬缩。

（2）消除方法。

①供气压力严重不足的宜及时进行纠正。

②按实物质量要求,设定工艺参数;检查喷嘴的气压、喷嘴电磁阀的开关时间,是否符合工艺设定要求。

③检查喷嘴连接件和连接气管是否漏气,并更换之。

④随时检查纱罗绞边装置的工作状态并校正。

⑤检查辅喷嘴位置并按规定校正。

⑥及时测试钢筘的引纬气流,如发现筘片不良、磨损等情况,应及时纠正。

（四）其他疵点

1. 双脱纬、稀纬　喷气织机大部分的纬向织疵都会在纬停探测器（H_1、H_2）的检测下而停台,如果纬停探测器失灵,探测捕捉不到故障信号,则布面上会立即形成纬向疵点,这是喷气织机机械故障产生纬向织疵的主要原因。其次是织机故障已停车,但由于处理过程中,操作失误,疵点未能排除或虽已排除,但形成了其他疵点,这是织机机械故障产生纬向疵点的第二个原因。再次是属于无法探测的部分引纬故障,在布面上形成织疵。如双脱纬、稀纬及纬纱伸展不良形成的纬缩疵点。

（1）形成原因。

① H_1、H_2 灵敏度不够,或控制箱内探测器开关关闭,H_1、H_1 不起作用,引纬故障产生后不停车,造成双脱纬、稀纬。

②津田驹 ZA200 型喷气织机对织口板安装校正不标准,挡车工开车时,对织口出现误差,倒牙或卷牙过多或过少,开车后造成稀纬或密路。

③挡车工操作不当,没有正确运用正反转按钮,造成双纬、稀纬。

④开车时,箱型储纬器储纬箱内钩纱长度过短,开车后,出口侧形成双纬或稀纬疵点。

⑤主喷嘴侧经纱断头,挡车工处理后,没有把接头经纱放在边撑盖下,开车时,经纱抬得太高,投纬受阻,造成双脱纬。

（2）消除方法。

①定期做好 H_1、H_2 的清洁工作和灵敏度的检查,经常保持作用正常;织机运转中,不得随意关闭电气控制箱内断纬自停开关,使 H_1、H_2 失去作用;上轴、修机后,挡车工要检查控制箱开关。

②定期做好对织口板位置的检查,特别是上轴修机后,更应做好校正工作。

③挡车工务必熟练掌握设备操作要领,正确使用正反转按钮开关。

④挡车工开车勾纱,注意长度适当,平时应掌握机台性能,随机而异。

⑤断经接头纱必须放在边撑盖下面后,方可开车。

2. 断双纬 喷气织机如 PA—280 型采用双储纬器(C_1 或 C_2)交替引纬,若在引纬织造时,将 C_2 或 C_1 储纬器中的第一圈纬纱带出随同正常纬纱一同引入织口,织入布面就形成一条约 30cm 的断双纬疵点。

(1)产生原因。

①储纬器电磁阀挡纬销回弹弹簧失效,造成挡纬销开启落下角度不准确和不稳定,纬纱易从挡纬销上脱出。

②储纬器电磁阀挡纬销磨损不居中碰到纱鼓纱指上,纬纱从纱鼓上滑出。

③储纬器到辅助主喷嘴的距离太近,纬纱从储纬器上退下时纱圈甩动剧烈,易从挡纱销上甩出。

④辅助主喷嘴未对准储纬器中心,纱圈不规则,并且到主喷嘴的位置角度不正确,造成剪刀剪纱时纬纱张力不稳定,纬纱回弹从储纬器挡纬销上弹出。

⑤左剪刀下刃松动,剪纱时间不稳定,刀口不锋利,将纬纱拉断造成纬纱回弹加剧。

⑥左剪剪纱时间提前不正确,压纱指片将提前剪断的纬纱挡住,主喷嘴内的常压将纬纱顶回。

⑦压纱指不光洁灵活,纬纱不能正常均匀的通过,将压纱指顶起,造成压纱指张力不稳定,纬纱回弹从储纬器挡纬销上脱出。

(2)消除方法。

①更换储纬器电磁阀挡纱销弹簧用润滑剂轻抹。

②更换磨损挡纬销并调整位置至纱指孔正中。

③将储纬器到辅助主喷嘴间的距离调整至 240cm。

④将辅助主喷嘴架调高至 150cm,对准储纬器中心,将主轴转到 330°,使从两个辅助喷嘴引出的两根纬纱到双喷主喷嘴引入成一条横向重合的直线,从侧面看一上一下两根纬纱平行进入双喷主喷嘴,至使引纬时左剪剪纱时纬纱的张力趋于恒定。

⑤更换修复左剪刀,慢速织造检查剪纱时不能有纬纱拉毛的现象。

⑥左剪剪纱时间稍微滞后 2°。调整到 14°~18°之间。

⑦调整压纱指弹簧压力,修复清洁失效的压纱指,使纬纱通过压纱指时的张力均匀有序。

3. 稀密路

(1)形成原因。稀密路的形成原因有操作因素、机械因素和纱线在交织过程中受力和变形因素三种。

(2)消除方法。

①在中低档喷气织机上装有手动找纬装置,断纬停台后用于操纵,使之倒至断纬的当时梭口,倒转时引纬和打纬机构有离合器脱开而停止作用。高档喷气织机上装有自动找纬装置以减少稀密路。

②采用电子卷取装置,在功能仪表板上初始设定及修改电子卷取系统数据。当织口点在纬密设定位置移动时,织物上不同纬密或纬向配色花纹之间的边缘处产生的开车稀密路可以予以修正。

③在喷气织机上,安装电磁离合器刹车且有自动慢速倒转和慢速前进装置,能够做到定位制动和定位启动。

④改进打纬共轭凸轮的弧线,即把共轭凸轮的最高点设计成等径的一段圆弧,这段圆弧所包容的转角控制在 10°~15°。这样,织机开机时的打纬力更易达到织机正常运转时的打纬力的数值,有效地防止稀密路的产生。

第四节　片梭织机织造工艺与质量控制

我国引进的片梭织机主要用于生产高附加值的装饰用织物和高档毛织物,如床上用品、窗幔、高级家具织物、提花毛巾被、精纺薄花呢、提花毛毯等。

瑞士苏尔寿片梭织机最为成熟可靠,是我国引进最多的机型。主要型号有 1988 年前的 PU 系列、1988 年出产的 P7100 系列、1991 年出产的 P7200 系列和目前最新的 P7300 系列四个不同时期的系列片梭织机。这四个系列的片梭织机的引纬基本原理是一样的,只是在其他功能上更加完善。苏尔寿片梭织机现已具备完整的系列,能适应棉、毛、丝、麻各类原料,并能适应各种不同幅宽。

根据织物品种范围的不同,苏尔寿片梭织机配备有四种类型的片梭,如表 7-32 所示。织造生产中,应根据所加工纬纱的纤维材料和细度合理选择片梭型号。不同型号片梭的钳口形状和钳口夹持力量是不同的,夹持力变化范围为 16.7~29.4N。片梭表面应当光滑、耐磨,整个片梭的结构应符合严格的轴对称,过大的误差会引起梭夹钳口张开及夹纬的故障。

表 7-32　瑞士苏尔寿片梭织机的片梭类型及适用范围

型号	材　料	质量(g)	外形尺寸(mm)(长×宽×厚)	钳口尺寸(mm)(宽×高)	钳口夹持力(N)	特征与适用性
D_1	全钢质	40	89×14.3×6.35	2.2×3(4)	16.7~29.4	筘幅在 390cm 以下的中细特纬纱
D_2	全钢质	60	89×15.8×8.5	4×5	29.4	夹持力大,可用于花式线、粗特纬纱、540cm 的阔幅织机
D_{12}	全钢质	40	89×14.3×6.35	4×5	29.4	夹持力大,可用于花式线、粗特纬纱、540cm 的阔幅织机
K_2	梭壳为碳素纤维复合材料,梭夹为钢	22	86×15.8×8.5	2.2×4	16.7~21.4	不需加润滑油,适用于精细的、特浅色的高级织物

一、片梭织机织造工艺

片梭织机的织造工艺参数可分为固定参数和可变参数。固定参数有投梭时间、筘座运动时间、织口至综框距离等;可变参数包括梭口的调节、综平时间、经停装置、组合踏盘、经纱张力、边道的调节以及引纬工艺的优化。

(一)固定参数

1. 投梭时间 投梭时间即扭轴的自锁解除时间。其调节方法为:当投梭凸轮上解锁转子推动三臂杆的中端时,使原来的自锁平衡破坏,扭轴迅速释放出势能。所以,调节投梭时间可通过改变凸轮在轴上的相位角来实现。

投梭时间设定是固定不变的,不同筘幅配置不同的投梭时间(表7-33)。

表7-33 P7100系列片梭织机的投梭时间

公称筘幅 (cm)	投梭时间 (D$_1$型或D$_{12}$型片梭)	投梭时间 (D$_2$型片梭)	公称筘幅 (cm)	投梭时间 (D$_1$型或D$_{12}$型片梭)	投梭时间 (D$_2$型片梭)
190	150°	—	390	110°	110°
220	150°	120°	430	110°	110°
280	135°	120°	460	—	110°
330	120°	120°	540	—	110°
360	110°				

2. 筘座运动时间 筘座运动时间设定是固定不变的,而筘座静止时间均比片梭飞行时间大35°(表7-34)。筘座动程不变,织口至钢筘的最大距离为67mm。

表7-34 片梭飞行时间和筘座运动时间

投梭时间 (°)	到达接梭箱 传感器的 时间(°)	片梭飞行 时间 (°)	筘座由前返后 开始静止 时间(°)	筘座由后向前 开始运动 时间(°)	筘座静止 时间 (°)	筘座打纬时间(°)	
						PU系列	P7100系列
150	305	155	150	340	190	70	65
135	305	170	135	340	205	70	57.5
120	305	185	120	340	220	55	50
110	305	195	110	340	230	50	45

3. 织口至综框的距离 织口至各页综框的距离见表7-35。

表7-35 织口至各页综框的距离

综框页数	第1页	第2页	第3页	第4页	第5页	第6页	第7页	第8页	第9页	第10页
织口至各页综框的 距离(mm)	145	155	165	175	185	195	205	215	225	235

(二)可变参变数的调节

1. 梭口的调节

(1)经位置线的调节。经位置线由后梁高度及托布梁高度进行调整,根据后梁和托布梁的不同高度可以构成对称梭口、轻度不对称梭口、强不对称梭口以及适用于长浮点织物的对称梭口。

①对称梭口。如图7-34(a)所示,此时托布梁高度48mm,摆动后梁标尺高度为0。这种梭口属于对称梭口,其上层经纱与下层经纱张力一致,经纱张力比较柔和。适用于轻薄型密度稀疏的织物(如巴里纱、纱罗织物,手帕、纱巾等)以及纱线伸长度小、纱线质地脆弱的织物。

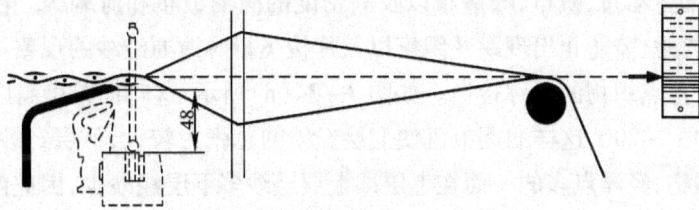

(a) 对称梭口

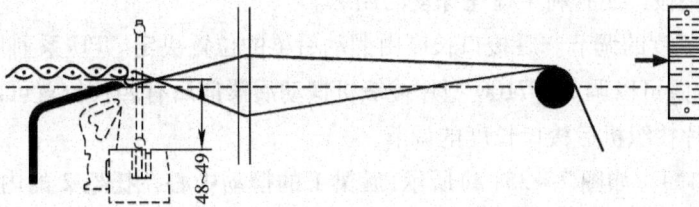

(b) 轻度不对称梭口

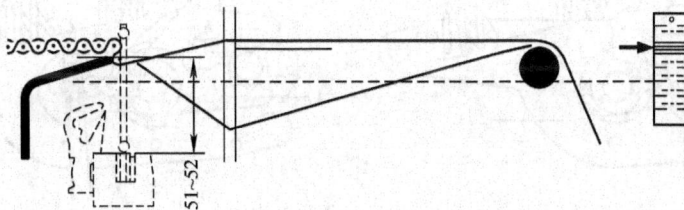

(c) 强不对称梭口

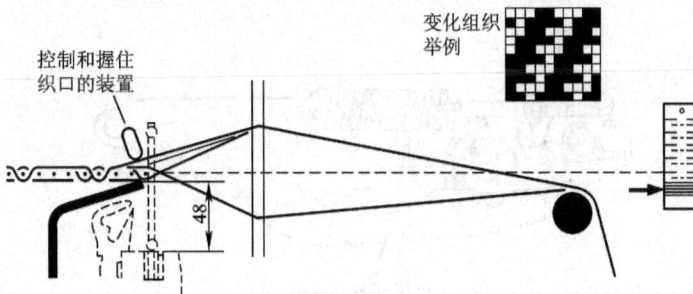

(d) 适用于长浮点织物的对称梭口

图7-34 片梭织机的梭口

②轻度不对称梭口。如图7－34(b)所示,这时托布梁高度为48～49mm,摆动后梁标尺高度为＋10～＋15。这种梭口属于轻度不对称梭口,上层经纱稍为松弛,下层经纱增加张紧度。在这样的梭口状态下,打纬阻力下降,织物纬密可增加,织物趋于紧密,外观较丰满,手感有改善。这种梭口适用于所有的轻型和中厚型织物,是较普遍采用的梭口形式。

③强不对称梭口。如图7－34(c)所示,这时托布梁高度为51～52mm,后梁标尺高度为＋20～＋30。由于托布梁和后梁抬得很高,下层经纱极度张紧,上层经纱松弛,在打纬时纬纱容易产生沿经纱的滑动,打纬阻力小,可以织造纬密高的织物。这种梭口适用于各类高纬密的重型织物,如劳动布、帆布、帐篷布以及高密度的防羽绒布和府绸等。在使用这种梭口时,因上层经纱松弛,需防止出现跳花织疵以及片梭飞行时撞断经纱的现象。

④适用于长浮点织物的对称梭口。如图7－34(d)所示,这时托布梁高度为48mm,后梁标尺高度为－10～－20。这样的调节可使上层经纱的总张力较大,下层经纱的总张力较小,但由于是单面织物,经浮点多的一面在上层即上层经纱多下层经纱少,因此两层经纱之间的张力分配趋于均匀合理。这种梭口形式适用于提花织物,其基本组织一般是缎纹组织和变化组织,采用这种梭口还有利于提花综丝的回综。

(2)后梭口长度的调节。后梭口长度由摆动后梁的位置决定。PU系列片梭织机摆动后梁前后有三种位置可以调节,P7100型片梭织机摆动后梁前后有四种位置可以调节。

①PU系列片梭织机后梭口长度的调节。

a. 后部梭口短。如图7－35(a)所示,后梁1的摆动中心在托架2的内侧,后部梭口最

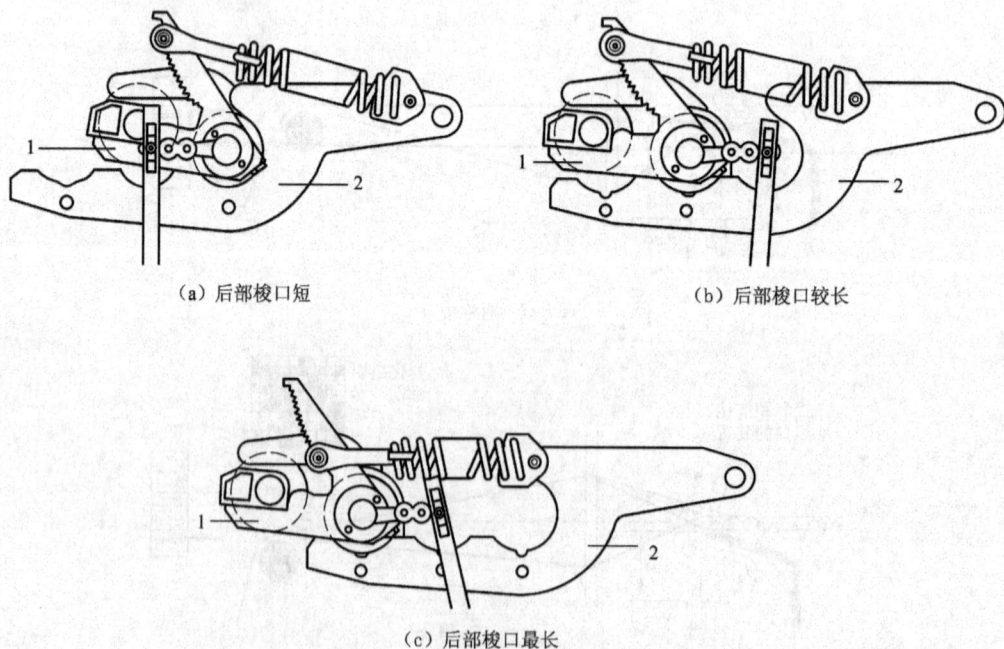

（a）后部梭口短　　　　　　　　　　　　（b）后部梭口较长

（c）后部梭口最长

图7－35　PU系列片梭织机后部梭口长度的调节

1—后梁　2—托架

短。这样的调节有利于经纱开口清晰,经纱不易互相纠缠,可以获得大的经纱张力。因此,这种调节适用于重型织物和经密高的品种,也适用于开口不易清晰的织物。采用这种调节时,综框数不能超过14页。

b. 后部梭口较长。如图 7 – 35(b)所示,后梁 1 的摆动中心在托架 2 的中部,后部梭口较长。这样的调节可使开口时经纱的相对伸长减小,适用于轻型和中厚型织物以及提花和缎纹织物,并可适用于经纱强度较低、伸长率较小的织物。采用这种梭口长度时,综框数可以超过14页。

c. 后部梭口最长。如图 7 – 35(c)所示,后梁 1 的摆动中心在托架 2 的最外侧,可使后部梭口最长,适用于综框数很多、经纱浮长变化范围大和经纱张力不均匀的织物。这种调节有利于织物外观匀整、平挺。

②P7100 型后部梭口长度的调节。如图 7 – 36 所示,后梁前后有 A、B、C、D 四个位置可以调节,形成后部梭口较短或较长(表 7 – 36)。

表 7 – 36　P7100 型后梁前后位置调节

后梁前后位置	后部梭口长度	织 物 适 应 范 围
后面 A 和 B	后部梭口较短	综框页数较少及经纱开口较差的织物,或厚重织物
前面 C 和 D	后部梭口较长	适用 12 页综框以上的提花、缎纹织物及长浮经织物,或边盘直径为 940mm 及以上的经轴

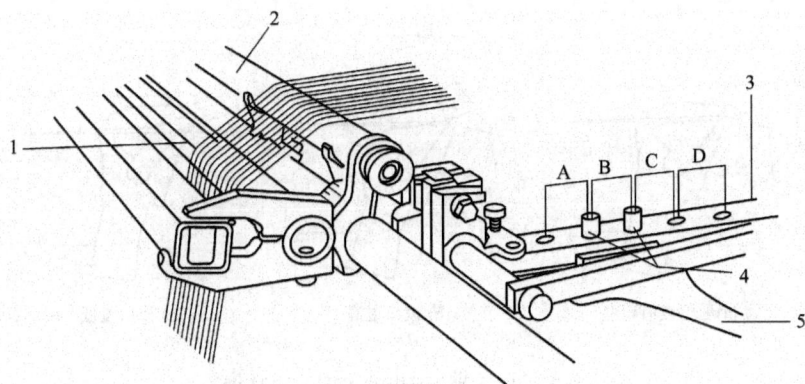

图 7 – 36　PU 系列片梭织机后梁前后位置调节
1—偏转辊　2—后梁　3—调节支架　4—螺丝　5—支架

(3)前部梭口高度的调节。在确定了托布架和后梁的高度以后,就应正确调节前部梭口的高度,即各页综框的动程。调节前梭口高度的基本原则有下面两点。

①必须使上下层经纱相对于梭导片有合理的位置。

②必须使纬纱能顺利地从梭导片孔腔内滑脱出来。

如图 7 – 37 所示,使织机停止在综平以后 180°的位置。这时梭口开足,上层经纱在梭导片顶部上方约1mm左右,下层经纱应在梭导片孔腔内凸缘的下方3mm左右,这样可保证片梭在梭口内顺利飞行,不打断经纱。

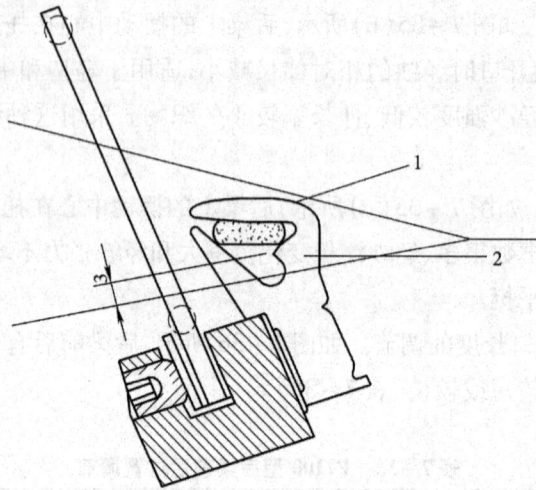

图7-37 片梭织机前梭口高度的调节
1—梭导片顶部 2—梭导片孔腔内凸缘

用手回转织机,从340°转到15°,这时纬纱应能从导梭片孔腔的出口处顺利滑出,如图7-38(a)所示,这是理想的梭口高度。图7-38(b)表示梭口过高,图7-38(c)表示梭口过低。

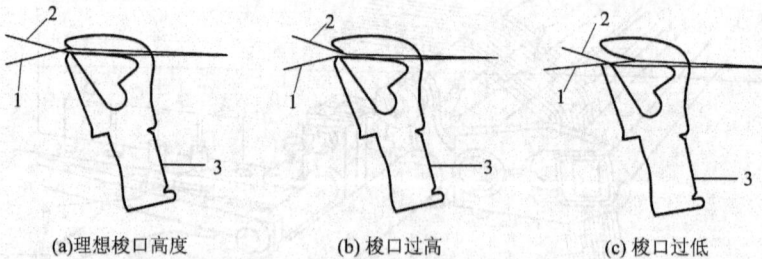

(a)理想梭口高度   (b) 梭口过高   (c) 梭口过低

图7-38 片梭织机的不同梭口高度
1—下层经纱 2—上层经纱 3—梭导片

如果每页综的上下层经纱相对导梭片的位置要同时调高或调低时,可在开口踏盘内将各页综的调节杆适当放长或收缩即可。如果每页综的开口高度(开口量)要加大或缩小时,可将叉形杆上下调节即可,向上调,开口量大;向下调,开口量小。

2. 综平时间

(1)综平时间的调节。综平时间应在350°~30°之间,根据织物具体要求在上述范围内调节。如综平时间早于350°,纬纱在梭口内不能充分伸直,影响织物的质量。若综平时间迟于30°,则在片梭进入梭口时,因梭口还没有开足,容易造成经纱断头。不同类型织物品种的综平时间调节可参考表7-37。

表7-37 不同类型织物品种的综平时间调节

织物或纱线种类		梭口综平时间			备 注
		地 经	边 经	锁边经纱	
棉织物	粘胶纤维织物、棉粘混纺织物	350°~0°	350°~0°		梭口闭合早(350°)的优点:布面丰满,开口好
	绒类织物、劳动布、牛仔布、缎纹织物	355°~10°	350°~0°		经纱上浆轻且疵点多时,梭口闭合时间应调节在0°~10°
	细特高密物	355°~0°	350°~0°		
	麻纱织物 黄麻织物	0°~10°	355°~0°		
精纺纯毛及混纺织物	经纬纱为股线	350°~0°	350°~0°		为防止轧梭,单纱的综平时间应稍晚于股线
	纬纱为单纱	0°~10°	350°~0°		
	粗纺毛织物	0°~10°	350°~0°		
结子线及花式线		0°~10°	350°~0°		
丝织物		25°~45°	25°~45°	325°~335°	
人造纤维	粘胶纤维、醋酯纤维、三醋酯纤维	10°~20°	350°~0°	325°~330°	
	无捻聚酰胺纱、聚酯纱	10°~30°	350°~0°	325°~340°	
	变形纱(假膨体纱)	10°~40°	350°~0°	325°~340°	
	变形纱(空气膨体纱)	10°~40°	350°~0°	325°~340°	
	空气膨体纱,无捻纱	20°~45°	350°~0°	325°~340°	
	上浆的无捻长丝纱	20°~45°	350°~0°	325°~340°	
聚酯巴里纱织物		40°~50°	350°~0°		
聚丙烯和聚乙烯扁丝		0°~30°	320°~330°		

注 1. 只有在使用踏盘开口装置时,边经的梭口闭合时间才能与地经的不同。

2. 锁边经纱是一对相隔约3mm的边纱,穿在单独的综框。其作用在于将光滑的长丝纬纱头端锁住。其梭口闭合时约为320°,不会影响梭口内纬纱的张力。使用多臂或提花开口时,这些综框由锁边经纱装置驱动。

(2)综平高度有轻微差异的梭口。为了使上下层经纱交叉通过时在不同的层面上进行,并使纱线交叉通过有较大的空间,以减少相互间的摩擦,改善开口清晰度,对于高经密或纱线毛羽较多的织物可采用综平高度有轻微差异的梭口,如图 7 - 39 所示。

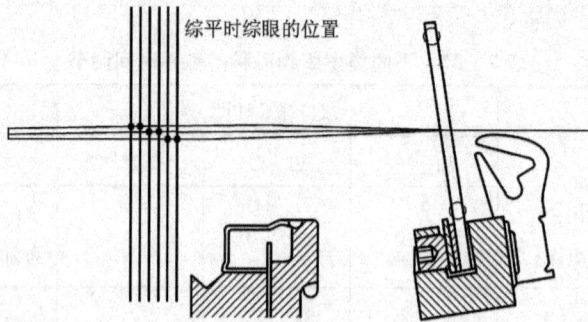

图 7 - 39 综平高度有轻微差异的梭口

这种梭口的经纱运动轨迹如图 7 - 40 所示,其综平时间是一致的,但其综平点的高度位置有差异值 Δh。为了达到综平高度有轻微差异,综框的高度位置应有所不同。这样,就造成上层梭口和下层梭口均有轻微的不清晰度。综平高度有轻微差异的梭口可以在使用多臂开口或凸轮开口的织机上实现。

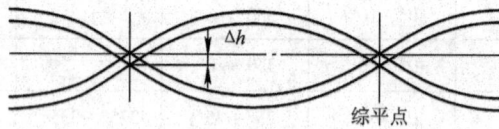

图 7 - 40 综平高度有差异的经纱运动轨迹

(3)综平时间有轻微差异的梭口。在配有凸轮开口的片梭织机上,可在凸轮的组合时,安排轻微的综平时间差异,如图 7 - 41 所示。

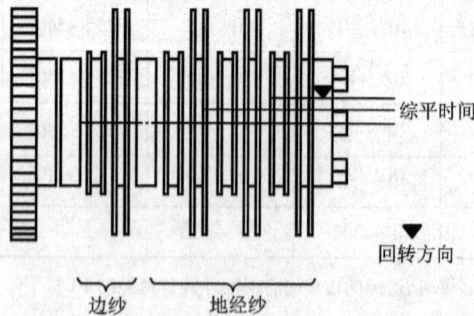

图 7 - 41 开口凸轮组合安排综平时间差

这种梭口的经纱运动轨迹如图 7 - 42 所示,各对综框的综平高度位置是相同的,但综平时间有 Δt 的差异,一般来说,$\Delta t = 5° \sim 10°$。若差异过大,则会对织物外观带来不利的影响,所以一般总是先采取综平高度有轻微差异的梭口来适应高经密的织造,只有十分必要时才使用综平时间差异的梭口。

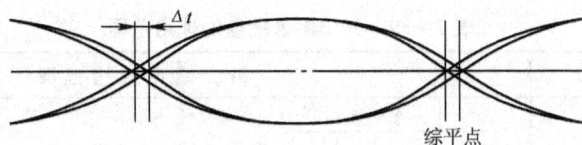

图 7 - 42　综平时间有差异的经纱运动轨迹

3. 经停架位置调节　经停装置的调节取决于综框数、梭口高度、织物密度以及经纱原料等因素。

经停架固装在托纱杆上,调节托纱杆位置就是固定经停架位置。如图 7 - 43 所示,织机处于 200° 梭口开足时,先调节托纱杆与最后一页综框之间的前后位置距离 a,此距离可根据织物品种确定,如表 7 - 38 所示。然后再调节托纱杆的高低位置,原则上以托纱杆与下层经纱轻度接触为好。如经停片横向摆动严重时,可将托纱杆略为抬高。如果为厚重型织物,也可适当提高托纱杆,有利于打紧纬密。

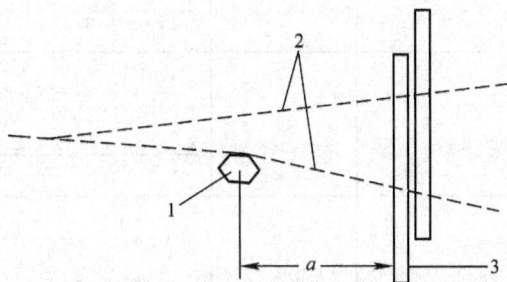

图 7 - 43　经停装置托纱杆位置的调节
1—托纱杆(六角棒)　2—经纱　3—最后一页综框

表 7 - 38　托纱杆(六角棒)的前后位置调节

织 物 品 种		综框页数	距离 a(mm)[①]	后梁前后位置[②]
短纤纱织物	轻型织物	8 以下	310 ~ 320	内侧(C 位置)
	中厚型织物	8 以上	250 ~ 300	内侧(C 位置)
	轻中型织物	9 ~ 14	300 ~ 320	内侧(C 位置)
	多综框复杂织物	15 ~ 18	360 ~ 370	中部(B 位置)
	厚重织物	10 以下	260 ~ 270	内侧(C 位置)
	府绸织物	6 以上	210 ~ 220	内侧(C 位置)
长丝织物	变形长丝织物	8 以下	360 ~ 370	内侧(C 位置)
	未变形长丝织物	13 ~ 15	360 ~ 370	中部(B 位置)
	变形长丝轻型织物	10 以下	310 ~ 330	内侧(C 位置)
	变形长丝中厚织物	14 以下	290 ~ 300	内侧(C 位置)
	丙纶扁丝织物	6 以下	320 ~ 330	内侧(C 位置)

①参见图 7 - 43。

②参见图 7 - 35。

4. 组合踏盘　组合踏盘是最简单的开口机构,它的最大综框数一般为 10 页,最大纬纱循环数也可达到 10 纬,一般均为 8 纬。踏盘开口箱链轮 Z_{26} 的齿数是可以变动的,它可以根据纬纱循环数选用相应的组合踏盘来扩大品种织造范围(表7-39)。

表7-39 开口组合踏盘的选用范围

纬纱循环数	链轮 Z_{26} 的齿数	组合踏盘选用范围
4	28	$\frac{1}{1}+\frac{1}{1}, \frac{2}{2}, \frac{3}{1}, \frac{1}{3}$
5	35	$\frac{4}{1}, \frac{1}{4}, \frac{3}{2}, \frac{2}{3}, \frac{2}{1}+\frac{1}{1}, \frac{1}{2}+\frac{1}{1}$
6	42	$\frac{1}{1}+\frac{1}{1}+\frac{1}{1}, \frac{1}{2}+\frac{2}{1}+\frac{1}{1}, \frac{2}{1}+\frac{1}{1}+\frac{1}{3}, \frac{3}{1}+\frac{1}{1}+\frac{2}{2}+\frac{1}{1}, \frac{2}{4}, \frac{4}{2}, \frac{5}{1}, \frac{1}{5}, \frac{3}{3}$
7	49	$\frac{1}{1}+\frac{1}{1}+\frac{2}{1}+\frac{2}{1}+\frac{1}{1}+\frac{4}{1}+\frac{1}{1}, \frac{3}{1}+\frac{2}{1}+\frac{1}{2}+\frac{3}{1}+\frac{1}{2}, \frac{2}{1}+\frac{1}{3}, \frac{3}{2}+\frac{2}{3}+\frac{1}{1}, \frac{2}{2}+\frac{2}{1}+\frac{6}{1}, \frac{1}{6}, \frac{5}{2}, \frac{2}{5}, \frac{3}{4}, \frac{4}{3}$
8	56	$\frac{1}{1}+\frac{1}{1}+\frac{1}{1}+\frac{1}{1}+\frac{2}{2}+\frac{1}{1}+\frac{3}{1}+\frac{1}{1}+\frac{1}{1}+\frac{1}{1}+\frac{1}{3}, \frac{1}{2}+\frac{1}{1}+\frac{2}{1}+\frac{2}{1}+\frac{1}{1}+\frac{1}{2}+\frac{1}{1}+\frac{2}{1}+\frac{2}{1}+\frac{1}{1}+\frac{1}{2}, \frac{1}{3}+\frac{3}{1}+\frac{3}{3}+\frac{1}{1}, \frac{3}{1}+\frac{3}{1}, \frac{1}{3}+\frac{3}{1}, \frac{3}{2}+\frac{1}{2}+\frac{2}{1}+\frac{2}{3}, \frac{3}{2}+\frac{2}{1}, \frac{2}{1}+\frac{2}{3}, \frac{2}{2}+\frac{2}{2}+\frac{3}{1}, \frac{1}{3}, \frac{2}{2}+\frac{4}{1}+\frac{2}{2}+\frac{2}{1}, \frac{4}{1}+\frac{2}{1}, \frac{1}{2}+\frac{4}{2}+\frac{2}{1}, \frac{1}{1}+\frac{2}{4}, \frac{5}{1}, \frac{1}{1}, \frac{1}{5}, \frac{7}{1}, \frac{6}{2}, \frac{2}{6}, \frac{5}{3}, \frac{3}{5}, \frac{4}{4}$
9	63	$\frac{4}{2}+\frac{1}{2}, \frac{2}{1}+\frac{2}{4}, \frac{1}{2}+\frac{5}{1}, \frac{2}{1}+\frac{1}{2}+\frac{5}{1}, \frac{1}{5}+\frac{2}{1}, \frac{2}{1}+\frac{2}{2}+\frac{1}{1}, \frac{1}{1}+\frac{2}{2}+\frac{2}{1}+\frac{2}{2}+\frac{1}{2}+\frac{2}{2}+\frac{4}{1}+\frac{1}{1}, \frac{1}{1}+\frac{1}{4}, \frac{3}{2}+\frac{2}{2}+\frac{2}{2}+\frac{5}{3}, \frac{4}{5}, \frac{1}{1}+\frac{1}{1}+\frac{1}{2}+\frac{1}{1}+\frac{6}{3}, \frac{3}{6}+\frac{2}{1}+\frac{1}{1}, \frac{3}{3}+\frac{1}{3}+\frac{1}{1}+\frac{2}{1}, \frac{2}{3}+\frac{3}{3}+\frac{1}{1}+\frac{1}{1}, \frac{1}{1}+\frac{3}{2}, \frac{2}{1}+\frac{1}{3}+\frac{1}{1}+\frac{3}{1}+\frac{1}{2}$
10	70	$\frac{2}{1}+\frac{1}{1}+\frac{2}{3}, \frac{3}{2}+\frac{1}{1}+\frac{5}{2}, \frac{1}{1}+\frac{3}{3}+\frac{1}{5}, \frac{5}{2}+\frac{1}{2}+\frac{2}{1}+\frac{2}{5}, \frac{2}{3}, \frac{2}{3}+\frac{3}{2}+\frac{3}{2}+\frac{5}{1}+\frac{1}{1}+\frac{1}{1}+\frac{1}{1}+\frac{1}{5}+\frac{1}{1}+\frac{1}{1}+\frac{1}{1}, \frac{4}{1}+\frac{1}{4}+\frac{1}{4}, \frac{5}{5}$

5. 经纱张力调节 PU 系列片梭织机采用摆动后梁和弹簧系统平衡经纱张力。P7100 系列及 P7300 系列片梭织机采用摆动后梁和扭力杆系统平衡经纱张力。扭力杆的频率响应比弹簧的频率响应好,可迅速达到平衡经纱张力的波动。

（1）扭力杆调节。在扭力管内可以安装多根方形截面的扭力杆，不同幅宽的织机安装扭力杆的根数及其截面尺寸不同（表7-40）。

表7-40 方形扭力杆的数目及截面尺寸

公称幅宽(cm)	轻薄和中厚织物用扭力杆		厚重织物用扭力杆	
	数目(根)	横截面(mm×mm)	数目(根)	横截面(mm×mm)
190	1	11×11	1	11×11
220	2	11×11	2	11×11
280	2	11×11	2	13×13
330	1或2	11×11	1或2	13×13
360	3	11×11	3	13×13
390	1或2	11×11	1或2	13×13
430	3	11×11	3	13×13
460	3	15×15		
540	4	15×15		

一般每根方形扭力杆的扭角可初步调节为15°~20°，如果有两根及以上方形扭力杆，则可初步调节总扭角为30°~40°；然后按照织物工艺需要，观察打纬区宽度、开口清晰度、边撑的布边伸幅位置（布边应和钢筘的边筘齿对齐）及布面疵点情况来适当调节经纱张力，可以增加或放松扭力角来调节。

（2）张力调节杆与定位杆位置。如图7-44所示，张力调节杆的长度 L 和定位杆孔的位置，应根据经轴边盘的大小、送经蜗杆蜗轮传动比及纬密范围来决定。

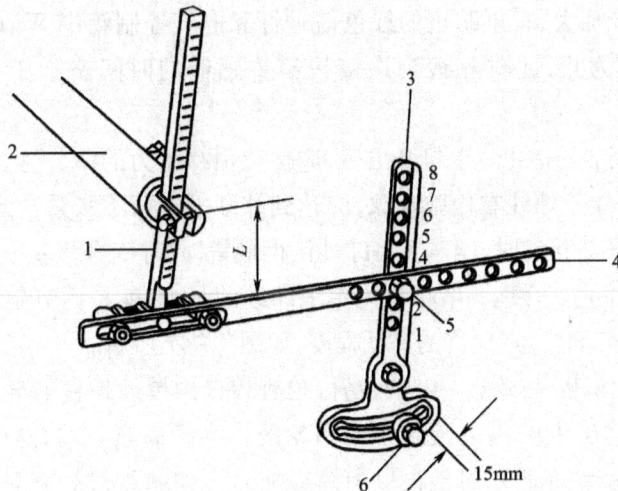

图7-44 扭力杆式机械送经装置张力调节

1—张力调节杆 2—扭力管 3—定位杆 4—传动杆

5—螺钉 6—偏心圆弧槽

扭轴直径(mm)

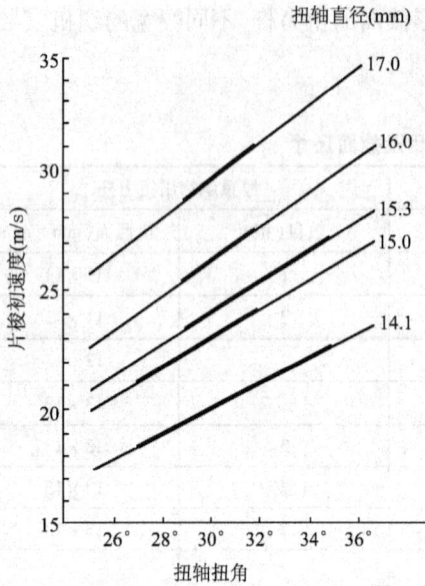

图 7 – 45 扭轴直径、扭角与片梭初速度的关系

6. 引纬工艺调节的优化

（1）投梭力调节的优化。投梭力即扭轴的弹性势能储存量的大小。由片梭的重量、织机速度、织机的幅宽来决定。

投梭力调节方法：改变扭轴的最大扭角和更换扭轴的直径。旋转调节螺栓，使扇形套筒板转动一定角度，以改变扭轴的最大扭角，从而达到调节投梭力的目的；外套筒后端的下侧有刻度标尺，扇形套筒的下部有刻度标记 M，用来指示最大扭角的值。扭轴扭转过度或不足，均将造成机器其他部件的损坏，因此，扭轴直径应根据所需引纬速度选用。扭轴直径、扭角与片梭初速度的关系如图 7 – 45 所示。

扭轴的加扭范围见表 7 – 41。

表 7 – 41 扭轴的加扭范围

扭轴直径(mm)	正常加扭角度	扭轴直径(mm)	正常加扭角度
14.1	27°~35°	16.0	29°~32°
15.3	29°~35°	17.0	29°~32°

扭轴扭角的大小应根据织机筘幅、纱线细度以及织机转速而调节。

上机开出后，应优化投梭力的调节，使投梭力刚好达到工艺需要。调节时可先采用较小的投梭力，再逐步加大，直至织机的红色信号灯和电气控制箱中 WAL 模体上的 PFR 红色发光二极管不亮为止，此时片梭到达接梭箱传感器的时间略早于 310°，这是最佳的调节。

（2）引纬张力调节的优化。上机开出后，应优化引纬张力的调节，把梭口内单根纬纱的张力调节好，不允许单根纬纱有松弛现象，应达到纬纱平直而不张紧。图 7 – 46 所示，当凸轮 1 的小半径与转子 2 接触时，压掌 3 将纬纱压得最紧，此时依靠纬纱张力平衡杆的上升运动将梭口中的纬纱拉直。合理调节梭口内单根纬纱的张力，就是调节制纱作用第三阶段中压掌位置的高低程度，即 b_3 点位置的高低程度，如图 7 – 47 所示。

调节方法：使织机停在 352°~0°的位置，检查梭口内单纱是否平直。如纬纱有松弛现象，应使螺钉 4 向上方退出一些，使转子向凸轮的小半径靠紧一些，这时压掌位置就降低（图 7 – 47 中 b_3 点位置降低），可使梭口中纬纱伸直。如纬纱过分张紧，应使螺钉 4 向下方旋转，使转子 2 离开开口凸轮的小半径（两者之间有一定间隙），这时压掌位置就升高（图 7 – 47 中 b_3 点位置升高），可减少梭口中纬纱的张紧程度，达到纬纱在梭口中平直便可。

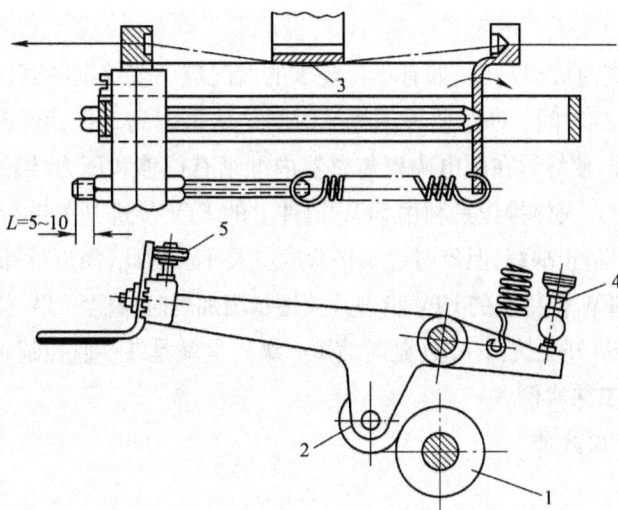

图 7 – 46　纬纱制动器

1—凸轮　2—转子　3—压掌　4—螺钉　5—螺帽

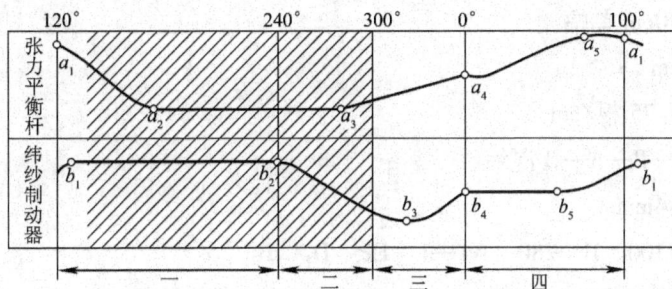

图 7 – 47　张力平衡杆与纬纱制动器配合作用

应注意:调节螺钉 4 时,只变化制纱作用第三阶段中压掌位置的高低,并不改变制纱作用第一和第二阶段中压掌的位置(图 7 – 46 和图 7 – 47)。但在调节螺帽 5 时,将使制纱作用各阶段中压掌的位置同时升高或降低,因此当使用螺帽 5 调节好第一和第二阶段中压掌的位置后,应复查第三阶段中压掌的位置,如有不符合要求,需重新调节螺钉 4。

对于粗特数纱,第三阶段中压掌位置应为最低(图 7 – 47 中 b_3 点位置最低),这时转子 2 与凸轮 1 的小半径之间仅有很小的间隙(图 7 – 46)。对于细特数纱,第三阶段中压掌位置应升高一些,以减少压紧程度,这时转子 2 与凸轮 1 的小半径之间有较大的间隙。

梭口中单根纬纱张力的调节,对于细特薄型织物如府绸、丝绸织物等尤为重要。

(3)复查综平时间和综框高度。上机开出后,应复查综平时间和综框高度。

①在 352°时复查接梭箱侧布边与片梭之间纬纱是否松弛。因在 352°时,接梭侧片梭回退到靠近布边处,这时引纬侧的纬纱张力平衡杆应把梭口中纬纱拉直,此时,在接梭侧的布边与片梭之间的一段纬纱不应有松弛现象。如发现纬纱松弛,应调节纬纱制纱器或使综平

时间从350°改为0°。

②在综平时复查前梭口高度,如有不符要求的情况应调节综框的高度。

(4)优化纬纱监控时间。纬纱监控的标准时间是从220°到310°,利用纬纱张力杆在310°以后继续提升的动作,使纬纱在压电陶瓷传感器内继续有位移和压力,继续可以发出信号,以实现纬纱监控的延时。具体操作是利用SFW模件上的FTV步进开关进行纬纱监控延时的调整,延时愈长,愈利于防止缺纬,但延时过长将造成空关车。为此,需进行纬纱监控延时的优化调节,方法是:利用SFW模件上的FTV步进开关逐步增加延时,直至FTV黄色发光二极管发亮为止,然后使FTV步进开关拨回一级(延时缩短一级),这就是纬纱监控延时的最佳调节。

(三)片梭织机工艺实例

1. 低特高密防羽绒布

原料:纯棉

经线密度×纬线密度:11.8tex×11.8tex(50英支×50英支)

经密×纬密:500根/10cm×460根/10cm

地组织:$\frac{1}{1}$平纹

坯布幅宽:230cm单幅

筘幅:239.6cm

筘齿密度:23.75根/cm

投纬顺序:A—B—A—B混纬

织口位移量:4mm

织机型号:P7100 B 280 N1—1 EP D₁ R

织机车速:365r/min

扭轴直径×扭角:19mm×25°

片梭类型:壳体D₁型,梭夹21.56N(2.2kgf)夹力,光滑型钳口

导梭片类型:错开排列式

纬纱制动:单片式制动压掌,制动薄钢片厚度0.07mm,用弱的制动弹簧

综框数:6页(地4页+绞边2页)

综平时间:0°

经位置线:后梁标尺高度15,托布梁高度50～51mm

2. 重磅牛仔布(559g/m²)

原料:纯棉

经线密度×纬线密度:118tex(55英支)(靛蓝染色)×109tex(5.4英支)(原色)

经密×纬密:236根/10cm×153根/10cm

地组织:$\frac{3}{1}$斜纹

坯布幅宽:160.5cm×2

筘幅:329.9cm(共1867筘齿)

筘齿密度:56.6根/10cm

投纬顺序:A—B—A—B混纬

织口位移量:10mm

织机型号:P7100　B　330　N1—1　EP　D₁　R

织机车速:330r/min

扭轴直径×扭角:19mm×28°

片梭类型:壳体D₁型,梭夹24.5N(2.5kgf)夹力,带有半圆形槽的钳口

导梭片类型:整体式

纬纱制动:单片式制动压掌,制动薄钢片厚度0.07mm,用强的制动弹簧

综框数:10页(地8页+绞边2页)

综平时间:10°

经位置线:后梁标尺高度为+15,托布梁高度50~52mm

二、片梭织机主要织疵形成原因及其预防

(一)跳花、跳纱

1. 形成原因

(1)经纱毛羽、细节和强力弱环多,使经纱易断头或粘连不清。

(2)上浆不佳,浆膜易剥落,经纱开口不清或摩擦起棉球。

(3)开口时间选择不当。

(4)经纱上机张力调节不当。

(5)梭口高度调节不当。

(6)导梭齿磨损。

2. 消除办法

(1)重点改善经纱3mm及以上毛羽。

(2)控制经纱单强水平,控制单强不匀率和最低强力。

(3)正确掌握浆纱浸透和被覆,提高浆纱的强伸度、耐磨性和光滑度。

(4)高经密织物要用好湿分绞。

(5)按跳花(纱)产生布幅部位适当调整开口时间。

(6)织轴卷绕密度控制在0.5g/cm³左右。

(7)按规定全面复查和调节上机张力。

(8)按规定全面复查和调节梭口上下层经纱位置,高经密织物可采用轻微交叉梭口。

(9)检查导梭齿是否有磨损、松动、弯曲。

(二)纬缩

1. 形成原因

(1)纬纱制动不足张力过小或不稳定。

（2）纬纱从储纬器上释放过早。

（3）假边纱张力过小或交织不良。

（4）边剪切割不稳定,纬纱长短不一。

（5）纱罗绞边开口时间过迟。

2. 消除方法

（1）根据纬纱粗细和强力,适当选用阻尼环的毛刷圈。

（2）根据纬纱粗细和种类,选用适当厚度的制动薄钢片和制动压掌。

（3）根据引纬速度和纱线特性确定最佳制动时间,分级滞后开关的最大延迟制动时间是9ms,相当于织机主轴转角约20°。

（4）按规定复查、调节曲线沟槽板位置、剪刀垂直和水平位置。

（5）适当调节纱罗绞边开口时间。

（三）边撑疵

1. 形成原因

（1）经纱张力调节过大。

（2）边撑伸幅作用差。

（3）边撑位置不当。

（4）开口时间不当。

2. 消除方法

（1）按经纬纱密度调节经纱张力,高经密织物后梁扭力掌握15°~20°,后梁摆动5°~10°。

（2）伸幅大的高密织物,可使用伸幅辊和装双长边撑,或适当增加边撑外部第1~3环,3列×1mm刺环,第1环垫圈的标志"5"应位于正上方。

（3）检查边撑刺环是否灵活、针尖是否起毛弯曲。

（4）按规定复查、调节边撑盖高低位置,钩针不应与边撑触碰。

（5）适当调节开口时间,减少织口回退。

（四）缺纬

1. 形成原因

（1）片梭梭夹故障,夹持力时大时小。

（2）纬纱张力过大、过小。

（3）纬纱制动过大、制动压掌不光滑。

（4）递纬器位置不当。

（5）定中心片调节不当。

（6）制梭作用调节不当,片梭有回退或投梭力过大。

（7）边剪作用不良。

2. 消除方法

（1）检查梭夹夹持面是否平整密接,用工具检查每只梭子的夹持力是否一致。

(2)根据纬纱粗细和种类,调节制动张力和制动延迟时间。

(3)检查每只片梭厚薄尺寸和重量是否在允许范围内,梭夹应缩进梭壳 0.1~0.2mm。

(4)用工具检查和修正上下递纬夹的夹力是否在标准范围内,调节递纬器左右两极端位置和往复动程。

(5)检查纬纱被定中心片推入递纬夹钳口状况。

(6)检查边剪垂直和水平位置及最迟剪纬时间在 356°~0° 之间。

(7)复查和调节制梭凸轮时间,连插 3 只片梭调节,调换磨损的制梭薄片和下制梭板;电子制梭分 3 个不同片梭位置调节。

(五)油疵

1. 形成原因

(1)梭口高度不够或经纱张力太小,易出现通幅油疵。

(2)导梭齿有磨损或松动,易造成经向黑色柳条油疵。

(3)输梭链积花多,油花带入梭口造成黑油疵(带飞花)。

(4)投梭箱、接梭箱油量过多,边剪加油不当,钩边装置加油不当,造成布边油疵。

(5)片梭润滑加油不当,造成经向油疵。

2. 消除方法

(1)分散性黄色浅油经,主要是片梭润滑给油量过多;分散性黑色油经,是片梭润滑给油量太少。调节 GS 油泵步进开关的适当位置。

(2)持续性经向黑油疵应检查导梭齿有否磨损,进行调换,每次了机应全面检查修正。

(3)输梭链 3 个月要拆下清洗一次,或安装清洁刷轮,防止飞花积聚。

(4)投、接梭箱的清洁应加强,可用高压空气吹清积聚油花。

(5)对片梭润滑加油的各油眼油路应畅通清洁。

(六)开车痕

1. 开车痕形成原因

(1)送经机构安装不当或磨损超限。

(2)卷取齿轮磨损或配合不良。

(3)开口机构安装不当或磨损超限。

(4)张力机构调节不良,后梁摆动不灵。

(5)刹车制动作用不良。

2. 消除方法

(1)检查调节送经机构,织机 0° 时送经凸轮盘"0"刻度线须垂直向上,190° 时凸轮盘必须与摩擦盘密接。

(2)检查卷取齿轮是否磨损,齿轮啮合间隙 0.2mm。

(3)检查开口机构安装规格,是否磨损,踏盘与转子间隙必须保持 0.1~0.3mm,综框导轨及递综杆导轨磨损是否超限。

(4)摆动后梁轴瓦不能脱出,否则影响后梁摆动灵活;检查后梁扭力杆是否产生可塑变形,造成扭力不足。

(5)适当增加离合器的抱合力,制动停车位置由345°改为90°,有利于厚重织物打紧纬纱。

(七)坏边

1. 形成原因

(1)边经太少、边经密度降低过多、经纱张力不足。

(2)边纱钳与钢筘两侧的距离太大、钢筘两侧有空筘齿。

(3)钩边针钩力太大(边纱钳弹簧太紧)、边纱钳的释压转子调节不妥、边纱钳弹簧松弛、边纱钳口内有污垢或位置不正确、钩边针失调。

(4)边撑作用不佳、边撑环呆滞。

(5)织轴卷绕过于松弛、织轴盘片歪斜、边经张力忽大忽小。

(6)边组织不合适、锁边处的边经穿错、边经开口过大、边经闭口时间过迟等。

2. 消除方法

(1)边经穿筘宽度应为12~15mm;折入边布边经密按品种不同降低不超过15%~30%;按品种要求调节上机张力。

(2)两侧边纱钳与钢筘端面间距为1mm,钢筘设计两侧不应留有空齿。

(3)针对上述第三种坏边形成原,有如下对应消除方法。

①适当放松弹簧杆上强弹簧的弹力。

②织机停在290°,当织低特纬纱时,调节转子完全压下弹簧杆,解除强弹簧作用,同时略为压下边纱钳脚,部分解除弱弹簧作用;当织中特纬纱时,调节转子仅解除强弹簧作用;当织高特纬纱时,转于从工作位置脱开,让强弱弹簧同时起作用。

③适当增加弹簧杆上强弹簧的弹力。

④及时清除钳口污垢,查看边纱钳脚下部压掌与边纱钳体下部是否密接。

⑤详细检查钩边针的复合运动是否正确:主轴60°钩边针位于最前方;110°钩边针移离布边约30mm处;170°钩边针越出织口,穿过下层经纱进入梭口;195°钩边针头端伸出布边,接近边纱钳;240°钩边针越过纬纱头上方,把纬纱头绕到钩边针上作准备;260°钩边针伸至最外侧处;300°边纱钳把纬纱头绕在钩边针上,钩边针把钩住的纬纱头紧贴于织口而钩入布边,然后从下层经纱中退出。

(4)按规定调整边撑位置及伸幅作用;查看边撑轴有否弯曲、边撑环灵活、边撑针刺是否符合要求。

(5)织轴卷绕密度应控制在0.50g/cm³左右;按规定调整织轴盘片。

(6)为了减少布边过厚而减疏布边的组织(即增长浮点),仔细检查是否过于减疏,必要时可用改变穿筘数和使用较细经纱来实现;仔细检查布边最外侧的2~4根锁边经纱是否穿错,如不能采用平纹交织,也应采用一种重复地组织的经纱组织点进行交织;查看并调节边经开口高度;查看并按工艺调节开口时间。

思 考 题

1. 平纹织物为什么采用早开口、高后梁工艺?

2. 在下投梭机构上,如何调节投梭时间和投梭力? 应先调哪一个? 为什么?

3. 在有梭织机上生产府绸织物时,如何确定织造工艺参数(包括开口时间、后梁高度、投梭时间和上机张力等)? 并简述其理由。

4. 在有梭织机上生产斜卡类织物时,如何确定织造工艺参数(包括开口时间、投梭时间、后梁高度和上机张力等)? 并简述其理由。

5. 在 1515 型织机上织制 120cm、J10×2/J10×2tex、614/299 根/10cm 全线卡其织物,试选择纬密齿轮的齿数,并验算。

6. 在 1511S 型织机上织制 96.5cm、18.3/18.3tex、311/307 根/10cm 棉维细平布,试选择变换锯齿轮的齿数和每一纬变换锯齿轮被撑动的齿数,并验算。

7. 简述有梭织机五大运动时间配合的原则。

8. 在 1511S 型 1×4 多梭箱织机上织制纬纱配色循环为蓝 18、黄 18、绿 2、黄 2、绿 34、蓝 4、红 2 的织物,试选择合适的梭子配位,并编制梭箱链。

9. 什么是紧边、边纬缩疵点? 其形成原因是什么?

10. 什么是大烂边疵点? 其形成原因是什么?

11. 什么是紧边、边纬缩疵点? 其形成原因是什么?

12. 什么是纬缩疵点? 其形成原因是什么?

13. 什么是"三跳"疵点? 其形成原因是什么?

14. 什么是经缩疵点? 其形成原因是什么?

15. 什么是双纬与百脚疵点? 其形成原因足什么?

16. 什么是稀纬、密路疵点? 其形成原因是什么?

17. 什么是云织疵点? 其形成原因是什么?

18. 什么是浆斑疵点? 其形成原因是什么?

19. 什么是方眼疵点? 其形成原因是什么?

20. 剑杆织机的主要工艺参数有哪些?

21. 在 TP500 系列剑杆织机上如何调节上机张力和经位置线?

22. 在 SM 系列剑杆织机上如何调节上机张力和经位置线?

23. 剑杆织机开口时间的确定原则是什么?

24. 在剑杆织机上如何调节引纬工艺参数?

25. 剑杆织机主要织疵有哪些?

26. 在喷气织机上,如何设定经位置线?

27. 简述喷气织机开口时间的确定原则。

28. 喷气织机的引纬工艺参数有哪些?

29. 简述喷气织机引纬气流压力的确定原则。

30. 主喷嘴低压气流的作用是什么?

31. 延伸喷嘴的作用是什么?

32. 如何确定主辅喷嘴的开闭时间?

33. 喷气织机主要织疵有哪些?

34. 片梭织机主要工艺参数有哪些? 如何调整?

35. 片梭织机主要疵点有哪些? 形成原因是什么?

第八章　织物质量标准与检验

●●● **本章知识点** ●●●

1. 织物整理工艺设计内容。

2. 棉本色布质量标准与检验。

3. 精梳涤棉混纺本色布标准与检验。

4. 棉色织布质量标准与检验。

5. 棉布质量统计内容。

第一节　织物整理及工艺

一、织物整理概述

在织机上形成的织物卷于布辊上,到达一定长度(规定联匹长度)后,取下布辊送入整理车间进行检验、折叠、整修、定等和成包等一系列工作,以供市销或印染厂加工。这一系列工作称为织物整理。织物整理的任务包括以下几项。

(1)按国家标准和用户要求,保证出厂的产品质量和包装规格。

(2)在一定程度上消除产品疵点,提高质量。

(3)通过整理,可以找出影响质量的原因,便于分析追踪,并落实产生疵品的责任。

(4)测量织机和织布工人的产量。

织物整理的工艺过程随织物的种类和要求而不同,一般棉型织物的工序是验布、折布、定等、成包。某些疵点还可通过整修予以消除。对有特殊要求的织物还要在验布之后进行烘布或刷布,再行折叠成包。

二、织物整理工艺

(一)验布

验布的目的是按标准的规定逐匹检查织物的外观疵点并给予评分,并在布边做上各种标记;同时对部分小疵点,如拖纱、杂物织入等,在可能的条件下,予以清除;若遇上匹印、班印等,亦在布边做标记,以便后工序掌握。疵点标记,一般使用染成各种色泽的纸票签、杂色纱线和各种色泽的塑料线,其中以纸票签较好。

验布速度为 $15 \sim 20 \mathrm{m/min}$。宽幅织物由两人共同检查。由于验布是用目光检验,所以应有良好的光线,且不能直接照射工人眼睛。为避免工人疲倦产生漏验,所以一般织厂的验布工不上夜班。

（二）折布

折布的任务是按规定的折幅折叠织物,并按班印标记测量计算织机和织布工人的下机产量。一般折幅的公称长度为1m。由于自然缩率的影响,出厂后织物长度会继续缩短。因此,在折布机上折布时,每个折幅应加放适当长度,加放长度随品种等因素而定。一般出口布折幅加放为6~10mm,内销加放4~6mm。

（三）刷布和烘布

刷布的目的是除去织物上的棉结杂质,使织物表面光洁。一般市销布或出口布,可根据需要,在出厂前经刷布处理,而需印染加工的坯布,一般不必刷布。

烘布处理可防止在潮湿环境或潮湿季节织物因长期储存而发霉。若储存期短或直接供印染厂加工,则不必烘布,因烘布既费蒸汽又易使织物伸长。

（四）定等

1. 复验　根据验布工在布边做的标记,逐匹检查其检验结果是否正确,最后决定该织疵的评分。

2. 定等　根据布面疵点的评分数,按国家标准的分等规定,确定每匹织物的品等。

3. 开剪定修　按国家标准的开剪规定和修、织、洗范围,对某些织疵进行开剪,并确定应进行整修的织疵。

开剪是将织物上某些织疵剪开或剪下,这样不仅可以提高织物的质量和品等,更主要的是避免了这些织疵给消费者和印染厂造成损失。但是开剪之后,规定长度的整段布剪成不规则的零段布,给剪裁、销售和印染加工带来不便。为了方便印染连续加工,不在印染厂将零段布再行缝头连接(因为缝头不仅减少了布的长度,增加印染厂的工作量,而且缝头有损印染质量)。所以,对一些不影响印染加工的织疵可做"假开剪"处理,即为了对消费者负责,这些织疵必须开剪,但暂不在织厂剪断,而是做上标记,待印染加工之后再行开剪。

4. 分类　准确地按品种、品等、已开剪或未开剪、需整修或不需整修等差别分开,定点堆放,以便整修或成包。

（五）整修

为了减少降等布,提高出厂织物的质量,在不影响使用牢度和印染加工的条件下,可对某些织疵进行修、织、洗,以消除这些织疵。国家标准对织物的修、织、洗范围和方法做了规定。

整修的内容包括以下两点。

1. 修、织、补　如织补跳花、断经,更换粗经,修除粗竹节,刮匀小经缩等。

2. 洗涤　如洗油污、铁锈等。

（六）打包

打包是织厂最后一道工序,凡作为商品销售的市销布或运往印染厂加工的坯布,一律都要打包。至于织染联合厂,用绳捆紧即可。

国家标准对织物的成包方法做了规定,并要求在包外刷上厂名、商标、布名、规格、长度、日期等标志,供印染厂的坯布还需标明漂白坯、染色坯、印花坯等。

1. 原布成包方法　织物成包的方法和包装标志按国家标准规定,现行的本色棉布有关规定大致如下。

(1)件重、件长。每件(包)布应是同品种、同品等。件重不超过100kg,每件布总长度由织物的厚度而定,有360m、450m、480m、540m、600m和720m几种,回潮率不超过9.5%。

(2)成包方法。成包方法分为市销布和印染加工坯布两大类。

①市销布一般以40m为一匹,不同长度的布允许拼件成包,包内附段长记录单,拼件布每包段数为包布规定匹数的110%,其中允许一段为10~19.9m(幅宽150cm及以上织物允许一段段长6~19.9m)外,其余各段应为20m及以上。

②印染加工坯布按其性质分为四种类型成包。

a. 联匹定长成包。为了便于印染加工,可根据加工要求决定采用双联匹、三联匹以至更多的联匹数分段进行成包。如每包布长600m,每匹40m,三联匹120m为一段,一包布共5段。

联匹长度允许一定的公差,双联匹±1m,三联匹$^{+2}_{-1}$m。

联匹定长成包是最理想的成包方式,各段长度长而整齐、段数少,有利于印染加工和销售。

b. 联匹拼件成包。联匹拼件的段数,为联匹落布段数的200%,允许一段为10~19.9m(幅宽150cm及以上织物允许一段段长6~19.9m)外,其余各段为20m及以上。成包总长度与联匹定长成包相同,包内附段长记录单。如一件布总长600m,每匹40m,三联匹120m,则拼件段数为(600÷120)×200%＝10(段)。其中允许一段为10~19.9m。

c. 联匹假开剪成包。国家标准对假开剪做了规定,假开剪疵点的长度不超过0.5m,双联匹落布者允许做假开剪两处,三联匹落布者允许做三处,处与处之间不短于20m,距布头不短于10m。假开剪后的各段布都应为一等品,假开剪处应做出明显标记。假开剪布必须另行成包,包内附有假开剪段长记录单,包括假开剪字样。

d. 零布及其成包。织物开剪后形成许多段长短的零布,按其段长分为大零、中零、小零和疵零四种,零布成包段长规定见表8-1。

表8-1　零布成包段长规定

幅宽(cm)	零布段长(m)				
	大零	中零	小零	疵零	角布
150以下	10~19.9	5~9.9	1~4.9	0.2~0.9	0.2以下
150以上	6~19.9	3~5.9	1~2.9		

　　注　大零根据品等成包;超过20m但不足匹长,又不符合拼件要求的,也按大零处理。中零成包限于一等品。小零不允许有六大疵点。疵布不受疵零布长限制。

2. 类别　加工坯布应桉不同的加工方法,标明加工类别,如漂白、染色、深色、印花等,以示区别。

第二节　织物质量标准与检验

一、棉及涤棉本色布标准与检验

（一）棉本色布标准与检验

1. 分等规定　棉本色布以织物组织、幅宽、密度、断裂强力、棉结杂质疵点格率、棉结疵点格率、布面疵点七项作为评等依据。其品等分为优等品、一等品、二等品、三等品，低于三等品的为等外品。

（1）分等规定。棉本色布织物组织、幅宽、密度、断裂强力、棉结杂质疵点格率、棉结疵点格率、布面疵点的分等规定见表8-2和表8-3。

表8-2　棉布分等规定（1）

项　目	标　准	允　许　偏　差			
		优等品	一等品	二等品	三等品
织物组织	设计规定	符合设计要求	符合设计要求	不符合设计要求	超过 +2.0%/-1.5%
幅宽(cm)	产品规格	+1.5%/-1.0	+1.5%/-1.0	+2.0%/-1.5	
密度(根/10cm)	产品规格	经密：-1.5%	经密：-1.5%	经密：超过-1.5%	
		纬密：-1.0%	纬密：-1.0%	纬密：超过-1.0%	
断裂强力(N)	产品规格	经向：-8.0%	经向：-8.0%	经向：超过-8.0%	
		纬向：-8.0%	纬向：-8.0%	纬向：超过-8.0%	

注　当幅宽偏差超过1.0%，经密偏差为-2.0%。

表8-3　棉布分等规定（2）

织物分类		织物总紧度	棉结杂质疵点格率(%) 不大于		棉结疵点格率(%) 不大于	
			优等品	一等品	优等品	一等品
精梳织物		85%以下	18	23	5	12
		85%及以上	21	27	5	14
半精梳织物			28	36	7	18
非精梳织物	细特织物	65%以下	28	36	7	18
		65%~75%及以下	32	41	8	21
		75%以上	35	45	9	23
	中粗特织物	70%以下	35	45	9	23
		70~80%以下	39	50	10	25
		80%及以上	42	54	11	27

织物分类		织物总紧度	棉结杂质疵点格率(%) 不大于		棉结疵点格率(%) 不大于	
			优等品	一等品	优等品	一等品
非精梳织物	粗特织物	70% 以下	42	54	11	27
		70% ~80% 以下	46	59	12	30
		80% 及以上	49	63	12	32
	全线或半线织物	90% 以下	34	43	8	22
		90% 及以上	36	47	9	24

注　1. 棉结杂质疵点格率、棉结疵点格率超过规定降到二等为止。

2. 棉本色布按经纬纱平均特数分类。

细特织物:11 ~20tex(53 ~29 英支)。

中粗特织物:21 ~30tex(28 ~19 英支)。

粗特织物:31tex 及以上(18 英支及以下)。

$$经纬纱平均特数 = \frac{经纱特数 + 纬纱特数}{2}$$

优等品、一等品、二等品和三等品的每米允许评分数(分/m)见表 8 - 4。

表 8 - 4　棉布分等规定——布面疵点评分限度　　　　　　　　单位:分/m

幅宽(cm)	110 及以下	110 以上 ~150 以下	150 及以上 ~190 以下	190 及以上
优等品	0.20	0.30	0.40	0.50
一等品	0.40	0.50	0.60	0.70
二等品	0.80	1.00	1.20	1.40
三等品	1.60	2.00	2.40	2.80

棉本色布的评等以匹为单位,织物组织、幅宽、布面疵点按匹评等,密度、断裂强力、棉结杂质疵点格率、棉结疵点格率按批评等,以其中最低的一项品等作为该匹布的品等。规定中分等依据的七项指标,包括物理指标,棉结杂质、棉结检验和布面疵点几个方面。

①织物组织。按设计要求,不符合即为二等品。例如纱卡要求斜纹向左,如踏盘方向不对,斜纹向右了,就要降为二等品。

②幅宽。标准允许 $^{+1.5}_{-1.0}$ %,超过此范围降为二等品。

③密度。允许偏差经密 -1.5%,纬密 -1.0%,超过此范围降为二等品。

④断裂强力。允许偏差经强 -8%,纬强 -8%,超过此范围降为二等品。

⑤优等品和一等品既要考核棉结杂质疵点格率,又要考核棉结疵点格率。

⑥布面疵点根据不同幅宽,以每米平均分数作为评等依据。

每匹布允许总评分=每米允许评分数(分/m)×匹长(m)(计算至一位小数,四舍五入成整数)

有下列情况要降低品等:一匹布中所有疵点评分加合超过允许总评分为降等品;0.5m内同名称疵点或连续性疵点评10分为降等品;0.5m内半幅以上的不明显横档、双纬加合满4条评10分为降等品。

(2)分批规定。

①分批规定。以同一品种整理车间的一班或一昼夜三班的生产入库数量为一批,以一昼夜三班为一批的,如逢单班时,则进入邻近一批计算;两班生产的,则以两班为一批。如一昼夜三班入库数量不满300匹时,可累计满300匹,但一周累计仍不满300匹时,则必须以每周为一批(品种翻改时不受此限)。分批一经确定,不得在取样后加以变更。

②检验周期。物理指标、棉结杂质每批检验一次,质量稳定时,也可延长检验周期,但每周至少检验一次。如遇原料及工艺变动较大或物理指标及棉结杂质降等时,应立即进行逐批检验,直至连续三批不降等后,方得恢复原定检验周期。

2. 棉布疵点的检验和评分

(1)棉布疵点的检验。

①检验时布面上的照明光度为(400±100)lx。

②评分以布的正面为准,平纹织物和山形斜纹织物,以交班印一面为正面,斜纹织物中纱织物以左斜(╲)为正面,线织物以右斜(╱)为正面。

③检验时,应将布平放在工作台上,检验人员站在工作台一旁,以能清楚看出的为明显疵点。

(2)棉布疵点的评分。棉布疵点的评分,按表8-5执行。

表8-5 棉布疵点评分表

疵点长度 分数 疵点分类		1	3	5	10
经向明显疵点条		5cm及以下	5cm以上~20cm	20cm以上~50cm	50cm以上~100cm
纬向明显疵点条		5cm及以下	5cm以上~20cm	20cm以上~半幅	半幅以上
横 档	不明显	半幅以下	半幅以上	—	—
	明 显	—	—	半幅及以下	半幅以上
严重疵点	根数评分	—	—	3~4根	5根以上
	长度评分	—	—	1cm以下	1cm及以下

注 1. 半幅以上作为一条。

2. 严重疵点在根数和长度评分矛盾时,从严评分。

(3)对疵点的处理。0.5cm以上豁边,1cm的破洞、烂边、稀弄,不对称轧梭,2cm以上的跳花疵点以及金属杂物织入,必须在织布厂剔除。凡在织布厂能修好的疵点必须修好后出厂。

3. 疵点的具体内容　布面疵点共分四类,即经向明显疵点、纬向明显疵点、横档和严重疵点。

(1)经向明显疵点。竹节、粗节、特数用错、综穿错、筘路、筘穿错、多股经、双经、并线松紧、松经、紧经、吊经、经缩波纹、断经、断疵、沉纱、星跳、跳纱、棉球、结头、边撑疵、拖纱、修正不良、错纤维、油渍、油经、锈经、锈渍、不褪色色经、不褪色色渍、水渍、污渍、浆斑、布开花、油花纱、猫耳朵、凹边、烂边、花经、长条影、针路、磨痕。

(2)纬向明显疵点。错纬(包括粗、细、紧、松)、条干不匀、脱纬、双纬、纬缩、毛边、云织、杂物织入、花纬、油纬、锈纬、不褪色色纬、煤灰纱、百脚(包括线状及锯状)。

(3)横档。拆痕、稀纬、密路。

(4)严重疵点。破洞、豁边、跳花、稀弄、经缩浪纹(三楞起算)、并列3根吊经、松经(包括隔开1~2根好纱的)、不对接轧梭、1cm的烂边、金属杂物织入、影响组织的浆斑、霉斑、损伤布底的修正不良、经向5cm内整幅中满10个结头或边撑疵。

经向疵点及纬向疵点中,有些疵点是这两类共同性的,如竹节、跳纱等,在分类中只列入经向疵点一类,如在纬向出现时,应按纬向疵点评分。如在布面上出现上述未包括的疵点按相似疵点评分。

布面疵点种类繁多,应统一目光准确掌握评分尺度,常见疵点评分标准见表8-6。

表8-6　布面疵点评分标准

疵点类别	疵点名称	疵点程度	评分	备　注
经 向 疵 点	断疵、拖纱	断疵	按条评	1. 布面拖纱按其长度有1根评1根,与其他疵点混在一起时,分别评分 2. 拖纱织入布内成圈状的作1根计
		布面拖纱长2cm以上,每根	3	
		布边拖纱长3cm以上(一进一出作1根计)每根	1	
	竹节纱	对上标样的竹节纱	按条评	长5cm以下的,按竹节纱评,5cm以上的按粗经或粗纬评分
	粗经、吊经、紧经、松经、并线松紧、多股经、综穿错、错纤维	每种疵点	按条评	1. 股线粗度达到样照,按粗经评分 2. 多股经,股线多2根及以上
		0.5cm以下的松经在经向0.5cm内,每6个	1	
		并列3根松经,吊经1cm以下	5	
		并列3根松经,吊经1cm及以上	10	
	双经、筘路、筘穿错、针路、磨痕、长条影、花经	每种疵点,每米	1	花经最多评到三等品为止
		漂白坯中双经,筘路、筘穿错减半评分		
		印花坯中双经,筘路、筘穿错,轻微针路不评分		

疵点类别	疵点名称	疵点程度	评分	备注
经向疵点	断经、沉纱	0.5cm 及以上	按条评	高密织物是指经密加纬密在 710 根/10cm 及以上的平纹织物;经密加纬密在 650 根/10cm 及以上的斜纹、缎纹织物(不包括横贡织物)
		0.5cm 以下的断经,经向 0.5cm 内,每 3 个	1	
		0.5cm 以下的沉纱,经向 0.5cm 内,每 6 个	1	
		1~5cm 并断	5	
	星跳	0.5cm 以下的星跳(2 个作 1 个计),经向 0.5m 内,每 6 个	1	
		印花坯中星跳减半评分		
	跳纱	0.5cm 以下的跳纱经向长 0.5cm 内每 6 个	1	
		0.5cm 及以上的单根经、纬向跳纱	按条评	
		1cm 以内的并列跳纱,每个	1	
		1~5cm 并列跳纱(满 6 梭)	5	
		5cm 以上并列跳纱(每 5cm 内都要满 6 梭)	10	
	棉球		按条评	
	结头	影响后工序质量的	按条评	
		经向 5cm 整幅满 10 个及以上	10	
	边撑疵	0.5cm 以下的边撑疵,经向长 0.5cm 内,每 3 个	1	
		0.5cm 及以上	按条评	
		边撑疵擦伤按其长度评分		
		经向 5cm 整幅满 10 个以上	10	
	经缩波纹	经缩波纹	按条评	
		纬向一直条 1~2 楞经缩波纹每条	1	
	修正不良		按条评	1. 布面被刮起毛,对照拆痕样照评分;布面被刮起毛,以严重一面为准 2. 经纬交叉不匀按照样照评分 3. 修一部分留一部分,采取挑刮的,均按原疵点评分
	猫耳朵—凹边	每种疵点	按条评	
	特数用错	以全坯计	降二等	

续表

疵点类别	疵点名称	疵点程度	评分	备注
纬向疵点	烂边	经向长 0.5cm 内 0.5cm 及以下的烂边,每3个	1	
		0.5cm 及以上~1cm 以下	按条评	
		长 1cm 及以上	10	
	花纬		按条评	
	双纬、脱纬	单根双纬5cm 及以上每条	1	
		经向长 1cm 的两梭双纬,按纬向明显疵点评分		
		脱纬 5cm 及以上	按条评	
	毛边	经向长 5cm 及以内,每2根(包括长 5cm 以下的双纬和脱纬)	1	
	条干不匀、云织	每种疵点	按条评	条干不匀包括满天星
		印花坯中条干不匀减半评分,云织不评分		
	错纬	1.5cm 及以上	按条评	
		连续3根及以上不明显错纬减半评分		
		印花坯中不明显错纬不评分		
	纬缩(扭结起圈松纬圈)	经向长 0.5cm 内,0.5cm 以下的纬缩(松纬缩、起圈纬缩2只作1只计)每2个	1	
		0.5cm 及以上	按条评	
	百脚	锯状百脚	按条评	
		线状百脚,最多每条	5	
		横贡织物百脚,每条	1	
	杂物织入	粗 0.3cm 以下,每个	1	1. 杂物织入粗度按不同品种,不同纱特的竹节纱样照作为评分起点 2. 测量时,量其杂物粗度 3. 杂物织入排除后,仍有纱线或空隙,按原疵点评分
		粗 0.3cm 及以上	10	
	油经、油纬、油渍、锈经、锈纬、锈渍、不褪色色经、不褪色色纬、不褪色色渍、污渍、水渍	每种疵点	按条评	
		0.5cm 以下的油锈疵,不褪色疵,布开花,油花纱经向长 0.5cm 内,每3个	1	

221

续表

疵点类别	疵点名称	疵点程度		评分	备注
纬向疵点	油经、油纬、油渍、锈经、锈纬、锈渍、不褪色色经、不褪色色纬、不褪色色渍、污渍、水渍	不影响组织的浆斑,按污渍评分			1. 油疵对照疵点样卡 2. 浸透黄油渍不比样卡,按浅油渍评分 3. 布开花,异纤维(色纤维)按不褪色疵评分 4. 油花纱达到竹节的,按竹节评分,达到油疵标样的,按油疵评分
		加工坯中水渍、污渍、不影响组织的浆斑不评分			
		漂白坯中深油疵煤灰纱不评分			
		印花坯中深油疵加倍评分			
		杂色坯加工不洗油的浅色渍疵和油花纱不评分			
		深色坯中油疵,不褪色疵,煤灰纱油花纱不评分			
横档疵点	拆痕	不明显半幅及以下		1	1. 拆痕对样照,对上样照为明显,但能看得出,对不上样照的为不明显 2. 布面搐浆抹水按明显横档评分
		不明显半幅以上		3	
		明显半幅及以下		5	
		明显半幅以上		10	
	密路、稀纬	不明显半幅及以下		1	1. 稀纬、密路以叠起来看得清楚为明显,单层看得清楚,叠起来看不清楚的为不明显,若产生争议时,以点根数加以区别 2. 稀纬处夹有双纬计点根数时,按实际根数计算 3. 横档按条计算时,半幅以上作一条
		不明显半幅以上		3	
		明显半幅及以下		5	
		明显半幅以上		10	
严重疵点	破洞、豁边、跳花	断(跳)3~4根	长1cm以内	5	1. 根数和长度评分矛盾时,从严评分 2. 经纬起圈高出布面0.3cm的,虽纱未断,反而形似破洞,在3根以上,按破洞评分 3. 跳花根数以织补最少根数计算
			长1cm及以上	10	
		断(跳)5根及以上		10	
	经缩浪纹	1cm以下		5	
		1cm及以上		10	
		纬向一直条经缩浪纹1~2楞,每条		3	
	不对接轧梭	100cm及以下		10	
	影响组织的浆斑霉斑	1cm以下		5	
		1cm及以上		10	
	金属杂物织入	金属杂物(包括瓷器织入)		10	

疵点类别	疵点名称	疵点程度	评分	备注
严重疵点	损伤布底的修正不良	超过起毛程度,且刮断纱的(3根及以上)	10	
		纱线虽未断,而布身刮后手感较薄者	10	

(二)精梳涤棉混纺本色布标准与检验

该标准适用于涤纶混用比在50%及以上的涤棉混纺本色布,不包括提花织物。

1. 分等规定

(1)分等规定。精梳涤棉本色布以织物组织、幅宽、密度、断裂强力、棉结疵点格率、布面疵点六项作为评等依据。其品等和棉本色布一样分为优等品、一等品、二等品和三等品等,低于三等品的为等外品。分等规定见表8-7～表8-9。

表8-7 涤棉布分等规定(1)

项 目		标 准	允 许 偏 差			
			优等品	一等品	二等品	三等品
织物组织		按设计规定	符合设计要求	符合设计要求	不符合设计要求	—
幅宽(cm)		按产品规格	+1.2%	+1.5%	超过+1.5%	—
			-1.0%	-1.0%	-1.0%	
密度(根/10cm)	经纱	按产品规定	-1.5%	-1.5%	超过-1.5%	—
	纬纱		-1.0%	-1.0%	超过-1.0%	
断裂强力(N)	经向	按断裂强力标准计算公式计算	-8.0%	-8.0%	超过-8.0%	—
	纬向		-8.0%	-8.0%	超过-8.0%	

> **注** 1. 当幅宽偏差超过1.0%时,经密偏差为-2.0%。
> 　　 2. 幅宽过狭、过宽的布,另行成包。

表8-8 涤棉布分等规定(2)

项 目				允 许 偏 差			
				优等品	一等品	二等品	三等品
棉结疵点格率(%)不大于	涤纶含量(%)／织物总紧度(%)	60及以上	60～50	一等品的50%	符合标准规定	不符合标准规定	—
	80及以下	8	10				
	80以上	10	12				

表 8-9　涤棉布分等规定——布面疵点评分限度(3)　　　　单位:分/m

品等 ＼ 幅宽(cm)	110 及以下	110 以上 ~ 150 以下	150 及以上 ~ 190 以下	190 及以上 ~ 230 以下	230 及以上
优等品	0.20	0.30	0.40	0.50	0.60
一等品	0.40	0.50	0.60	0.70	0.80
二等品	0.80	1.00	1.20	1.40	1.60
三等品	1.60	2.00	2.40	2.80	3.20

从以上分等规定中可以看出,精梳涤棉布和棉布相比较,因经过精梳加工,所以少一项棉结杂质疵点格率指标,它的评等同样以匹为单位,织物组织、幅宽、布面疵点按匹评等,其他三项按批评等,并以六项中最低一项的品等作为该匹布的品等。

①织物组织。必须符合设计要求,不符合设计要求降二等。

②幅宽。优等品幅宽偏差高于棉布,一等品偏差和棉布统一,即为 $^{+1.5}_{-1.0}$%,并规定幅宽过狭过阔的布另行成包。

③密度。按照表中的规定,超过范围降为二等品。

④断裂强力。同样用单纱强力计算断裂强力,采用条样法在织物强力机上进行试验,以 5cm×20cm 布条的断裂强力表示,超过范围降为二等品。

⑤棉结疵点格率的检验。同棉本色布,将随机取得的样布正面放在工作台上,采用日光灯照明,照度为(400±100)lx,将 15cm×15cm 的玻璃板(玻璃板下面刻有 225 个 1cm² 的方格)置于每匹不同折幅、不同经向检验四处,在玻璃板上清点棉结、杂质所占的格数,按下式计算疵点格率。棉结杂质合并检验,棉结疵点格应分别统计。

$$棉结杂质疵点格率 = \frac{棉结杂质疵点总格数}{匹数 \times 4 \times 225} \times 100\%$$

$$棉结疵点格率 = \frac{棉结疵点总格数}{匹数 \times 4 \times 225} \times 100\%$$

⑥布面疵点的评分和棉本色布相同,每匹布总评分 = 每米允许评分(分/m)×匹长(m)。短于匹长的拼件布按实际长度计算;长于匹长布,自标明长度(等级印或稍印)一端起,先按公称匹长的分数定等,然后再将超过部分定等,其品等应与起首匹长的品等相同。计算每匹布允许总分数,如有小数,计算至一位小数,四舍五入成整数。

有下列情况要降等:一匹布中所有疵点评分加合超过允许评分为降等品;0.5m 内同名称疵点或连续性疵点评 10 分为降等品;0.5m 内半幅以上的不明显横档、双纬加合满 4 条评 10 分为降等品。

(2)分批规定。分批规定、检验周期与棉本色布标准规定相同。

2. 涤棉本色布布面疵点的检验和评分

(1)布面疵点的检验。

①布面疵点的检验照明光度为(400±100)lx。

②评分以布的正面为准,平纹织物和山形斜纹织物以交班印一面为正面,斜纹织物中纱织物以左斜(↖)为正面,线织物以右斜(↗)为正面。

③对目光性疵点明显与不明显如何检验也做了明确规定。检验时应将布平放在工作台上,检验人员站在工作台旁,以能清楚看得出的为明显疵点。

④检验速度各厂自定,不做统一规定。

(2)布面疵点的评分。布面疵点的评分按表8-10执行。

表8-10　精梳涤棉本色布布面疵点评分表

评分数 疵点分类　　　　疵点长度	1	3	5	10
经向明显疵点(条)	5cm 及以下	5cm 以上~20cm	20cm 以上~50cm	50cm 以上~50cm
纬向明显疵点(条)	5cm 及以下	5cm 以上~20cm	20cm 以上~半幅	半幅以上
横档　不明显	半幅及以下	半幅以上	—	—
横档　明显	—	—	半幅及以下	半幅以上
严重疵点　根数评分	—	—	3~4根	5根及以上
严重疵点　长度评分	—	—	1cm 以下	1cm 及以上

注　1. 半幅以上作为一条。

　　2. 严重疵点在根数和长度评分矛盾时,从严评分。

(3)对疵点处理的规定。

①0.5cm 以上的豁边、1cm 的破洞或烂边、不对接轧梭、2cm 以上的跳花六大疵点,必须在织布厂剪去。

②金属杂物织入,必须在织布厂挑除。

③凡在织布厂能修好的疵点必须修好后出厂。

(三)布面疵点的评分起点和规定

常见布面疵点具体评分,可参考棉本色布标准并参照样照进行,一些具体规定分述如下。

(1)边组织及距边1cm的疵点(包括边组织)不评分,但毛边、拖纱、猫耳朵、凹边、烂边、豁边、深油锈疵及评10分的破洞、跳花要评分。如疵点延伸在距边1cm以外时应加合评分,边组织有特殊要求的则按要求评分。

对于无梭织造布布边:绞边毛须长度超0.3~0.8cm时,每米评1分;绞边未起作用,经向长每2cm评1分。织入式布边宽度两边相加超过2.5cm时,每米评1分;影响组织的边疵经向长每2cm评1分。

(2)经向0.5m内0.5cm以下的疵点,烂边每3个评1分;油锈疵、不褪色色疵、布开花、断经、边撑疵加合每 3 个评 1 分;松经、跳纱、沉纱、星跳(星跳 2 只作 1 只计)加合每 6 个评 1 分;三种不同类型的疵点互不相加;形成一直条可划条评分;散布性疵点按个数评分。

(3)经向长 1cm 内二梭双纬按纬向明显疵点评分,单根双纬 5cm 及以上评 1 分。

(4)布面拖纱 2cm 以上每根评 3 分,布边拖纱长 3cm 以上的每根评 1 分(一进一出作一根计);拖纱不划条;拖纱有一根,评一根,与其他疵点混在一起分别评分。

(5)毛边在经向长 5cm 内每 2 根评 1 分。5cm 以下的双纬、脱纬按毛边评分。

(6)粗 0.3cm 以下的杂物每个评 1 分,0.3cm 及以上杂物和金属杂物(包括瓷器)评 10 分(测量杂物粗度)。杂物织入排除后,空隙按原疵点评。

(7)纬向一直条经缩波纹 1~2 楞的每条评 1 分,经缩浪纹 1~2 楞半幅及以下评 1 分,半幅以上评 3 分。

(8)线状百脚最多评 5 分。

(9)经纬向共断 2 根的评 1 分。

(10)双经、多股经、粗经、并线松紧、磨痕、木根绺、针路、边撑眼、筘穿错、错纤维、花经、长条影最多评到三等为止。

(11)筘路、筘穿错、针路、边撑眼、磨痕、花经、长条影、荷叶边、木辊绺、高密织物和卡其织物的双经、单根断经,每米评 1 分。

高密织物指经密加纬密在 800 根/10cm 及以上的平纹织物,经密加纬密在 650 根/10cm 及以上的斜纹织物。

(12)连续 3 根及以上不明显错纬减半评分。

(13)松纬缩不评分。0.5m 内 0.5cm 以下的扭结纬缩、起圈纬缩(2 个作 1 个计)每 2 个评 1 分。

(14)浅油疵减半评分。

(15)加工坯中疵点的水渍、污渍不评分;漂白坯中的双经、筘路、筘穿错、密路、拆痕、云织减半评分,深油疵加倍评分;印花坯中的星跳、密路、条干不匀减半评分,双经、筘路、筘穿错、长条影、浅油疵、单根双纬、云织、轻微针路、煤灰纱、花经、花纬、不明显错纬不评分;杂色坯加工不洗油的浅色油疵和油花纱不评分;深色坯油疵、油花纱、煤灰纱、不褪色色疵不洗不评分;加工坯距布头 5cm 内的疵点不评分;但 0.5cm 以上的豁边、稀弄、1cm 的破洞或烂边、不对接轧梭、2cm 以上的跳花六大疵点必须剪去。

二、棉色织布质量标准与检验

1. 分等规定 色织棉布以内在质量和外观质量作为评等依据。内在质量有纬纱密度、水洗尺寸变化、染色牢度、断裂强力四项,外观质量有幅宽、纬斜、色差、布面疵点四项。其品等分为优等品、一等品、二等品、三等品,低于三等品的为等外品。色织棉布的品等:内在质量按批评等,外观质量按段(匹)评等,以内在质量的等级与外观质量的等级结合定等,分等规定见表 8-11。

表 8－11　色织棉布分等规定

成品等级 / 外观质量评等 \ 内在质量评等	优　等	一　等	二　等
优　等	优　等	一　等	二　等
一　等	一　等	一　等	二　等
二　等	二　等	二　等	三　等
三　等	三　等	三　等	等　外
等　外	等　外	等　外	等　外

（1）内在质量的评等。内在质量以纬纱密度、水洗尺寸变化、染色牢度、断裂强力四项中最低项评等。

①纬纱密度、染色牢度的评等规定见表 8－12。

表 8－12　纬纱密度、染色牢度的评等规定

项　目	标　准			标准极限偏差（%）		
				优等品	一等品	二等品
纬　密	加工工艺		未经大整理	−1.5	−1.5	超过一等品极限偏差
			经大整理	−2.5	−2.5	超过一等品极限偏差
	起绒织物			−2.5	−2.5	超过一等品极限偏差
染色牢度	染料	耐　洗		耐摩擦		符合标准（允许其中一项低半级）	符合标准（允许其中二项低半级，不允许一项低一级）	低于一等品极限偏差
		原样变色	白布沾色	干摩	湿摩			
	士林	3	4	3～4	3			
	其他	3	3～4	3	2			

注　湿摩擦牢度不得低于 2 级。

②水洗尺寸变化、断裂强力的评等规定见表 8－13。

表 8－13　水洗尺寸变化、断裂强力的评定规定

项　目	品　种	标准考核指标		
		优等品	一等品	二等品
水洗尺寸变化（%）	大整理织物	经纬向 −3.0～+1.5	经纬向 −5.0～+1.5	经纬向超过一等品考核指标
	防缩织物	−3.0～+1.5	−3.0～+1.5	经纬向超过一等品考核指标

续表

项　　目	品　　种	标准考核指标		
		优等品	一等品	二等品
断裂强力（N）	大整理织物	经纬向不低于176N		
	起绒织物	经纬向不低于137N		

注　1. 经密不作考核,但产品规格的总经根数确定后不得任意变更。

　　2. 水洗尺寸变化结果的表示以负号(－)表示尺寸减少(收缩),以正号(＋)表示尺寸增大(伸长)。

　　3. 未经大整理或未预缩的起绒织物不考核水洗尺寸变化。

（2）外观质量的评等。外观质量以最低项评等,评等规定见表8－14。

表8－14　外观质量的评等

项　　目			标准极限偏差(%)			
			优等品	一等品	二等品	三等品
幅宽	100cm 及以下	非绒类织物	+2.0	+2.0	+2.0 以上	-1.5 以下
			-1.0	-1.0	-1.5	
		绒类织物	+2.0	+2.0	+2.0 以上	-2.0 以下
			-1.5	-1.5	-2.0	
	100～140cm	非绒类织物	+2.5	+2.5	+2.5 以上	-2.0 以下
			-1.5	-1.5	-2.0	
		绒类织物	+2.5	+2.5	+2.5 以上	-2.5 以下
			-2.0	-2.5	-2.5	
	140cm 以上	非绒类织物	+3.0	+3.0	+3.0 以上	-2.5 以下
			-2.0	-2.0	-2.5	
		绒类织物	+3.0	+3.0	+3.0 以上	-3.0 以下
			-2.5	-2.5	-3.0	
纬斜(%)	格斜(包括纬弧纬条斜)		3	3	5	5 以上
	无格织物		4	5	8	8 以上
布面疵点评分限度(平均分/m)不大于	幅宽 100cm 以下		0.20	0.40	0.60	1.20
	幅宽 100cm 以上～140cm		0.30	0.50	0.80	1.60
	幅宽 140cm 以上		0.4	0.6	1.0	2.0
色差级	原样色差	同类布样	3			超过极限偏差降为二等品
		参考(纸)样	2			
	左、中、右色差		4			
	前、后色差		3～4			
	同箱(包)段(匹)间色差		3～4			
	同批箱(包)间色差		3			

注　连续10m以上的纬斜,全段(匹)降等。

一等品不允许存在一处评为3分、4分的破损性和4分横档疵点及4分严重污渍,0.3cm以上的杂物织入,2.5cm以上经缩浪纹存在。优等品除达到一等品的质量要求外,布面不允许存在一处为3分的横档疵点。出口匹头服装面料产品一处评为3分或4分疵点允许假开剪。

2. 色织布疵点的检验和评分

(1)色织布疵点的检验。采用验布机检验时,以40W加罩青光日光灯3~4支,光源与布面距离为1~1.2m,照度不低于750lx为准。验布机上验布板的角度为45°,验布机速度一般为25m/min。

布段(匹)的定等检验、复验、验收应平摊桌面上,检验人员的视线应正视布面,逐幅展开,速度一般掌握在平均每分钟3~5m。采用灯光以40W加罩青光日光灯2支,光源距离桌面为80~90cm,照度不低于400lx。

幅宽在140cm以上的色织布必须两人检验。

检验布面疵点时以布的正面为准,但破损性疵点以严重一面为准,正反面难以区别的织物以严重的一面为准,斜纹织物、纱织物以左斜(↖)为正面,线织物以右斜(↗)为正面。

(2)色织布疵点的评分。色织布疵点的评分见表8-15。

表8-15　色织布疵点的评分方法

疵点＼分数	1	2	3	4
经向明显疵点	0.3~8cm	8cm以上~16cm	16cm以上~24cm	24cm以上~100cm
纬向明显疵点	0.3m~半幅	半幅以上		
纬向严重疵点	0.3~8cm	8cm以上~16cm	16cm以上~半幅	半幅以上
横向疵点		明显	介乎明显、严重之间	严重
严重污渍		0.3~2.5cm		2.5cm以上
破损性疵点 破洞			3~5根	5根以上
破损性疵点 跳花			0.5cm及以下	0.5cm以上
边疵 破边、豁边	经向每长8cm及以下			
边疵 针眼边(深入1.5cm以上)	100cm			

注　1. 脱布夹深入1cm以上按经向疵点评分。

2. 距边0.5cm以内的破损性疵点按经向明显疵点评分。

3. 除破损性疵点外距边2.5cm以内的疵点,不严重影响外观的不评分,严重影响外观的按表8-15明显疵点减半评分。

4. 19.5tex以上起点放至0.5cm。

5. 每段(匹)布允许总评分=每米允许评分数(分/m)×段(匹)长(m),每段(匹)布允许总评分有小数时取舍成整数。

6. 经向1m内累计评分最多4分。

3. 疵点的具体内容和评分标准

(1)疵点的具体内容。布面疵点共分五类,即经向疵点、纬向疵点、经纬向共有的疵点、破损性疵点和边疵。

①经向疵点。断经、沉纱、双经、穿错、筘路、针路、吊经、松经、错经、粗经、错花、油经、色经、条花、绉条等。

②纬向疵点。拆痕、密路、色档、云织、条干不匀、叠节、错花、错格、百脚、稀纬、歇梭、双纬、脱纬、纬缩、错纬、油纬、色纬、杂物织入、纬斜、绉档等。

③经纬向共有的疵点。星跳、跳纱、竹节、搔损、边撑疵、经缩、油渍、污渍、锈渍、浆斑、搭色等。

④破损性疵点。破洞、跳花,损伤布底的搔损、轧梭结头等。

⑤边疵。破边、豁边、卷边、针眼边等。

(2)疵点的量计。在疵点量计时,应遵循以下几点规定。

①疵点长度以经向或纬向最大长度计量。

②1～2根纱线内断续发生的疵点在经(纬)向8cm内有2个及以上的疵点,则按连续长度评分,如分别量大于全部量时,则按全部量评分。

③在经向一条连续或断续发生的疵点,长度超过1m的,其超过部分,按表8－15再行评分。

④条的量计方法。一个或几个经(纬)向疵点,宽度在1cm及以内的按一条评分,宽度超过1cm的每1cm为一条,其不足1cm的按一条计;歇梭、双纬、脱纬、百脚、横档、严重污渍及以个计数的疵点不划条。

(3)布面疵点的评分起点和规定。一些具体规定分述如下。

①影响外观,但不够评分起点的明显小疵点(包括粗度在原纱2～3倍竹节纱,1.5～2.5cm的带纤纱),在经向50cm内每6个评1分,粗度在原纱三倍以上的竹节纱每2个评1分。

②歇梭、双纬每条评1分,换梭双纬8cm及以下不评分。

③明显的穿错、筘路、粗经、每米评1分,严重影响外观按表8－15评分。

④穿错、筘路、双经、粗经、卷边、针眼边、松经降等限度为二等品。

⑤距布头两端2m内不允许有一处4分的疵点及超过格斜规定的疵点存在。

⑥明显污渍按经向明显疵点评分。

⑦纬斜。0.3cm及以内的两色格子按无格织物评分;纬斜(包括格斜、纬条斜、纬弧、无格织物的纬斜)在一段(匹)布的两端各距布头2～4m,每隔三分之一段(匹)长均匀测量三处的平均数;连续10m以上的纬斜全段(匹)降等。

⑧有两种疵点混合在一起时,分得清的分别评分,分不清的以严重一项评分。

⑨严重影响外观的棉结、异色纤维的织入由工厂和用户双方协商处理。

三、棉布质量统计

(一)纱织疵率

纱织疵率是反映企业管理水平、技术水平和质量水平高低的重要标志,凡是下机一次性的降等疵点,都要统计,累计降等的则不计入。纱织疵率可分为下机纱织疵率(即修前纱织疵率)及入库纱织疵率(即修后纱织疵率)两种。纱织疵率的计算公式如下:

$$分品种纱(织)疵率 = \frac{纱(织)疵匹数 \times 匹长}{入库产量} \times 100\%$$

混合纱(织)疵率 =

$$\frac{[甲品种纱(织)疵匹数 \times 匹长] + [乙品种纱(织)疵匹数 \times 匹长] + \cdots}{入库总产量} \times 100\%$$

(二)下机匹扯分

下机质量匹扯分是指抽查的布中平均每匹布上产生的疵点分数,可分为每个疵点的匹扯分和每匹布所有疵点加合的总匹扯分两种。计算匹扯分的意义在于了解影响下机一等品提高的主要疵点,以便采取措施,减少疵点,提高质量。下机匹扯分的计算公式为:

$$下机匹扯分 = \frac{下机每个疵点分数(或全部疵点总分)}{检验匹数}$$

(三)下机一等品率

下机质量能反应织物质量的真实水平,也是分析棉布质量的重要依据。下机一等品率的计算公式为:

$$下机一等品率 = \frac{抽查下机一等品数}{抽查总匹数} \times 100\%$$

(四)入库一等品率

入库一等品率的统计,关系到入库产量和入库次布的统计。入库一等品率的计算公式为:

$$入库一等品率 = \frac{入库一等品总米数}{入库总米数} \times 100\%$$

(五)漏验率

漏验率反映抽查出厂成品一等品中,降等漏验疵点的情况。漏验率的计算公式为:

$$漏验率 = \frac{抽查漏验匹数}{抽查总匹数} \times 100\%$$

(六)假开剪率

假开剪的疵点应是评为 10 分或 5 分难以修织好的疵点。假开剪率是指一定时间内,织物假开剪数量对总数量的百分率。假开剪率的计算公式为:

$$假开剪率 = \frac{本月假开剪产量(件)}{本月总产量(件)} \times 100\%$$

(七)联匹拼件率

由于拼件布是长短不齐的若干段布拼件成包,每段长度短而段数多,对用户不利,故应予以限制,力求减少。

$$联匹拼件率 = \frac{本月联匹拼件产量(件)}{本月总产量(件)} \times 100\%$$

思 考 题

1. 织物整理工艺设计包括哪些内容?
2. 棉本色布如何分等?
3. 怎样检验棉布疵点?
4. 棉布布面疵点有哪几种? 怎样处理?
5. 精梳涤棉混纺本色布如何分等?
6. 怎样检验精梳涤棉混纺本色布疵点?
7. 精梳涤棉混纺本色布疵点有哪几种? 怎样处理?
8. 棉色织布如何分等?
9. 怎样检验棉色织布疵点?
10. 棉布质量统计有哪些内容?

参考文献

[1]江南大学,无锡市纺织工程学会. 棉织手册[M].3 版. 北京:中国纺织出版社,2006.

[2]朱苏康,等. 机织学[M]. 北京:中国纺织出版社,2004.

[3]郭兴峰. 现代准备与织造工艺[M]. 北京:中国纺织出版社,2007.

[4]刘曾贤. 片梭织机[M].2 版. 北京:中国纺织出版社,1995.

[5]过念薪,张志林. 织疵分析[M].2 版. 北京:中国纺织出版社,1997.

[6]严鹤群,戴继光. 喷气织机原理与使用[M]. 北京:中国纺织出版社,1996.

[7]王海生,白锡铭. 色织准备[M]. 北京:中国纺织出版社,1988.

[8]陈元甫,洪海仓. 剑杆织机原理与使用[M].2 版. 北京:中国纺织出版社,2005.

[9]王鸿博,邓炳耀,等. 剑杆织机实用技术[M]. 北京:中国纺织出版社,2003.

[10]毛新华,包枚. 机织学(下册)[M].2 版. 北京:中国纺织出版社,2005.

[11]毛新华,石令明. 纺织工艺与设备(下册)[M]. 北京:中国纺织出版社,2003.

[12]周永元,洪仲秋,万国江,等. 纺织上浆疑难问题解答[M]. 北京:中国纺织出版社,2005.

[13]萧汉滨. 新型浆纱设备与工艺[M]. 北京:中国纺织出版社,2006.

[14]郭嫣,王绍斌. 织造质量控制[M]. 北京:中国纺织出版社,2005.

[15]张平国. 喷气织机引纬原理与工艺[M]. 北京:中国纺织出版社,2005.

[16]FZ/T 13007—1996 色织棉布.

[17]GB/T 406—1993 棉本色布.

[18]GB/T 5325—1997 精梳涤棉混纺本色布.

[19]刘学锋,等. 无梭织物布边要求与结构设计[J]. 棉纺织技术,2005(5):44 – 45.

[20]刘振见. PZ180 型剑杆织机布边改造[J]. 棉纺织技术,1998(6):60 – 62.

[21]闫刚. 喷气织机织造斜纹布边的改进[J]. 棉纺织技术,2004(7):61.

[22]许艳春. 片梭织机布边及废边改进的探讨[J]. 上海纺织科技,2002(2):30 – 31.

[23]马春丽. 两种奇数组织织物的织边探索[J]. 棉纺织技术,2004(1).

[24]王荣根. 片梭织机折入边的结构与设计[J]. 纺织导报,2006(1).

[25]关新丽. 喷气织机生产高密防羽布的主要织疵分析[J]. 新疆纺织,2001(4):37 – 38.

[26]舒建文. 喷气织机解决开关车细密路疵点的若干措施[J]. 北京纺织,2003(1):26 – 27.

[27]徐浩贻. 喷气织机停台和织疵成因分析及消除方法[J]. 上海纺织科技,2001(2).

纺织高职高专"十一五"部委级规划教材

《纺织材料学实验(第二版)》　　主编　朱进忠
《棉纺纱线设计与质量控制》　　主编　耿琴玉
《纺织染概论(第二版)》　　主编　刘　森
《新型纺纱与花式纱线》　　主编　肖　丰
《纺织工艺设计与计算》　　主编　倪中秀
《纺织计算机应用技术》　　主编　苏玉恒
《纺织成本核算与分析》　　主编　段文平
《毛纺工程》　　主编　平建明
《织造工艺与质量控制》　　主编　马　芹
《织物性能与检测》　　主编　徐蕴燕
《机织物结构与设计(第二版)》　　主编　刘培民
《机织物结构与设计实训教程》　　主编　刘培民
《针织工艺学(第二版)》　　主编　贺庆玉
《羊毛衫生产工艺(第二版)》　　主编　丁钟复
《大提花织物设计与开发》　　主编　姜淑媛
《家用纺织品设计与工艺》　　主编　刘雪燕
《家用纺织品图案设计与应用》　　主编　王福文
《家用纺织品织物设计与应用》　　主编　杜　群
《家用纺织品》(双语)　　主编　王梅珍
《家用纺织品营销》　　主编　王　艳
《纺织标准学》　　主编　朱进忠
《纺织机械维修技术基础》　　主编　穆　征
《纺织CAD应用实践》　　主编　邓中民
《纺织品外贸跟单实务》　　主编　张芝萍
《纺织服装外贸》　　主编　王建平
《纺织品市场营销》　　主编　王若明
《就业与创业》　　主编　孙　俊